化学工业出版社“十四五”普通高等教育规划教材

无机化学实验

徐家宁　范　勇　刘媛媛　主编
贾倩南　李晓杰　孟根其其格　吴永丽　副主编

化学工业出版社
·北京·

内容简介

《无机化学实验》包括化学实验基本知识与基本技能、基本操作和基本原理实验（15个）、简单无机化合物制备实验（8个）、元素性质实验（9个）、综合和设计实验（11个）等。本书实验项目丰富，内容由浅入深、循序渐进，可作为不同层次无机化学实验教学的用书。

本书可作为普通高等院校化学类各专业和其他相关学科与专业无机化学实验课程的教材和参考书，也可供相关专业从业人员作为参考之用。

图书在版编目（CIP）数据

无机化学实验 / 徐家宁，范勇，刘媛媛主编；贾倩南等副主编. -- 北京：化学工业出版社，2025. 4.
（化学工业出版社"十四五"普通高等教育规划教材）.
ISBN 978-7-122-47975-4

Ⅰ. O61-33

中国国家版本馆 CIP 数据核字第 2025HA8110 号

责任编辑：李 琰 马 波　　装帧设计：张 辉
责任校对：王鹏飞

出版发行：化学工业出版社
（北京市东城区青年湖南街 13 号　邮政编码 100011）
印　　装：三河市君旺印务有限公司
787mm×1092mm　1/16　印张 13¼　字数 332 千字
2025 年 8 月北京第 1 版第 1 次印刷

购书咨询：010-64518888　　售后服务：010-64518899
网　　址：http://www.cip.com.cn
凡购买本书，如有缺损质量问题，本社销售中心负责调换。

定　价：38.00 元　　

《无机化学实验》编写者名单

主　编：徐家宁（吉林大学）

范　勇（吉林大学）

刘媛媛（内蒙古科技大学）

副主编：贾倩南（包头师范学院）

李晓杰（河套学院）

孟根其其格（鄂尔多斯应用技术学院）

吴永丽（鄂尔多斯应用技术学院）

参　编：陈晓霞（内蒙古科技大学）

王　丽（内蒙古科技大学）

马　庆（内蒙古科技大学）

李国祥（鄂尔多斯应用技术学院）

李红霞（包头师范学院）

郭玉玮（包头师范学院）

莫百川（河套学院）

前言

无机化学实验作为化学学科的基础主干课程，承载着构建学生实践认知体系、培育科学素养的重要使命。本书立足高等学校实际教学需求，秉持“夯实基础、注重应用、分层递进、鼓励创新”的编写理念，结合当前实验教学发展趋势进行了系统性创新，充分吸收国内同类教材建设的成果，致力于打造一本适用于多层次实践教学的实验教学用书。

教材构建了多层次的内容体系，即基础知识→基本操作→原理和性质验证→综合训练与创新实践等多个递进模块，形成认知建构、技能强化、能力提升的培养层次。在具体编排中着力突出以下特色：

其一，模块化架构设计突破传统教材的线性编排模式。每个实验项目均采用独立单元设计，既保持知识体系的完整性，又赋予教学实施的灵活性。教师可根据不同专业方向、区域特色、课时安排进行自由组合，实现“一纲多案”的弹性教学。有些实验设计了“实验原理延伸”和“知识拓展”内容，为学有余力者提供进阶学习路径。

其二，融入现代教育理念，设计应用性实验。通过“回收铝制备明矾”等多个绿色化学实验，将可持续发展意识培育贯穿教学全过程；在经典合成实验中引入溶胶-凝胶法等现代技术，将传统方法与前沿技术相融合；提供“工业级试剂提纯”等多个应用型实验项目，搭建基础理论与生产实践的认知桥梁。

其三，构建多维能力培养体系。设计“方案对比实验”等探究性项目，通过数据差异性分析、误差溯源等环节培养科学思维。

本教材在内容难度把控上实施梯度化处理，基础性实验确保操作规范训练，综合性实验侧重知识整合应用，创新性实验注重科研思维启蒙。

由于编者水平所限，书中难免存在疏漏之处，恳请广大师生批评指正。愿这本凝聚集体智慧的实验教材，能成为青年学子探索化学世界的可靠向导，在实验台前点燃创新思维的火种，为培养新时代复合型化学人才贡献绵薄之力。

编者

2025 年 3 月

目录

第四部分　元素性质实验

第五部分　综合和设计实验

绪　论

第一节　化学实验的学科地位与核心功能

化学作为一门以实验为基础的自然科学，其学科发展与理论创新始终建立在实验研究的基石之上。实验既是化学学科的本质特征，也是推动科学进步的核心动力，更是化学教育体系不可或缺的重要环节。实验教学是学生接触科研的“第一课堂”，早期培养的严谨态度与技术能力将直接影响其后续学术发展。化学实验通过“技能训练—思维养成—创新突破”的路径，不仅能夯实学生的专业基础，更培养其科学探索精神与解决实际问题的能力，为其成为未来科学家或工程师提供核心素养支撑。

在化学教育领域，实验教学具有不可替代的育人功能。这一实践性教学形式通过多维度的培养路径，系统构建学生的科学素养：通过实验现象的观察与分析培养科学思维；借助仪器操作与流程设计提升实践能力；基于实验数据的处理与解释训练研究方法；依托创新性实验项目培育探索精神；在团队协作中塑造科学伦理与责任意识。

化学实验课程以能力培养为导向构建立体化教学目标体系：掌握化学研究的基本方法，夯实实验操作的核心技能；拓展学科认知维度，实现理论知识与实践应用的深度融合；培育批判性思维与创新能力，为科研创新储备潜能；锻造严谨求实的科学作风，培养绿色化学理念与安全责任意识。这些目标的协同达成，将为培养新时代化学人才奠定坚实基础。

无机化学实验作为化学及相关专业本科生的首门实验课程，承担着学科启蒙与基础奠基的双重使命。该课程通过三大核心模块构建教学体系：①基础操作技能模块，系统训练称量、滴定、分离等基本实验技术；②验证认知模块，通过原理验证、元素性质实验衔接理论知识；③综合实践模块，培养实验设计与问题解决能力。课程始终贯穿“科学精神—规范意识—创新思维—安全理念”四位一体的培养主线，着力打造学生可持续发展的实验能力与科研素养，为后续专业实验课程搭建坚实的实践桥梁。

第二节　实验教学目标

一、理论与实践相结合，培养与提升兴趣

旨在通过实验操作，将抽象的化学知识具体化，使学生直接获取生动具体的化学事实。

通过归纳和总结，引导学生从感性认识上升到理性认识，从而巩固和加深对无机化学基础知识及基本理论的理解，鼓励学生灵活运用所学理论知识指导实验，提升学习兴趣和实践能力。

二、掌握实验室基础知识与规章制度

使学生掌握实验室的一般知识，包括实验的基本流程和各项规章制度，确保学生能够安全、有序地进行实验活动。

三、强化化学实验基本操作与技能

对学生进行严格的化学实验基本操作和技能的训练。培养学生掌握物质化学变化的感性知识，明确元素及其化合物的重要化学性质和反应，使学生熟练掌握无机化合物的一般合成制备、分离提纯及分析鉴定、表征、结构分析、性质研究和性能研究的方法。

四、培养实验能力与分析解决问题的能力

要求学生熟练掌握基本的化学实验技术，培养分析和初步解决实际化学问题的能力。通过安全操作、细致观察、实事求是地记录实验现象，正确测定与处理实验数据，准确阐述实验结果，培养学生的独立操作能力、观察能力、准确获取实验数据的能力、分析能力和总结表达能力。

五、培养科学思维与独立工作能力

通过综合实验、设计性实验和开放实验，培养学生科学的思维方法和独立工作的能力。鼓励学生自己动手查找资料，利用信息化手段辅助实验方案的设计和评价，引导学生从法律、法规、安全、环保、社会和文化等多个维度对实验方案进行优化设计和综合评价，明确个人责任和义务。

培养学生发现问题、分析问题和解决问题的能力，以及撰写实验报告的能力，促使其遵守学术规范和道德。

六、培养可持续发展意识与创新能力

培养学生的可持续发展意识、环境保护意识和安全意识，以及应对小事故的应急能力。在自主思考和独立操作过程中，激发学生的创新能力。树立严格的“量”的概念，培养严谨求实的科学态度和质疑精神。建立勤俭节约、认真细致的工作作风，形成相互协作的团队精神，具备家国情怀，为学习后继课程和未来的实际工作或科学研究打下坚实的基础。

第一部分
化学实验基本知识与基本技能

第一章　实验室基本要求

第一节　实验室守则

一、遵守规章制度与安全准则

严格遵守实验室的各项规章制度和安全守则，不迟到，不早退，全程听从教师指导。个人衣物、书包等物品需放置在指定位置，确保实验室整洁有序。

二、预习实验内容，做好安全预案

课前应充分预习，明确实验目的、要求及原理，熟悉实验内容和基本步骤，了解安全注意事项及防护、急救措施，查阅相关文献资料，熟悉仪器设备操作规程。撰写实验预习报告，做好充分准备。

三、实验操作规范，态度认真

实验时做好防护措施，严格遵守操作规程，保持严肃认真的态度。避免嬉戏打闹，杜绝任何干扰实验进程或危害安全的行为。集中精力，认真操作，动作规范有序，仔细观察实验现象，并如实详细记录在实验报告中。若实验过程中出现错误，不得随意结束实验，应积极主动思考或请教老师找出解决方案。严格执行实验教学安排，完成规定内容。若希望进行额外实验，需与指导教师商讨并征得同意。

四、培养良好实验习惯

随时保持实验室和桌面清洁整齐，试剂、仪器用后应及时放回原位并摆放整齐。操作期间，所用仪器与试剂等应放置在安全距离内，避免在实验台边缘放置物品。

五、爱护公物与节约资源

小心使用仪器设备，注意节约水、电、气等资源。设备用后应及时清理维护，并填写使用记录。损坏仪器需主动向教师申报并赔偿，不得藏匿或挪用他人仪器。

六、规范使用化学试剂

试剂应按规定量取用，未规定用量时应节约使用。用完试剂后应立即盖好瓶塞并将试剂瓶放回原处，避免试剂暴露。固体试剂取用时避免撒落，已取出试剂如未用完不得倒回原瓶。使用后的滴管应立即清洗干净，避免交叉污染。严禁随意混合试剂，确保实验安全。实验完毕，将需要回收的试剂或产品倒入指定容器。

七、规范操作仪器设备

使用精密仪器前需认真学习操作规程。操作时应细心谨慎，发现故障时应立即停止使用并报告指导教师。切勿自行拆卸或维修仪器，确保仪器安全使用。

八、实验监测与异常处理

实验进行时不得中途离开，需经常检查反应情况是否正常。注意装置是否存在漏气、破裂等，发现异常情况如异味、异声或异常发热应立即停止实验并向教师报告。

九、做好实验收尾工作

实验结束后进行收尾工作，按学校规定处理“三废”，碎玻璃放入专用容器。玻璃仪器需洗刷干净，将所有物品放回原处。清洁现场，包括地面、桌面等可能被污染的区域，确保实验室环境整洁卫生。

十、物品管理与离开实验室

实验室内一切物品（仪器、试剂和产物等）不得带离实验室。离开实验室前必须经指导教师检查实验内容及卫生等事项，待合格并同意后才可离开。离开实验室前确保水龙头、煤气、电源开关已关闭，门窗已锁好。

第二节　化学实验基本要求

一、预习

实验前的预习是确保实验顺利进行的关键步骤。

1. 细致阅读教材，并观看相关视频资料，以明确实验目的，掌握实验内容、原理、步骤及操作过程，同时了解实验注意事项。

2. 务必熟悉实验涉及化学试剂的性质及其安全使用方法，确保操作安全。

3. 深入思考实验教材中提出的思考题，形成初步见解，为课堂交流讨论做好准备。

4. 按照规范要求撰写预习报告。

二、实验

进入实验室后，学生必须严格遵守实验室守则及其他规章制度。在教师的指导下，按照既定流程进行规范操作，确保高质量完成实验任务。

三、实验记录

学生应配备专门的实验记录本，用于记录实验数据。严禁将数据随意记录在单页纸、小纸片或其他非指定位置。

1. 实验过程中，应详细、准确、清晰地记录测量数据、实验条件、实验现象、仪器设备型号及任何异常情况。记录数据时需保持严谨的科学态度，实事求是，严禁伪造或拼凑数据。

2. 记录数据时，需注意有效数字的保留。例如，使用分析天平时，应精确到 0.0001g；滴定管及移液管的读数应精确到 0.01mL。

3. 对于重复测量的数据，即使与初始数据相同，也需如实记录。若数据出现错误需更正，应在原数据上画一横线，并在上方填写正确数据。

四、实验报告

实验报告是实验过程的重要总结，应基于预习报告和实验记录整理而成。要求：格式规范、条理清晰、整洁工整、简明扼要。实验结束后，学生应及时、认真地撰写实验报告，并在规定时间内提交给指导教师。

1. 实验报告包含内容

（1）实验名称与实验日期。

（2）实验目的。

（3）实验原理或方法。应简洁明了地阐述实验原理或方法，可采用文字结合方程式、框图、箭头等形式表达。

（4）实验步骤或内容。语言应专业、重点突出，对于合成实验可采用流程图形式描述。

（5）实验结果与结论。对实验数据进行详细分析，并得出科学结论。

（6）问题与思考。讨论实验过程中遇到的问题，提出改进意见和个人感悟。

实验报告内容的详略应根据具体实验情况而定，以条理清晰、语言准确、格式规范为原则。

2. 数据处理

在进行数据处理时，必须确保拥有完整的原始记录，并特别注意有效数字及计算规则的正确运用；同时，各物理量的使用也应遵循规范化标准。

（1）列表

为了清晰、准确地展示原始实验数据与处理结果，可采用列表形式进行呈现。表格的格式需规范，表头、标注等信息应齐备。若有必要，需在表下明确注明所采用的处理方法和选用的公式。对于表中的原始数据、计算结果、误差和偏差，均应按照有效数字的记录、修约和运算规则进行科学处理，以确保数据的准确性和可靠性。

（2）作图

利用图形表达实验结果可以更加直观地展示数据的特点，如极大值、极小值、转折点等。同时，图形还可以用于求面积、做切线、进行内插和外推等操作。

以下参数或数据可用作图法推出：

① 求外推值：例如，强电解质无限稀释溶液的摩尔电导率。

② 求转折点和极值：这种方法常用于配合物分裂能的测定等实验。

③ 求经验方程：例如，求活化能 E_a 和碰撞频率 Z。

在作图时，需要注意以下几点：

① 坐标纸的选择：无机化学实验作图最常用的是直角坐标纸，而对数坐标纸、半对数坐标纸和三角坐标纸则较少用到。

② 画坐标轴：使用直角坐标纸作图时，横轴读数由左至右，纵轴由下而上。同时，需注明该轴所代表变量的名称及单位。

③ 确定比例尺：选择比例尺时，应确保能表示出全部有效数字，并与测量的精确度相适应。同时，比例尺的选择还应便于迅速简便地读数，便于计算。

④ 作实验点：将测得数值的各点绘于图上，用铅笔以不同符号（如●、×、□、○等）标出，符号的大小可表示误差的范围。若测量的精确度很高，符号应做得小些，反之则大些。在一张图纸上如有数组不同的测量值时，各组测量值代表点应用不同符号表示，以示区别。

⑤ 连线：借助于曲线板或直尺把各点连成线。实验点与线间的距离表示测量的误差，因此线与实验点间的距离应尽可能小。曲线应光滑均匀、细而清晰，不必强求通过所有各点，实验点应分布在曲线的两边，且两边的点在数量上应近似相等。

⑥ 写图题：在图形上应写上清楚完备的图题（图的名称），以便于理解和识别。

建议学习利用专业软件（如 Origin、Excel 等）进行绘图，以提高绘图的效率和准确性。但无论采用何种方法，都应确保图形的准确性和可读性，以便于后续的数据分析和实验报告的撰写。

第二章　实验室安全基础知识

开展化学实验经常要用到水、电、煤气，常需在高温、低温、高压、真空、高电压、高频和带有辐射源等实验条件下进行，还需使用易燃、易爆、有腐蚀性以及有毒的试剂等，因此实验室安全极为重要。如不遵守安全规则而发生事故，不仅会导致实验失败，还会给国家财产造成损失，甚至会造成人身伤害或伤亡。应在思想上充分重视安全，贯彻“安全第一、预防为主”的指导思想；进实验室前应做到认真预习，做好安全评估和应急预案；掌握实验中的安全注意事项，实验时应集中精力严肃认真地进行实验，严格遵守操作规程，规范操作，避免事故的发生。

本章简单介绍化学实验室安全基本内容。学生应积极主动学习相关实验室安全教育课程，能够识别安全标识，判断危险源，掌握相关知识、技能和法律法规，应对和处理简单事故。

第一节　实验室安全基础知识与守则

一、实验前要了解实验室的布局与安全措施

1. 熟悉安全出口和逃生路线。个人物品放在指定位置，不可遮挡安全通道。

2. 认真阅读实验室安全信息牌，了解实验室的危险源和必要的防护措施，牢记急救电话和报警电话。

3. 了解电源、消防栓、灭火器材、紧急洗眼器、急救箱的位置及正确的使用方法。

4. 对不懂、不熟悉的设施设备不得盲目操作，及时请教老师。遇突发事故，保持镇静，采取合理措施进行应对。

二、实验时要采取必要的安全防护措施

1. 穿实验服，戴橡胶手套和防护眼镜，涉及飞溅风险操作时加戴防护面罩。根据实验需求选择防护等级匹配的手套。

2. 实验着装规范，应穿着长袖上衣及过膝长裤，禁止穿裙装、短裤；过肩长发需束起并纳入防护帽；指甲长度不超过指腹末端，实验操作前需卸除戒指等饰品；必须穿着全包趾的皮鞋等防滑的鞋，禁穿拖鞋、凉鞋、高跟鞋（跟高＞3 cm）、镂空款鞋、带金属配件鞋具、轮滑设备（实验室全域禁止）。

3. 实验防护用品限实验区使用，严禁将实验服及手套带入生活区和其他清洁区域。遵守脱卸程序，完成实验立即脱除防护装备，接触污染物后需执行手部消毒。

4. 严格禁止在实验区域内饮食、吸烟，严禁存放食品饮料，杜绝在实验室内化妆。严禁徒手接触化学试剂，禁止任何形式的试剂入口。

三、正确使用试剂和进行相关操作

1. 试剂认知与配伍禁忌

实验前须查阅化学品安全技术说明书（MSDS），掌握化学品的理化性质及危险等级。熟悉所使用的化学物质的特性和潜在危害，绝不允许随意混合各种化学药品（特别是有强氧化性的药品），以免发生事故甚至发生爆炸！严格遵循“五不混”原则：强氧化剂（如 $KMnO_4$、$KClO_3$）禁止与还原性物质、有机物、酸类、金属粉末、铵盐接触。配伍敏感物质应建立专用存储区并采用正确储存方式（如金属钠需煤油封存）。

2. 挥发性试剂操作

低温保存试剂需静置至室温（温差>10 ℃时需平衡 30 min）。取用时应戴防护手套及护目镜，将瓶口转向无人处如通风橱背板，以免液体喷溅而导致伤害，并用布巾包裹瓶盖逆时针旋转。禁用暴力开瓶手段（如敲击、加热、锐器撬动等）。

在闻试剂的气味时，鼻子不能直接对着瓶口（或管口）吸气，而应用手将少量气体轻轻扇向自己的鼻孔。

3. 剧毒物质操作（汞盐/钡盐/铬盐/镉盐/H_2S）

操作时启用负压隔离装置，登记使用台账（用量、用途、余量），接触后立即执行三级洗消程序。

4. 浓酸、浓碱等具有强腐蚀性物质的使用

用前必须佩戴耐腐蚀手套（丁基橡胶材质）；使用专用虹吸装置进行移液操作；应在通风橱内操作，通风橱内设置防溅挡板，不准在实验台上直接进行操作；稀释浓硫酸时执行“酸入水、沿壁流、慢搅拌”原则（温差控制<50 ℃）；切勿将浓酸、浓碱溅在衣服、皮肤，尤其是眼睛上，避免引起烧伤和腐蚀。

5. 易燃试剂操作

采用间接加热系统（水浴温度小于 80 ℃，油浴温度小于 260 ℃），绝对不可使用明火。储存试剂时应使用棕色磨口瓶（避光防聚光），勿将装有易燃液体的玻璃器皿放于日光下，否则由于玻璃弯曲面的聚焦作用，可产生局部高温而引起燃爆事故。应于操作半径 3 m 内配置 CO_2 灭火器。禁止平行操作静电敏感实验。

6. 操作程序标准

（1）试剂辨识、嗅辨时若采用扇闻法，手掌应距瓶口≥15 cm 呈 45°角轻拂气体。

（2）泄漏应急处理，一般试剂泄露时应用吸附棉并针对试剂性质进行中和处理；剧毒试剂应设隔离区进行专业处置；汞泄漏时应用硫黄覆盖并用汞齐化处理。

（3）废液需分类存放，无机化学实验室应至少包括四类废液：含卤素有机废液（可用红色桶）、无卤素有机废液（黄色桶）、酸性无机废液（蓝色桶）、碱性无机废液（绿色桶）。废液装载量不超过容器容积的 80%。

（4）危化品后处理。试剂洒落时，应立即清理，并把台面和地面洗净，尤其是剧毒试剂

和腐蚀性试剂。清洗装过有毒/剧毒试剂仪器产生的废液也应回收处理，避免污染环境。银氨溶液应现用现配，残余液需用稀 HNO_3 酸化处理；过氧化物试剂应定期检测分解度（每月用 KI 试纸检测）。

7. 汞的专项管理

（1）存储规范，应用双层容器存储：内胆为厚壁玻璃（壁厚≥5 mm），外层为聚乙烯防护罐。用烧杯暂时盛汞时，不可多装以防破裂。液封要求：汞面水层高度≥2 cm。装汞的仪器下面一律放置浅瓷盘，防止汞滴散落到桌面上和地面上。

（2）操作防护，工作台面铺设 PVC 防渗漏垫；转移应在搪瓷盘（水深≥1 cm）内进行；擦过汞或汞齐的滤纸或布必须放在有水的瓷缸内；盛汞器皿和有汞的仪器应远离热源，严禁把有汞仪器放进烘箱；使用汞的实验室应有良好的通风设备，纯化汞应有专用的实验室。

（3）应急处置，若有汞掉落在桌上或地面上，先用吸汞管尽可能将汞珠收集起来。之后撒上多硫化钙、硫黄、漂白粉或汞齐化铜网，充分作用后及时收集处理，也可用 5% $KMnO_4$（酸性）进行氧化处理。若污染织物，可用 10% Na_2S 溶液浸泡后集中处理。不慎溅落的少量汞，可以用滴管、小铲子等工具尽量收集起来放入密封的容器中，并在瓶中加入少量水，防止汞挥发。

（4）接触人员需定期进行尿汞检测（每季度 1 次）；手上若有伤口，切勿接触汞。

四、合理使用通风橱等防护设备

实验室中，通风橱是减少呼吸损害的最主要的手段。通风橱可以确保蒸气和气体从其中散逸，从而保护实验者的呼吸区域免受污染，其玻璃门可以有效地阻碍火焰、飞物、化学试剂飞溅、小型内爆和爆炸等。

1. 通风橱门和挡板应置于合适高度或位置，上下式橱门应调至距离台面 10～20 cm，大体积装置操作时应调至距离台面（20±2)cm 左右，左右滑动式橱门开启宽度不超过操作面 60%。应在通风橱内距离橱门至少 15 cm 的地方进行操作，头部和上半身不得伸入通风橱内。

2. 一切涉及有毒气体或有恶臭气味的实验，必须在通风橱中进行。实验结束时收尾操作、清洗与废弃物处理也应在通风橱内进行。使用易燃、易爆气体（如氢气、乙炔等）时，要保持室内空气流通，严禁明火并应防止一切火星的发生。如，敲击、开关电器等所产生的火花，有些机械搅拌器的电刷易产生火花，应避免。

3. 涉及易挥发物质或易燃物质的实验，都应在离明火较远的地方进行，并尽可能在通风橱中进行；使用乙醚、苯、丙酮、三氯甲烷等易燃有机溶剂时，要远离火焰和热源，且用后应倒入指定回收瓶（桶）中回收，不准倒入下水道，以免造成污染和其他事故。

4. 使用有毒有机溶剂或者腐蚀性试剂时应在通风橱内操作，将左右式橱门玻璃调至身前防护，若无此橱门，应使用防溅面罩，防止意外事故发生。

5. 密封和有压力的实验以及减压蒸馏等实验应在通风橱内进行，必须戴防护眼镜，有条件的应在特种实验室内进行。

五、合理选用加热设备并能进行安全操作

加热时，要严格遵守各种仪器的操作规程。

1. 使用酒精灯时应随用随点，不用时盖上灯罩。不要用已点燃的酒精灯去点燃别的酒

精灯，不能往燃着的酒精灯内添加酒精，以免酒精溢出而发生火灾。

2. 使用煤气灯时应先将空气孔关闭，再点燃火柴。然后，一边点火，一边打开煤气开关。不允许先打开煤气开关，再点燃火柴。使用完毕立即关闭灯上煤气进气开关和煤气分线路阀门。

3. 加热试管时，不要将试管口指向自己和他人。不要俯视正在加热的液体，避免蒸汽或溅出的液体对人体造成伤害。

4. 使用水浴锅加热时，要随时观察锅内的水位，以免干烧而烧坏加热元件或者引发火灾。使用油浴时要防止油的外溢。

5. 烘箱可用于干燥玻璃仪器或烘干无腐蚀性、加热不分解的物品。一般干燥仪器时应先沥干，待无水滴下时再放入烘箱，升温加热，将温度控制在 100～120 ℃左右。烘箱里放玻璃仪器时应自上而下依次放入，以免残留的水滴流下使下层已烘热的玻璃仪器炸裂。底板靠近电热丝，不得放置任何物品。取出烘干后的仪器时，应戴隔热手套，不可用湿布和胶皮手套，防止快速导热而烫伤。如果条件允许，应先关闭电源降低温度，再取出仪器。

塑料制品、滤纸、挥发性试剂、易燃品或使用酒精、丙酮淋洗过的玻璃仪器切勿放入烘箱，以免发生燃烧或爆炸。不要用烘箱烘烤橡胶垫、聚四氟活塞。加热时玻璃塞、玻璃活塞需要从仪器上取下，以免膨胀速率不同挤破仪器。

加热后的真空烘箱应该冷却到室温后再解除真空。解除真空应缓慢进行，以防止气流过大导致样品飞溅。

6. 用高功率红外灯烘烤样品时应注意周围环境，清空周边物品，以免引起火灾；使用紫外灯时要戴手套，不要直视紫外灯，避免紫外线直接照射皮肤。

六、规范使用玻璃仪器、规范操作防止割伤

1. 不允许使用破损的玻璃仪器。破碎玻璃应放入专门的垃圾桶，丢弃前应用水冲洗干净去除残留试剂。

2. 清洗仪器必须佩戴手套，禁止用手直接搓洗。

3. 要分清哪些玻璃器皿可以加热，哪些不能，检查是否有压力出口。

4. 玻璃仪器容易破损，在安装仪器时要特别注意保护薄弱部位，以免仪器破裂，割伤皮肤。用铁夹固定仪器时，施力要适当，防止用力过猛损坏仪器，造成割伤。

5. 玻璃管（棒）截断时不能用力过猛，以防破碎，应戴防护手套；截断后断面锋利，应进行熔光；清扫桌面上碎玻管（棒）及毛细管时，要仔细小心；将玻璃管（棒）或温度计插入塞子或橡胶管中时，应先检查塞孔大小是否合适，然后将玻璃管（棒）或温度计上沾水或用甘油润滑，再用布裹住或者戴防护手套后缓慢旋转垂直插入，拿玻璃管的手应靠近塞子，否则易使玻璃管折断而引起严重割伤。

6. 加热后的玻璃器皿应放在石棉网上，不要直接放在过冷的台面上或者水中。

7. 加热液体时，不可加得太满，以免液体沸腾外溢。

8. 温度计只可测温，不可做搅拌棒使用，防止碰坏。

七、安全合理地使用带电设备

1. 使用电器设备时，应提前了解其性能和操作规程，检查线路是否有裸露、断裂的地方，以防触电或者短路，注意电压是否匹配。电线、电器不要被水淋湿或浸渍到导电液体，

切不可用湿手去开启电闸和电器开关。

2. 所用电器设备的功率不得超过电源负载能力。

3. 使用电热板时，要将其电源线整理好，远离加热面板，防止电源线的绝缘皮被烫坏而漏电。

4. 若电器设备发生过热现象或出现焦味儿，应立即关闭电源，报告老师和专业人员查找根源，绝不能擅自带电维修，以免造成严重后果。如遇触电事故，应立即切断电源，或用绝缘物体将电线与触电者分离，再实施抢救。

八、严格遵守仪器使用规则，动作要轻柔舒缓

1. 应提前了解仪器结构、性能、安全操作条件和防护要求。遇到仪器发生故障，立即向管理人员报告，不得擅自处理。

2. 不得擅自挪用与公用仪器相关的辅助设备和零配件，以及实验室内的一切公用设施。使用高压气瓶前必须学习相关知识，不得随意搬动、碰撞钢瓶，使用时在教师指导下进行，打开开关时动作应缓慢，并不得将出气口对人。

3. 分析天平、分光光度计、酸度计等常用的精密仪器，使用时应严格按照规定操作。用后应将仪器各旋钮恢复到原来位置，切断电源并清洁整理。显微镜调节焦距时必须轻柔缓慢，旋钮拧不动时不得继续大力拧动防止损坏器件。

4. 使用离心机时不要超过允许的最大转速，须等重对称放置离心管；关闭盖子后启动离心，中间不得开盖，待离心完毕、转速为零时开盖再取出离心管。

九、实验操作过程中注意事项

1. 防漏气。实验前检查装置的气密性。

2. 防爆炸。点燃可燃性气体或用 CO、H_2 做还原反应之前，要检验气体的纯度；金属钠、钾与水反应时可能引起燃烧甚至爆炸，因此，要将钠、钾切至绿豆大小再用；不可轻易混合氧化剂与还原剂。

3. 防暴沸。加热液体时，要预先加入沸石或碎瓷片，反应中途不要打开装置添加沸石；配制硫酸的水溶液或硫酸的酒精溶液时，要将密度大的浓硫酸缓慢倒入水或酒精中；电石与水反应非常激烈，可产生暴沸，要用饱和食盐水替代水；加热蒸发过程中要不断用玻璃棒搅拌，防止液体暴沸。

4. 防倒吸。某些气体溶于液体要防倒吸。防止倒吸一般采用下列措施之一：在吸收液中用倒扣的玻璃漏斗吸收气体；导管中连接球形干燥管或其他容积较大的仪器；导管口不插入液面下；装置中连接空的烧瓶或试管等作安全瓶用；为防倒吸，应最后停止通气。

5. 防污染。有毒尾气要通过吸收、收集、点燃等措施处理，防止中毒和污染环境。

6. 防倒流。用酒精灯加热试管中的固体物质时，试管口要朝下倾斜，防止水倒流而使试管破裂或爆炸，发生危险。

7. 防失火。实验室中的可燃物一定要远离火源。

8. 防伤害。使用和加工玻璃仪器要防划伤，进行加热、稀释浓硫酸等时要防飞溅和灼烫伤。

9. 不脱岗。不能随意离开实验室，时刻注意异味、异响，如有异常应立即停止实验，查找根源，排除隐患后再进行实验。若遇实验室停水，确保将水龙头关闭。

第二节　实验室安全防护装备与器材

学生应明确的是实验室相关安全措施，进入实验室后首先确认安全防护装备与器材的摆放位置并了解其正确使用方法，做到有备无患。常见的安全防护装备与器材有消防器材、个体防护装备、危险化学品溢漏应急处理包、紧急喷淋和洗眼设备等。这些装备与器材都有专人管理，并且定期检查和更新。

一、消防器材

实验室常见的消防器材有消火栓、灭火器、灭火毯和消防沙等。实验室常用灭火器种类及其适用范围见表 1-2-1。

表 1-2-1　实验室常用灭火器种类及其适用范围

名称	灭火原理	适用范围	注意事项
干粉灭火器	利用压缩的二氧化碳吹出干粉来灭火，对有焰燃烧有化学抑制作用，同时还有窒息、冷却的作用	碳酸氢钠干粉（BC 类）灭火器适用可燃液体、气体及电气设备的初起火灾；磷酸铵盐干粉（ABC 类）灭火器除可用于上述几类火灾外，还可扑救固体类物质的初起火灾	不准横卧或颠倒使用灭火器；不能扑灭金属燃烧和易燃液体火灾，也不适宜扑灭精密仪器着火
二氧化碳灭火器	将压缩液态二氧化碳喷出来灭火，起到冷却、隔离和稀释氧的作用	适用于扑灭贵重设备、档案资料、仪器仪表、600V 以下电气设备及油类的初起火灾	使用时，手一定要先握在喇叭筒根部的手柄上，以免手冻伤；在室内窄小空间使用时，灭火后应迅速离开，以防窒息；不适用于扑灭金属火灾，也不能用于扑灭硝化棉、火药等本身含有氧化基团的化学物质火灾
七氟丙烷灭火器	化学抑制灭火为主，兼有物理作用灭火	适用于扑灭易燃、可燃的液体、气体以及带电设备的火灾；尤其适用于扑灭精密仪器、机房、珍贵文物及贵重物资仓库的火灾	高温下会分解产生一氧化碳和氟化氢等有毒物质
消防沙	降温、隔绝空气而灭火	适用于一切不能用水扑救的火灾	消防沙要保持干燥
灭火毯	隔绝空气而灭火	扑灭人身上的火及小型火灾	从靠近身体一侧向外覆盖在火焰上；将火完全覆盖；覆盖足够长的时间（1 分钟以上）

二、个体防护装备

个体防护装备包括从业人员为防御物理、化学、生物等外界因素伤害所穿戴、配备和使用的各种防护品。实验室常用的个体防护装备有实验服、防护手套、护目镜、防毒面具、面屏和急救药箱等。在使用防护用品前，应仔细阅读产品安全使用说明书，熟悉其使用、维护和保养的方法；发现个体防护装备有受损或超过有效期限等情况时，应禁止使用。

1. 实验服

实验服是指能防御物理、化学和生物等外界因素伤害人体的工作服。实验服有很多种类，除普通实验服外，还有阻燃隔热实验服、防静电服、化学防护服等。穿着实验服时须做到“三紧”，即领口紧、袖口紧、下摆紧，防止敞开的袖口或衣襟带钩住试剂瓶而发生安全事故。

2. 防护手套

在化学实验室，常用的防护手套按用途可分为防化学品手套（耐强酸/碱手套，浓度＞30％；耐低浓度酸碱手套，浓度≤30％）、防热伤害手套、防静电手套、防寒手套、线手套、绝缘手套和机械危害防护手套等。由于各种化学试剂对不同材质的防护手套有不同的渗透能力，防化学品手套又有多个品种，比如天然橡胶手套、丁腈橡胶手套、PVC（聚氯乙烯）手套、氯丁橡胶手套、丁基橡胶手套、皮革手套和喷涂保护层的手套等。不同种类的防护手套有其特定的用途，应结合实际情况来正确使用。禁止混用防护等级的手套，如，耐低浓度酸（碱）手套不能用于接触高浓度酸（碱），以免发生意外。防水、耐酸碱手套使用前应仔细检查，观察表面是否有破损。

3. 护目镜

护目镜是实验室常见的保护眼睛的个体防护装备之一，主要类型可分为防护眼罩和防护眼镜，实验者应根据防护需求选择合适类型的护目镜。普通眼镜不能起到可靠的防护作用，实验过程中需佩戴护目镜。

三、危险化学品溢漏应急处理包

危险化学品溢漏应急处理包是为专门应对教学科研实验室突发的小规模的化学品泄漏而设计的，包含若干吸附棉条、棉片、防化眼罩和手套、活性炭口罩和防化处理袋等材料。其中的吸附棉片适用于小面积范围的泄漏处理，使用时可直接把吸附棉片放在液体表面。而吸附棉条适用于泄漏控制，常用于泄漏频发区的溢漏围堵及泄漏液体的圈围控制。

四、紧急喷淋和洗眼设备

紧急喷淋和洗眼设备是暴露在有毒有腐蚀性的危险作业场所现场使用的紧急个体处置设备。常见的台式洗眼设备一般安装在实验室内的实验台上，复合式紧急喷淋设备一般安装在走廊等公共区域。

五、急救药箱

急救药箱内一般配置药品包括：烫伤膏、碘酒、酒精棉球、烧伤敷料、创可贴、消毒纱布、生理盐水、绷带、洗眼液、胶带、镊子、剪刀、医用手套和人工呼吸隔离面膜等。

第三节 实验室事故的处理

在实验室中如果遇到意外事故，不要慌张，应沉着、冷静，第一时间联系指导老师，在自身能力范围内迅速处理，若超出能力范围应迅速逃生并报警。

一、火灾

火灾是实验室常见事故，需掌握预防、扑救、逃生等知识。

1. 火灾事故应急处置原则

(1) 先控制，后消灭：先断电、热源、泄漏源，防止火势蔓延。

(2) 占据有利位置：扑救人员应站在上风或侧风方向。

(3) 防护与侦察并重：做好防护，侦察火情，疏散人员。

(4) 查明燃烧特性：迅速确定燃烧物及其危险特性、蔓延途径等。

(5) 合理选择灭火方式：根据火势大小、燃烧物性质选择合适灭火剂和方法。

(6) 紧急撤退机制：遇爆炸等危险，按统一信号和方法及时撤退。

(7) 火灭后监视：防止死灰复燃，彻底消灭余火。

2. 沉着冷静，针对性应对较大火情、扑灭初期火情

(1) 较大火情

① 迅速报警：拨打火警电话，详细报告火情及危险化学品信息。

② 通知人员：若警报无法使用，大声呼喊，通知楼内所有人。

③ 安全撤离：遵循“四做三不”原则——在保证自身安全且能力允许时，断电、关门窗、隔离火灾区域、搬离沿途易燃易爆品；不贪恋财物、不盲目施救、不使用电梯。

④ 有序撤离：防火警报响起，立即撤离至建筑物上风向，让开通道。

(2) 小型火情、初期火情

在确保自身安全的前提下，积极应对，防止火势蔓延。

① 立即切断火源：熄灭所有火源，关闭室内总电源，搬开易燃物品。

② 根据起火原因灭火

a. 小器皿内着火：用石棉网、瓷片、防火毯或湿布盖住，隔绝空气灭火，切忌用嘴吹。

b. 酒精等可溶于水的液体着火：用水灭火。

c. 汽油、乙醚等有机溶剂着火：用沙土扑灭，禁用水。

d. 油类着火：用沙土、灭火器或防火毯灭火。

e. 电线、电器着火：切断电源后，用二氧化碳或四氯化碳灭火器灭火，禁用泡沫灭火器。

f. 衣服着火：就地打滚，用防火毯包住起火部位，或用湿布、湿衣服抽打灭火。

总之，遇火灾时，应根据起火原因和火场情况灵活应对，迅速、准确地采取相应措施。

3. 常见的灭火器类型和灭火适用范围、使用方法

常见化学品类型与灭火剂选用和注意事项见表 1-2-2。无论使用哪种灭火器材，都应站在上风向从火的四周开始向中心扑灭，把灭火器的喷口对准火焰的底部后喷射。

表 1-2-2　常见化学品类型与灭火剂选用以及注意事项

化学品类型	灭火剂	注意事项
水溶性液体	水、泡沫、抗溶性泡沫、二氧化碳、干粉、干砂	
非水溶性液体	雾状水、泡沫、二氧化碳、干粉、干砂	相对密度小于 1 时，用水灭火无效
与水不发生反应的固体	水、泡沫、二氧化碳、干粉、干砂	高温熔融状态下的易燃固体，柱状水会引起沸腾或爆炸
自燃化学品	干粉、干砂	禁止用水和泡沫

续表

化学品类型	灭火剂	注意事项
遇湿易燃化学品	干粉、干砂	禁止用水和泡沫
有机过氧化物	二氧化碳、干砂	
爆炸品	二氧化碳	
易燃气体	切断气源	若不能切断气源，不能熄灭燃烧的气体，应把容器搬到空旷处；在安全距离内，喷水冷却容器和防护周围设施

二、中毒

化学试剂大多数具有不同程度的毒性，主要通过皮肤接触或呼吸道吸入引起中毒。一旦发生中毒现象，可视情况不同采取相应的急救措施并立即送往医院，救护人员在抢救之前应做好自身呼吸系统和皮肤的防护。除对中毒者进行抢救外，还应认真查看，并采取有力措施切断毒物来源，如关闭泄漏管道阀门、阻塞设备泄漏处、停止输送物料等。对于已经泄漏出来的有毒气体或蒸气，应迅速启动通风排毒设施或打开门窗，或者进行中和处理，降低毒物在空气中的浓度，为抢救工作创造有利的条件。

1. 毒物入口

溅入口中而未咽下的毒物应立即吐出来，用大量水冲洗口腔；如果已咽下，可根据化学品安全技术说明书（MSDS）中建议进行处理。

2. 腐蚀性中毒

强酸、强碱中毒都要先饮大量的水，对于强酸中毒，可服用氢氧化铝膏。无论酸或碱中毒都可服牛奶解毒，但不要吃呕吐剂。

3. 刺激性及神经性中毒

要先服牛奶或蛋白缓和，再服硫酸镁溶液催吐。

4. 吸入有毒气体

根据吸入气体的性质，可采用不同的方法处理。一般应将中毒者搬到室外空气新鲜处，解开衣领纽扣，利于呼吸从而缓解症状。呼吸停止时应立即进行人工呼吸，心脏骤停时应立即进行心脏按压复苏。如吸入溴蒸气、氯气、氯化氢等气体，可吸入少量乙醇和乙醚混合的蒸气，还可用碳酸氢钠溶液漱口。

5. 皮肤污染

立刻脱去受污染的服装，用流动的清水冲洗，冲洗时要及时彻底、反复多次进行。

6. 汞中毒

汞（水银）容易由呼吸道进入人体，也可以经皮肤直接吸收而引起积累性中毒。急性汞中毒时，通常用碳粉或呕吐剂彻底洗胃，或者食入蛋白（如 1 升牛奶加 3 个鸡蛋清）或蓖麻油解毒并使之呕吐。上述应急措施完毕后，应及时将伤者送往医院观察治疗。

三、玻璃割伤

首先应仔细检查伤口处有无玻璃碎片，若有，应先取出。如果伤口不大，可先用蒸馏水洗净伤口，挤出一点血后涂上药水，用纱布包扎好后送往医院；若伤口较大、流血不止时，应先止血，让伤者平卧，抬高出血部位，压住附近动脉，可在伤口上部 10 cm 处用带子扎紧，立即送医院治疗；或用绷带盖住伤口直接施压，若绷带被血浸透，不要换掉，再盖上一块施压，立即送医院治疗。

若玻璃溅入眼里，千万不要揉擦，不转眼球，任其流泪，速送医！

四、烧伤和烫伤

除了高温以外，液氮、强酸、强碱、强氧化剂、溴、磷、钠、钾、苯酚、醋酸等物质都会灼伤皮肤；应注意不要让皮肤与之接触，尤其应防止溅入眼中。

第四节　实验室“三废”的处理

化学实验中，常有固体废弃物、废液和废气（“三废”）的排放。“三废”中往往含有大量的有毒有害物质。为了保证实验人员的健康、防止环境污染，需根据实际情况进行相应的简单处理或者转移到专业人员处进行处理。

一、废气处理

产生有毒气体如 H_2S 和 SO_2 等的实验应在通风橱内进行，同时应采用适当的吸收装置进行尾气吸收，吸收液也需进行相应处理。产生少量有毒气体的实验应在通风橱内进行，通过排风设备将少量有毒气体排到室外被空气稀释，如条件允许，最好加装尾气吸收装置吸收；产生大量有毒气体的实验必须通过与氧气充分燃烧或吸收瓶吸收转化处理、稀释排放，如氮的氧化物、二氧化硫等酸性气体应用碱液吸收后处理。

二、废固处理

实验室中少量有毒废渣应集中后转移到指定地点交由专业人员处理。有回收价值的废渣应回收利用。碎玻璃及锐角的废物以及刀片、针头等不要丢入废纸篓中，应放入专用废物箱以避免对保洁人员造成伤害。沾附有害物质的滤纸、包药纸、棉纸、废活性炭及塑料容器等，应放入专用垃圾箱内，分类收集，加以焚烧或其它适当的处理，然后处理残渣。

三、废液处理

液体废弃物分为有机液体和无机液体废弃物两种。有机液体废弃物包括有机废溶剂、有机废试剂；无机液体废弃物主要有重金属溶液、无机酸溶液、无机碱溶液。实验室内应配备各种废液的专用容器，实验所产生的对环境有污染的废渣和废液应按分类倒入指定容器储存。无机化学实验室一般配备重金属废液桶、酸碱溶液桶、有机溶剂废液桶等。实验室废液应根据其化学特性选择合适的容器和存放地点，通过密闭容器存放（不能装太满，80%以内），不可混合贮存，标明废液种类、贮存时间，定期处理。实验室内大量冷凝用水和污染不大的洗涤用水，可排入下水道。

不同的废液不能混装，应按不同性质分别倒入专用的废液桶内，再集中由专业人员处理。下面是几种常见废液的简单处理方法：

（1）含酸废液或含碱废液应用 $Ca(OH)_2$ 或 H_2SO_4 中和至 pH 为 6～8 后排放。

（2）含汞、锑和铋的废液可控制酸度在 0.3 mol·L^{-1}，使其生成硫化物沉淀而除去。

（3）含铬废液一般可在调节溶液呈酸性后加入 $FeSO_4$，将 Cr(Ⅵ) 还原为 Cr(Ⅲ)，再加入 NaOH 调节溶液至 pH 为 6～8。加热废液至 80 ℃左右，通入适量空气，使 Cr^{3+} 以 $Cr(OH)_3$ 的形式与 $Fe(OH)_3$ 一起沉淀除去。

第三章　无机化学实验室常用仪器与基本操作

第一节　无机化学实验室常用仪器

常用仪器包括玻璃仪器、瓷质仪器及部分金属或者塑料制仪器，使用注意事项如下：

(1) 使用玻璃仪器前，应仔细检查仪器是否存在破损，如有破损立即废弃，不得使用。

(2) 使用较大玻璃容器（容量大于1000 mL）应戴胶质手套，拿取盛有热水或烘干的容器时，应戴线手套，且所盛内容物的量不得超过玻璃容器的最大标识容量。

(3) 所有仪器用完后，应及时洗净，放回原处。

(4) 玻璃量器一般不得加热、不得烘干、不盛放或吸取热溶液。容量瓶等不要用作贮液瓶。

(5) 具塞的非标准磨口仪器，如酸式滴定管、容量瓶、比色管等，塞与仪器主体要匹配使用。

(6) 磨口仪器用完后，要及时洗净，存放时磨口处要夹上纸条，以免日久粘连。

(7) 不要使用磨口仪器存放强碱溶液，否则易使磨口处粘连。磨口打不开时，可用温水、稀酸或有机溶剂浸泡，或用木锤、塑料锤轻轻敲击，都有助于打开粘连处。

(8) 可用研钵研磨固体试剂及试样等，但不能研磨与玻璃作用的物质、不能撞击、不能烘烤。

(9) 温度计不可做搅拌棒使用，使用时，应注意玻璃泡的位置并不可撞击。

(10) 洗瓶、滴管等带尖嘴的仪器，尖嘴不可深入容器，更不得接触容器内壁。

表 1-3-1 为无机化学实验室常用仪器。

表 1-3-1　无机化学实验室常用仪器

仪器	常见规格	用途	注意事项
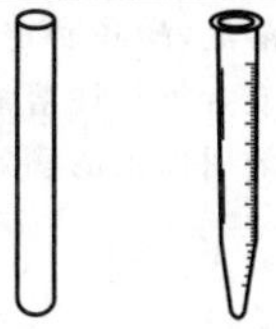 试管　离心试管	材质：玻璃、塑料等；容积/mL：5、10、15 等	少量试剂的反应与观察；离心试管还可以用于离心沉淀	加热时管口不可对着人，所装试剂不要超过容积的 1/2

续表

仪器	常见规格	用途	注意事项
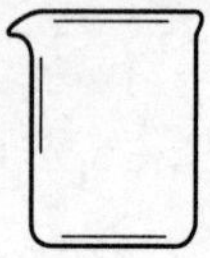 烧杯	材质：玻璃、塑料； 容积/mL：50、100、250、500、1000 等	常温或加热条件下配制溶液； 反应容器	加热时应擦干外部，底部受热应均匀，塑料烧杯不能直接加热
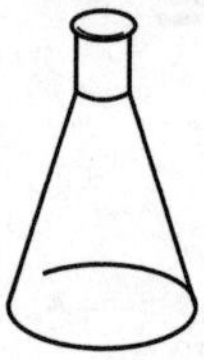 锥形瓶	容积/mL：100、250、500 等	常温或加热条件下用做反应容器； 滴定常用容器	加热时应擦干底部，底部受热应均匀
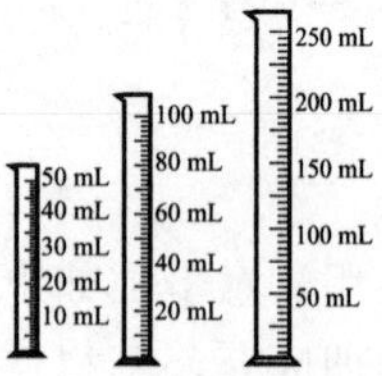 量筒	容积/mL：10、25、50、100、250 等	量取一定体积的液体	不能直接加热； 不可做反应容器
 容量瓶	容积/mL：25、50、100、250、500 等	配制准确浓度的溶液	不能加热；塞子为配套使用，不可互换；不可做反应容器
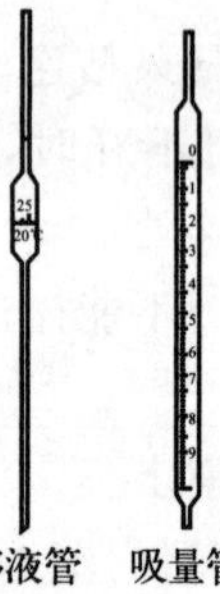 移液管 吸量管	容积/mL：2、5、10、25、50 等	精确量取一定体积的液体	用洗液、洗洁精等清洗，不可用去污粉洗涤；不能加热
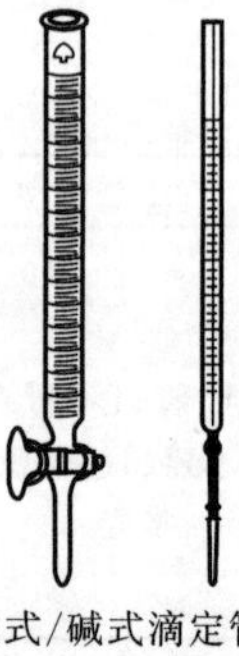 酸式/碱式滴定管	分酸式和碱式； 分无色和棕色； 碱式有常规和蓝线式	滴定或者量取准确体积的溶液用	碱式滴定管装碱性溶液或者还原性溶液，酸式滴定管装酸性溶液或者氧化性溶液；需避光的试剂用棕色的滴定管；不能加热

续表

仪器	常见规格	用途	注意事项
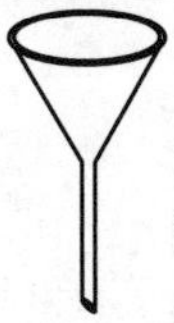 漏斗	口径/mm：30、40、60 等	用于常压过滤	不能加热
 分液漏斗	容积/mL：50、100、150、250	分离不互溶的液体	不能加热；塞子不能互换
 坩埚	材质：瓷、铁、刚玉、白金、石英等	灼烧样品	耐高温；忌骤冷骤热；依被加热物质的性质选取不同材质的坩埚
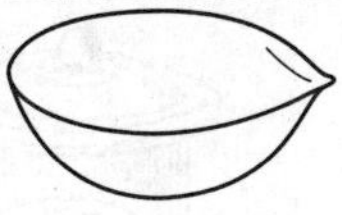 蒸发皿	材质：瓷、铂金、石英等	蒸发浓缩液体	耐高温；忌骤冷骤热；依被加热物质的性质选取不同的材质
 表面皿	口径/mm：45、65、75、90 等	盖在烧杯口，防液体迸溅；放 pH 试纸等	不可直接加热
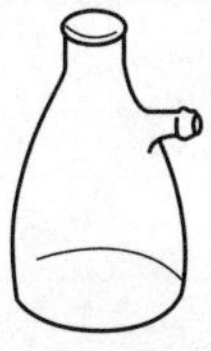 吸滤瓶	容积/mL：250、500 等	与布氏漏斗配合使用用于吸滤	不可直接加热；使用时先开真空泵再吸滤；结束时先通大气再关闭真空泵
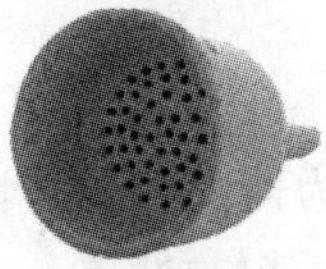 布氏漏斗	容积/mL：50、100、150 等	与吸滤瓶配合使用用于吸滤	使用时先开真空泵再吸滤；结束时先通大气再关闭真空泵；不可骤冷骤热
 广口瓶　细口瓶　滴瓶	材质：玻璃、塑料等； 颜色：无色、棕色等； 容积/mL：50、100、150、250、500 等	细口瓶装液体试剂，广口瓶装固体试剂	不能加热；不能装碱性试剂；需避光的试剂可用棕色瓶
 水浴锅	材质：铜、铝等	水浴用，或者粗略控制温度用	防止烧干

其他常用仪器如图 1-3-1 所示。

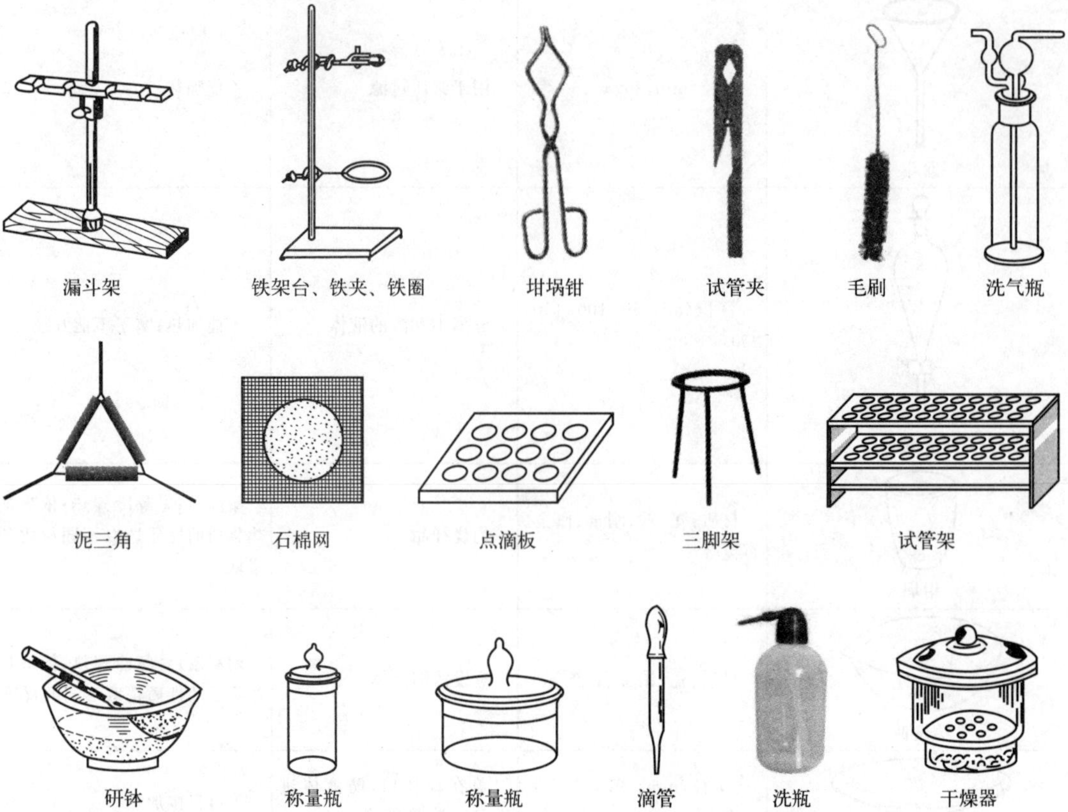

图 1-3-1 无机化学实验部分常用仪器

第二节 玻璃器皿的洗涤与干燥

一、玻璃器皿的洗涤

化学实验中使用的器皿应保持干净，外观应清洁、透明。洗净标准为器壁能均匀地附着一层水膜，既不聚成水滴，也不成股流下。应根据仪器的用途、种类、污物的性质及玷污程度采取不同的方法进行玻璃仪器的洗涤。

1. 用去污粉、洗涤剂洗

针对实验室中常用的烧杯、锥形瓶、量筒等非精密玻璃器皿，可用水冲洗去除黏附的灰尘及可溶性污物。洗涤时先往容器内注入约 1/3 容积的水，稍用力振荡后把水倒掉，如此反复冲洗数次。当容器内壁附有不易冲洗掉的污物时，可用毛刷刷洗，通过毛刷对器壁的摩擦去掉污物。刷洗时需要选用合适的毛刷，按所洗涤的仪器的类型、规格（口径）来选择。洗涤试管和烧瓶时，用端头有直立竖毛的毛刷刷洗后，再用蒸馏水或去离子水淋洗三次。对于用以上方法都洗不掉的污物，则可用毛刷蘸少量去污粉或合成洗涤剂刷洗。

去污粉是由碳酸钠、白土、细沙等混合而成的，利用碳酸钠的碱性去除油污，利用细沙的摩擦作用和白土的吸附作用增强对玻璃仪器的清洗效果。将要刷洗的玻璃仪器先用少量水润湿，撒入少量去污粉，然后用毛刷刷蹭。刷洗后，用自来水冲掉去污粉，然后用蒸馏水或去离子洗三次，水洗的原则是少量多次。也可用洗涤剂采用同样的方法进行刷洗。

洗过的仪器倒置时，若出现水珠或油花，应当重新洗涤。洗净的仪器不能用纸或抹布擦干，以免将脏物或纤维留在器壁上。

2. 用铬酸洗液洗涤

滴定管、移液管、容量瓶、比色皿、比色管等具有精确刻度的仪器，不可用去污粉洗涤，常用铬酸洗液浸泡 15min 左右，再用自来水冲净残留在器皿上的洗液，然后用蒸馏水润洗 2～3 次。

铬酸洗液的配制：在台秤上称取 10g 工业纯 $K_2Cr_2O_7$（或 $Na_2Cr_2O_7$）置于 500mL 烧杯中，先用少量水溶解，在不断搅动下，慢慢注入 200mL 浓硫酸（工业纯），待 $K_2Cr_2O_7$ 全部溶解并冷却后，将其保存于磨口瓶中。所配的铬酸洗液为暗红色液体。因浓硫酸易吸水，用后应将磨口玻璃塞子塞好。

使用洗液的注意事项如下：

(1) 用洗液洗涤前，先把仪器用常规方式洗净后倾尽水，以免洗液被稀释后降低洗涤效果。

(2) 洗液用过后倒回原磨口瓶中，以备下次再用。当洗液变为绿色而失效时，可倒入废液桶中，绝不能倒入下水道，以免腐蚀下水管道、污染环境。

(3) 用洗液洗涤过的仪器，应先用自来水冲净，将产生的废液回收，再以蒸馏水润洗内壁 2～3 次。

(4) 洗液为强氧化剂，腐蚀性强，使用时应特别注意不要溅在皮肤和衣服上。

必须指出，洗液不是万能的，如被 MnO_2 沾污的器皿，用洗液是无效的，此时可用草酸、盐酸或酸性 Na_2SO_3 等还原剂洗去污垢。

3. 用其他溶剂洗

比色皿等不能用毛刷刷洗，通常视其沾污的程度，选用铬酸洗液、HCl-乙醇、合成洗涤剂等浸泡后，用自来水冲洗净，再用蒸馏水润洗 2～3 次。

4. 砂芯滤器的洗涤

用适宜的洗液浸泡、煮泡后抽洗，再用自来水、蒸馏水抽洗干净，于 110 ℃以下缓慢升温烘干。

5. 超声清洗

以上各方案也可与超声清洗结合使用，效果更好。超声清洗是利用超声在液体中的空化作用、加速度作用及直进流作用从而对液体和污物施加直接、间接的影响，使污物层被分散、乳化、剥离而达到清洗目的。

二、玻璃器皿的干燥

干燥是除去原料、产物、仪器中少量水分或少量有机溶剂的操作，根据干燥对象和时间要求采取不同干燥方式。

1. 晾干和有机溶剂法

不急用的仪器，在洗净后，可以放置于无尘处自然晾干（风干）。带有刻度的仪器，如用加热的方法干燥会影响仪器的精密度，不急用时可晾干，如需急用，常用一些易挥发的有机溶剂（如乙醇等）加入仪器中，转动仪器使水与有机溶剂混合，然后倒出，少量残留在仪器中的有机溶剂很快挥发从而使仪器干燥。

2. 加热干燥

加热干燥有吹干、烘干和烤干等方式，根据不同的仪器和时间要求采取不同方式。

（1）吹干　气流烘干器对干燥锥形瓶、试管等非常方便，先把玻璃仪器中的水倒尽，然后倒扣在出气杆上慢慢吹干。一些急于干燥的仪器可先用少量易挥发溶剂（如乙醇）润洗内壁，擦干仪器外壁后，先用吹风机的冷风挡吹，当溶剂基本挥发完后，再用热风挡吹至仪器干燥，最后用冷风挡吹去残留的蒸气。吹干过程需在通风好、没有明火的环境中进行。

（2）烘干　电热干燥箱温度一般控制在100～120 ℃左右，沾有有机溶剂的玻璃仪器不能用电热干燥箱干燥，以免发生危险。有刻度的仪器和厚壁器皿不宜用烘箱干燥。称量瓶烘干后要放在干燥器内冷却和保存。有塞子的仪器（例如分液漏斗、滴液漏斗等），必须拔下塞子和旋塞并擦去或洗净油脂后，才能放在烘箱里烘干。玻璃仪器放入烘箱前，应尽量将水沥干，然后按瓶口朝下、自上而下的顺序放入。

（3）烤干　能加热和耐高温的仪器，如试管、烧杯、蒸发皿，可用烤干法干燥。加热前先将仪器外壁擦干，烧杯、蒸发皿可放在石棉网上用小火烤干。烤干试管时，先用试管夹夹住试管上部，使试管口朝下倾斜，以免水珠倒流炸裂试管。烤干时从试管底部开始，慢慢移向管口，烤干水珠后再将试管口朝上，赶尽水汽。

第三节　加热与冷却

加热是化学实验最基本的操作，常用的加热方法有直接加热法和间接加热法。常用于直接加热的仪器有酒精灯、酒精喷灯、煤气灯等明火加热及电炉、电热板、电陶炉、电热套、管式炉、马弗炉、微波炉等不同温度和传热方式的电加热。常用于间接加热的热浴包括水浴、油浴、空气浴、盐浴、沙浴等。

一、明火加热

1. 酒精灯

酒精灯加热的温度一般可达400～500 ℃，是最简便和常用的直火加热方式。使用时先将灯放稳，灯帽取下后将其直立放置在灯的一侧，以防止其滚动和便于取用。打开灯帽时应一手扶灯壶，另一手提起灯帽，避免灯体跌落，致使酒精溢出，引发事故。

（1）检查灯芯

新购置的酒精灯应首先配置灯芯。通常用多股棉纱线拧在一起做成灯芯，再将其插进灯芯瓷套管中。灯芯不要太短，一般浸入酒精之后还应多出4～5 cm的长度。若灯芯不整齐或有烧焦的部分，需用剪刀修剪平整且高度一致，灯芯的高度应为0.3～0.5 cm，如图1-3-2所示。

图 1-3-2　酒精灯（左）；酒精灯火焰（右）

（2）检查灯内酒精量

灯壶内酒精容量接近灯体容积的 1/4 时必须添加酒精。同时，酒精不能装得太满，以不超过灯壶容积的 2/3 为宜。

添加酒精时要借助小漏斗，以免将酒精洒出。若需向燃着的酒精灯添加酒精，必须先熄灭火焰。绝不允许在酒精灯燃着时加酒精，否则，很易着火引发事故。

新灯加完酒精后须将新灯芯放入酒精中浸泡，而且移动灯芯套管使每端灯芯都浸透，然后调整其长度，才能点燃。否则，未浸过酒精的灯芯，一经点燃就会烧焦。

（3）点燃酒精灯

一定要用火柴等点火物品点燃酒精灯，绝不可用燃着的酒精灯点燃其他酒精灯，避免酒精洒出引起火灾。在灯燃烧的时候，绝不能把灯壶倾斜或反侧，如图 1-3-3。

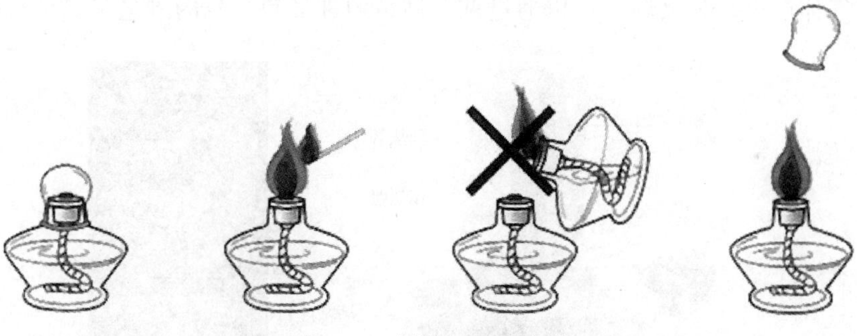

图 1-3-3　酒精灯正确点燃

酒精灯正常火焰分为三层：焰心、内焰（还原焰）和外焰（氧化焰），如图 1-3-2（右）所示。外焰的温度最高，焰心的温度最低，因此应用外焰加热。

（4）加热

若无特殊要求，一般用温度最高的外焰来加热器具。加热的器具与灯焰的距离要合适，过高或过低都会影响加热效果。与灯焰的距离通常用灯的垫木或铁环的高低来调节。被加热的器具必须放在支撑物（三脚架、铁环等）上或用坩埚钳、试管夹夹持，绝不允许手拿仪器加热。

在用酒精灯加热液体时，有些仪器可以直接用酒精灯加热，如试管、蒸发皿、燃烧匙等。有些仪器加热时要垫石棉网，如烧杯、烧瓶等。有些仪器不能加热，如量筒、集气瓶、漏斗等。

（5）熄灭酒精灯

可用灯帽将其盖灭（原理：隔绝空气，使其缺少氧气熄灭）。绝不允许用嘴吹灭，用嘴吹的话，可能使高温的空气或火焰通过灯芯空隙倒流入瓶内，引起爆燃。

不用的酒精灯必须将灯帽罩上，以免酒精挥发，若长时间不用，应倒出灯内的酒精，以免酒精挥发；同时，在灯帽与灯颈之间应夹小纸条，以防粘连。

2. 酒精喷灯

酒精喷灯提供的温度在 800 ℃左右，最高可达 1000 ℃，分座式和挂式两类，如图 1-3-4 所示。

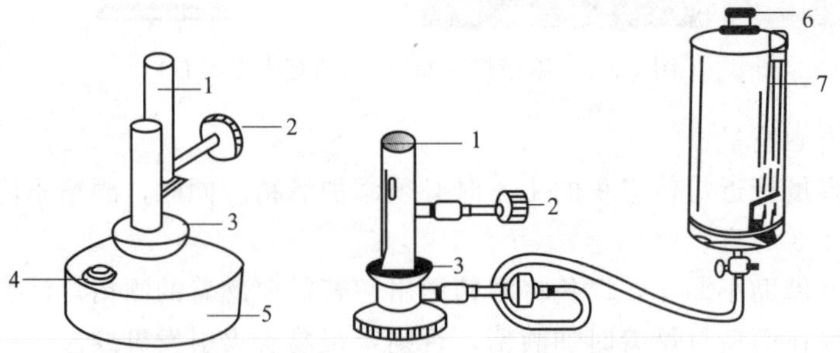

(a) 座式酒精喷灯　(b) 挂式酒精喷灯

图 1-3-4　酒精喷灯

1—灯管；2—空气调节杆；3—预热盘；4—注酒精孔；5—酒精壶；6—壶盖；7—酒精储罐

座式酒精喷灯的酒精贮存在灯座内，挂式酒精喷灯的酒精贮罐悬挂于高处。

酒精喷灯的工作原理：预热使酒精在灯管内受热气化，跟来自气孔的空气混合，通过用火点燃管口气体产生高温火焰。可以通过调节酒精的进量和空气的进量来调节火焰的大小。

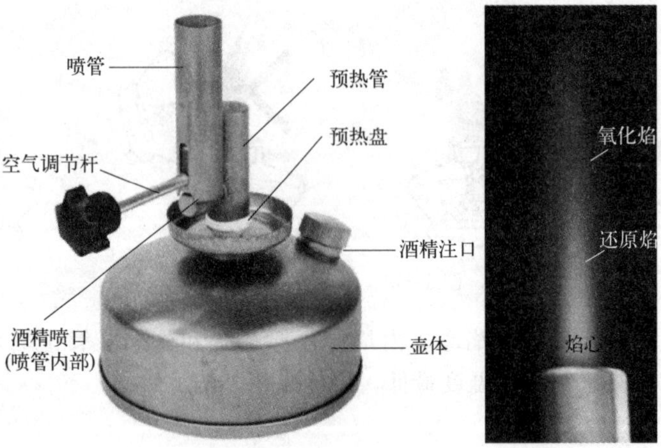

(a) 酒精喷灯构造图　(b) 喷灯三层火焰

图 1-3-5　酒精喷灯实物图及喷灯火焰

(1) 酒精喷灯的使用方法

使用酒精喷灯（图 1-3-5）前，首先用捅针捅一捅酒精蒸气出口，以保证出气口畅通。

① 旋开酒精注口的螺旋盖，借助小漏斗向酒精壶内添加酒精，酒精壶内的酒精不能装得太满，以不超过酒精壶容积（座式）的 2/3 为宜，随即将盖旋紧，避免漏气。

② 打开酒精壶的开关，拧紧酒精灯旋钮，如是座式酒精喷灯，可直接进行下一步。调节空气调节杆把入气孔调到最小，向预热盘里加入适量酒精（注意，盛酒精的烧杯须远离火

源）并点燃，充分预热使灯管受热，保证酒精全部气化，待酒精接近燃完且在灯管口有火焰时，上下移动空气调节杆调节火焰为正常火焰。在一般情况下，进入的空气越多（也就是氧气越多），火焰温度越高。若一次预热后不能点燃喷灯，可在火焰熄火后重新往预热盘添加酒精（用石棉网或湿抹布盖在灯管上端即可熄灭酒精喷灯），重复上述操作直至点燃。连续两三次预热后仍不能点燃时，则需用捅针疏通酒精蒸气出口后，方可再预热。当灯管中冒出的火焰呈浅蓝色，并发出“哧哧”的响声时，拧紧空气调节器，此时酒精喷灯就可以使用了。

与煤气灯的火焰类似，酒精喷灯正常的火焰也分为三层，如图 1-3-5(b) 所示，分别为氧化焰（温度约 800～900 ℃)、还原焰和焰心。

③ 用毕，如是挂式酒精喷灯，先关闭酒精壶的开关，待橡胶管内和灯内的酒精燃烧完后，火焰自然熄灭，再关紧酒精灯旋钮。如是座式酒精喷灯停止使用时，可用石棉网覆盖燃烧口，同时用湿抹布盖在灯座上，使它降温。移动空气调节杆，加大空气量，灯焰即熄灭。然后垫着布旋松螺旋盖（以免烫伤)，使灯壶内的酒精蒸气放出。

（2）安全注意事项

① 喷灯工作时，灯座下绝不能有任何热源，周围不要有易燃物。

② 座式喷灯连续使用时间不应过长，如果超过半个小时，应先暂时熄灭喷灯。待冷却后添加酒精再继续使用，在使用过程中，要特别注意安全，手尽量不要碰到酒精喷灯金属部位。

③ 当罐内酒精剩 20 mL 左右时，应停止使用。要把喷灯熄灭后再增添酒精，不能在喷灯燃着时向罐内加注酒精，以免引燃罐内的酒精蒸气。

④ 使用喷灯时，如发现罐底凸起，要立即停止使用，检查喷口有无堵塞、酒精有无溢出等，待查明原因、排除故障后再使用。

⑤ 每次连续使用酒精喷灯的时间不要过长。如发现灯身温度升高或罐内酒精沸腾（有气泡破裂声）时，要立即停用，避免罐内压强增大而使罐身崩裂。

⑥ 使用酒精喷灯时出现的问题及其解决方案见表 1-3-2。

表 1-3-2　酒精喷灯使用时出现问题及其解决方案

问题或现象	原因分析	解决方法
火焰逐渐变小，最后熄灭	预热不足或燃料不足	重新预热或添加酒精
喷口堵塞	灰粒或碳化物积聚	用捅针疏通并清洁喷嘴
酒精暴沸	喷孔堵塞导致压力积聚	立即冷却壶体并疏通喷孔

3. 煤气灯

煤气灯加热温度可达 1000 ℃。煤气灯种类虽多，但构造、原理基本相同，最常用的煤气灯如图 1-3-6 所示。

煤气灯由灯座和灯管组成。灯座由铁铸成，灯管一般是铜管，灯管通过螺口连接在灯座上，可通过灯管下部的几个圆孔来调节空气的进入量。灯座的侧面有煤气入口，用胶管与煤气管道的阀门连接，在另一侧有调节煤气进入量的螺旋阀（针），逆时针进气，顺时针关闭，根据需要来调节煤气的进入量。

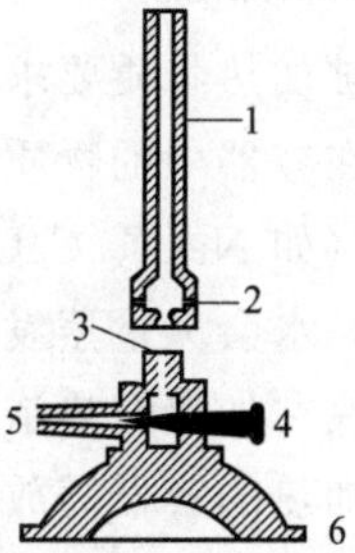

图 1-3-6　煤气灯的构造

1—灯管；2—空气入口；3—煤气出口；4—螺旋针；5—煤气入口；6—灯座

（1）煤气灯的点燃

向下旋转灯管，关闭空气入口；先擦燃火柴，后打开煤气灯开关，将煤气灯点燃。

（2）煤气灯火焰的调节

调节煤气的开关或煤气灯的螺旋针，使火焰保持适当的高度。这时煤气燃烧不完全并且产生炭粒，火焰呈黄色，温度不高。向上旋转灯管调节空气进入量，使煤气完全燃烧，这时火焰由黄变蓝，直至分为三层，称为正常火焰（图 1-3-7）。三层火焰为焰心（内层）、还原焰（中层）和氧化焰（外层），氧化焰火焰呈淡紫色，温度高，可达 700～1000 ℃。煤气灯火焰的最高温度处在氧化焰。实验时，一般用氧化焰来加热。

当空气或煤气的进入量不合适时，会产生不正常火焰，如图 1-3-8 所示。当空气和煤气进入量都很大时，火焰离开灯管燃烧，称为临空火焰，当火柴熄灭时，火焰也立即熄灭。当空气进入量很大而煤气量很小时，煤气在灯管内燃烧，管口上有细长火焰，这种火焰称为侵入火焰。侵入火焰会把灯管烧得很热，应注意，以免烫手。遇到不正常火焰，要关闭煤气开关，待灯管冷却后重新调节再点燃。

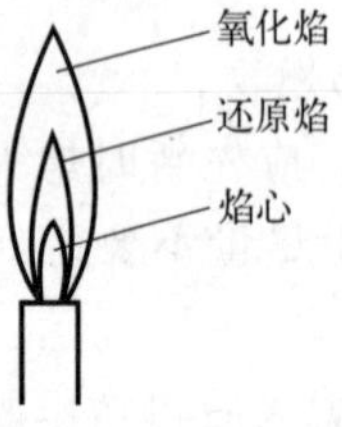

图 1-3-7　正常火焰

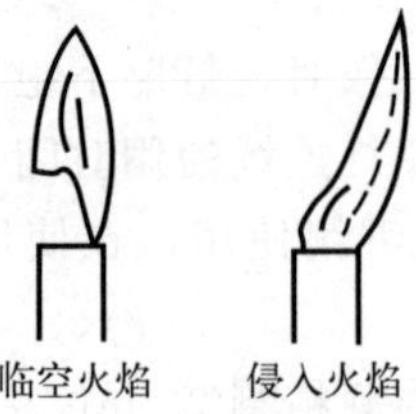

图 1-3-8　不正常火焰

（3）用煤气灯加热

用煤气灯灼烧坩埚或加热固体时，坩埚要放在泥三角上，用氧化焰灼烧。先用小火加热，然后逐渐加大火焰灼烧。注意不要让还原焰接触坩埚底部，以防结炭致破裂。高温下取坩埚时，要用坩埚钳。先将坩埚钳预热再去夹取坩埚，用后要将坩埚钳的尖端向上平放在实验台上。

二、水浴、油浴、沙浴、空气浴和盐浴加热

间接加热的优点是避免明火且使加热均匀。热源有酒精灯、电炉等，传热介质有空气、水、油、有机液体、熔融盐等。

1. 水浴加热

当被加热物质要求受热均匀且温度不超过 100 ℃时，采用水浴加热，通过热水或水蒸气加热盛在容器中的物质。当被加热物质要求受热均匀且温度超过 100 ℃时，在水中加入各种无机盐（如 NaCl、$CaCl_2$ 等）使之饱和，则水浴温度可提高到 100 ℃以上。若水浴锅长时间加热，水会大量蒸发，因此必要时应往水浴锅里适当加水补充。受热玻璃器皿不能触及锅壁和锅底。加热时热浴的液面应略高于容器中的液面，用水蒸气加热时无此要求。

被加热的容器需放在水浴锅的铜圈或者铝圈上。用烧杯盛水并加热至沸代替水浴锅进行水浴加热更为方便（图 1-3-9）。

实验室经常用恒温水浴箱进行水浴加热。恒温水浴箱用电加热，可自动控制温度并且可同时加热多个样品。水浴箱内盛水应没过加热棒，但也不要超过 2/3，被加热的容器不要碰到水浴箱底，同时应采取措施防止被加热容器飘起倾倒。

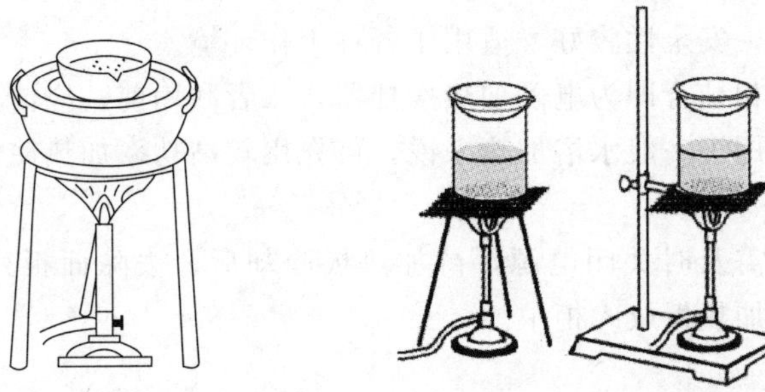

水浴锅加热　　　　用烧杯进行水浴加热

图 1-3-9 水浴加热方法

2. 油浴和沙浴加热

当被加热物质要求受热均匀，温度又高于 100 ℃时，可用油浴或沙浴加热。

（1）油浴加热与水浴加热方法相似。加热温度在 80～250 ℃之间可选择油浴。

（2）沙浴是在铁制沙盘中装入细沙，将被加热容器下部埋在沙中，用煤气灯或电炉加热沙盘。沙浴温度可达 300～400 ℃。但沙浴的缺点是沙对热的传导能力较差且散热较快，温度不易控制。所以，在操作时容器底部的沙要薄些，使之易受热，而周围沙层要厚些，使热不易散失。尽管如此，沙浴温度仍不易控制，在实验室中用得较少。

3. 空气浴加热

用热源将局部空气加热，空气再把热传导给反应容器，这种加热方法称为空气浴加热，如，用电热套加热，能从室温加热到 200 ℃左右。在安装仪器时，反应瓶的外壁与电热套内壁应保持 2 cm 左右的距离，以便热空气传热和防止局部过热。

4. 盐浴加热

当需要高温加热时，可使用熔融的盐作为传热介质进行盐浴加热。如等质量的 $NaNO_3$ 和 KNO_3 混合物在 218 ℃熔化，盐浴加热范围 150～500 ℃。但必须注意的是，熔融的盐若触及皮肤，会引起严重的烧伤。

三、电加热

实验室常用电热板、电热套、管式炉、马弗炉等（图 1-3-10）进行电加热。

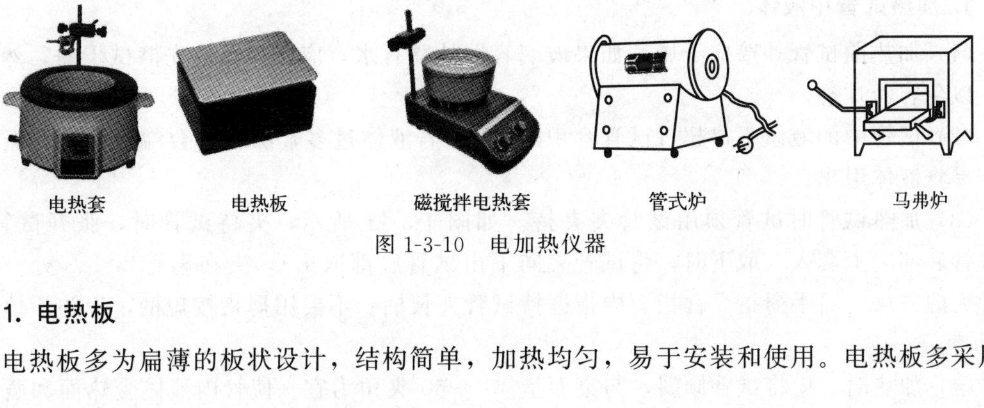

电热套　　电热板　　磁搅拌电热套　　管式炉　　马弗炉

图 1-3-10 电加热仪器

1. 电热板

电热板多为扁薄的板状设计，结构简单，加热均匀，易于安装和使用。电热板多采用不锈钢、陶瓷等材质制作外层壳体，电热合金丝被封闭于电热板的内部，因此为封闭式加热，加热时无明火、无异味，安全性较好，适用于各种工作环境。

电热板与电磁搅拌相结合即为电磁加热搅拌器，二者联用前，应清洁加热面板，去除残留附着物。对于电热板用于一般水浴加热来说，可先用较高功率加热使水沸腾，然后调低功率维持沸腾即可。

电热板使用完毕，需及时关闭电源，待加热板冷却后，去除面板残余物，再放回原柜中，严禁未经冷却就将加热板放入柜中。

2. 电热套

电热套是实验室常用加热仪器，由无碱玻璃纤维和金属加热丝编制的半球形加热内套和控制电路组成，多用于玻璃容器的精确控温加热，具有升温快、温度高、操作简便、经久耐用的特点，是做精确控温加热实验的常用仪器。现在大部分的加热套都与电磁搅拌结合，使用更加方便。

3. 管式炉

管式炉利用电热丝或硅碳棒加热，温度可分别达到 950 ℃和 1300 ℃。炉膛中放一根耐高温的石英玻璃管或瓷管，管中再放入盛有反应物的瓷舟，使反应物在空气或其他气氛中受热。

4. 马弗炉

马弗炉又叫箱式电炉，也是利用电热丝或硅碳棒加热的高温炉，炉膛呈长方体形状，便于放入要加热的坩埚或其他耐高温的容器，常规马弗炉的温度可达 1300 ℃，高温箱式炉可达 1800 ℃。温度由温度控制器控制，可用于灰化滤纸和有机物成分分析，不允许用于加热液体和其它易挥发的腐蚀性物质，也不可用来熔炼金属。

使用时，炉温不得超过额定温度，以免损坏加热元件及炉内衬。禁止向炉膛内直接灌注液体及熔融金属，炉膛内的纤维板材上不准直接放置金属等材料，以免损坏炉膛。由于纤维炉膛强度较低，打开或关闭炉门时，务必轻开轻关，以避免冲撞损坏炉门，取放被加热工件时应轻拿轻放，以避免损坏炉口。在高温时不建议打开炉门，避免炉膛在急冷急热状态下发生损坏。待温度降至 200 ℃以下时，方可开炉门。如急用，可先开一条小缝，让其降温加快，等降至室温后方可切断电源。

四、加热操作

1. 加热试管中液体

（1）加热前试管外壁应干燥，如果玻璃容器外壁有水，应在加热前先擦拭干净，然后加热，以免容器炸裂。

（2）试管中的液体不得超过试管容积的 1/2，若液体过多，沸腾时会溢出管外，振荡时也容易将液体甩出。

（3）加热试管时试管须用试管夹夹持。如图 1-3-11 所示，夹持试管时，张开试管夹，由试管底部向上套入（取下时，将试管夹向下由试管底部取出），夹在离管口 1/3 处。手握试管夹的方法：右手拇指、食指、中指握持试管夹长柄。不要用拇指按短柄，以防不慎使试管脱落。

（4）加热时，应将试管倾斜，与桌面呈 45°～60°夹角为宜（使管内液体受热面和蒸发面增大，沸腾时较均匀）。试管口不得对着自己或他人，更不得面对着试管口观察，以防液体暴沸时从管口喷出伤人。加热时先使试管均匀受热（即预热）。先加热试管中液体的中、上部，再使加热部位慢慢向下移动。最后加热液体下部，并不断摇动试管，以使管内液体受热均匀（不得长时间固定加热某一部位，以防局部过热，使液体喷出管外）。用酒精灯的外焰（温度最高）加热，不能使试管底部接触灯芯，以防引起试管破裂。加热后的试管不要立即用冷水冲洗以免破裂，也不要立即放在实验台上以免烫坏实验台。

2. 加热试管中固体

（1）试管口应略向下倾斜（图 1-3-11），否则固体受热产生的水蒸气在管中冷凝回流到试管底部，易使试管炸裂。

（2）一般用铁夹夹持在试管管口处，固定在铁架台上。将试管固定在铁架台上时应先放置酒精灯以确定固定持夹（十字夹）的高度，十字夹开口向上，在十字夹上固定好铁夹，再套入试管并固定，微调持夹、铁夹位置来调整试管位置。

（3）加热时，先移动酒精灯使试管的中下部受热均匀，再将火焰固定在固体物质部分加热。

3. 烧杯/锥形瓶的加热

为了加速物质的溶解或促进物质的蒸发，加热液体量较多时常用烧杯，有些反应中也会用到锥形瓶。烧杯中的液体以不超过烧杯容积的 2/3 为宜。加热前要把烧杯外面的液体擦干，然后把烧杯放在垫有石棉网的铁三脚架或铁架台的铁环上加热。有时需要注意防止暴沸，必要时加入几粒碎瓷片或者沸石。

4. 烧瓶的加热

蒸馏液体或加热液体反应物制取气体时常用烧瓶。一般用电热套或水浴、油浴等进行加热，若用明火或者电热板，加热烧瓶的操作和加热烧杯相似，不同之处是烧瓶一定要放在垫有石棉网的铁环上加热，并用烧瓶夹将瓶颈固定。液体的量不要超过烧瓶容积的 2/3，为避免液体过热导致暴沸或冲料，可加入沸石、碎瓷片等。

5. 蒸发皿的加热

稀溶液浓缩，从少量液体中结晶得到晶体，对某些物质进行灼烧或烘干（如烘干氯化钙、碱石灰，灼烧不纯的二氧化锰等）等，这些操作中常用蒸发皿进行加热。

加热时，注入蒸发皿中的液体不能超过其容积的 2/3，否则沸腾时易溅出，也不方便搅拌。对于一般化合物，可以直接把蒸发皿放在泥三角或铁架台的铁环上进行加热（有时也用水浴加热）。对于配合物或者结晶水多的化合物，一般建议水浴加热。如果是对溶液进行加热，为了使溶液受热均匀并促进溶剂蒸发，要用玻璃棒不断搅拌溶液，使液体受热均匀，防止液体局部过热致使液体飞溅。浓缩到一定程度后，冷却即可析出晶体；蒸干溶剂时，应在溶剂即将蒸干时停止加热，用余热将剩余溶剂蒸干，以防晶体迸溅或因过热而发生化学反应。热的蒸发皿可用坩埚钳夹取，并放在石棉网上冷却。

6. 坩埚的加热

欲高温加热固体或灼烧沉淀时，应用坩埚加热。加热时，要把坩埚放在泥三角或铁圈上，用酒精喷灯或煤气灯加热（图 1-3-12）。为达到更高温度，可把坩埚斜放在泥三角上，半盖盖子，使灯焰直接喷在坩埚盖上再反射到坩埚里面的反应物上直接加热。

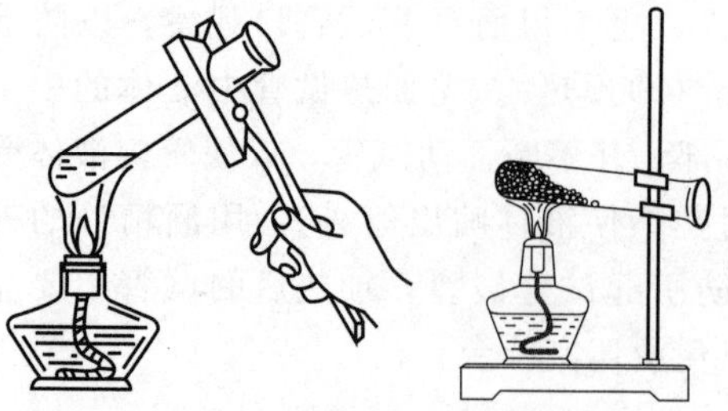

图 1-3-11　试管中液体和固体的加热

图 1-3-12　坩埚加热

取放坩埚时应用坩埚钳，取高温坩埚时需预热坩埚钳的尖端或待坩埚冷却后再夹取。瓷坩埚受热不宜超过 1200 ℃，也不能用来熔化烧碱、纯碱及氟化物，以防瓷釉遭受破坏。坩埚耐高温，但不宜骤冷。热坩埚取下后，应放在石棉网上冷却。

以上加热坩埚的方法中可能会用到铁架台，使用时，应注意铁架台上的铁夹、铁圈与底座在同一侧，上下对直，目的是铁架台的重心落在底座上。固定铁架台上的铁夹、铁圈时，一般先固定铁圈，后固定铁夹。

如果用马弗炉等加热则简单得多，直接将坩埚置于炉腔中合适位置加热即可，充分冷却后取出，也可降温至 200 ℃左右后用坩埚钳取出放在耐热垫如石棉网等上。

第四节　玻璃工操作与塞子钻孔

玻璃硬而脆，没有固定的熔点，加热到一定温度开始发红变软。玻璃的热导率小，冷却速度慢，因而便于加工。

在化学实验中经常需要自制一些滴管、搅拌棒、弯管等，因而要进行玻璃管的截断、拉细、弯曲和熔光等操作。所以，学会玻璃管的简单加工和塞子打孔等基本操作是非常必要的。

一、玻璃管的简单加工

1. 截断

将玻璃管平放在实验台上，左手按住要截断处的左侧，右手用锉刀的棱在要截断的位置锉出一道凹痕。锉刀应该向一个方向锉，不要来回拉，锉痕应与玻璃管垂直，这样才能保证断后的玻璃管截面是平整的。然后，手持玻璃管凹痕向外用拇指在凹痕后面轻轻加压，同时食指向外拉，使玻璃管断开（图 1-3-13）。

2. 熔光

玻璃管和玻璃棒的断面很锋利，容易把手划破，且断面锋利的玻璃管也难以插入塞子的圆孔内。所以，必须把玻璃管和玻璃棒的断面进行熔光。操作时，把截面斜插入煤气灯氧化焰中，缓慢转动玻璃管使熔烧均匀，直到圆滑为止。

热的玻璃管和玻璃棒应按顺序放在石棉网上冷却，不要用手触摸玻璃管热的部位，避免烫伤。

3. 拉细

如图 1-3-14 所示，双手持玻璃管，把要拉细的位置斜放入氧化焰中，尽量增大玻璃管

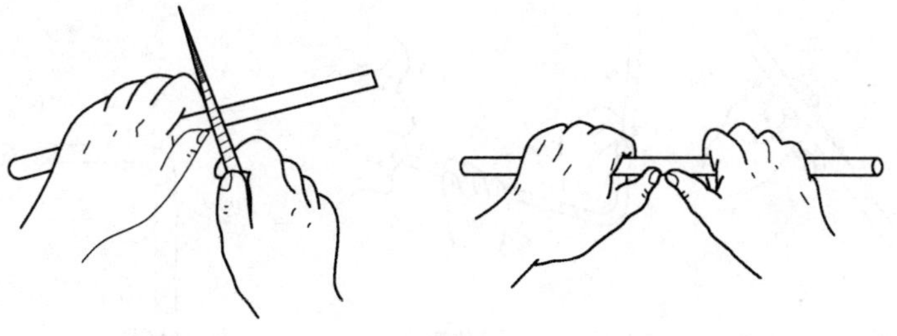

图 1-3-13　截断玻璃管

的受热面积，缓慢转动玻璃管。当玻璃管足够红软时，离开火焰稍停 1～2s，沿着水平方向边拉边旋转，拉到所需要的细度时，一手持玻璃管使其竖直下垂冷却，然后按顺序放在石棉网上冷却至室温。

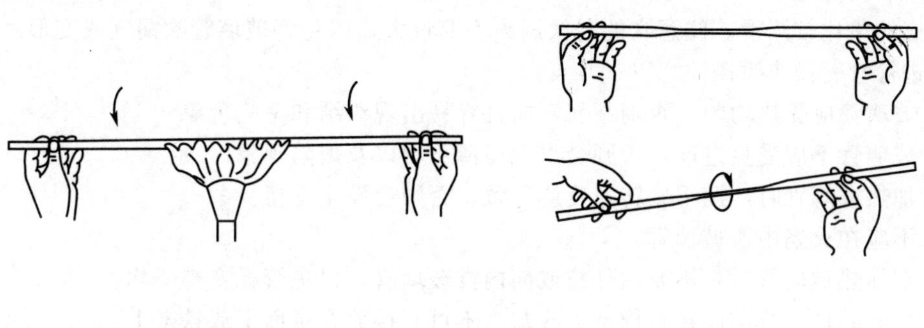

图 1-3-14　加热玻璃管和拉玻璃管

待玻璃管冷却后，在拉细部分截断，即得到带有尖头的玻璃管。熔光时，粗的一端烧熔后立刻垂直在石棉网上轻轻按压出外翻沿，冷却后安上胶头即成滴管；细的一端要小心加热熔光，避免烧结堵死。合格的滴管应呈直线，粗细两端应在一个轴线上，由粗到细过渡自然均匀，细口段至少 4 cm，粗 1 mm 左右。

4. 弯曲

根据需要，可将玻璃弯成不同的角度，弯管的方法可分为慢弯法和快弯法。

(1) 慢弯法

玻璃管在氧化焰上加热（与拉细玻璃管加热操作相同），当加热到刚发黄变软能弯时，离开火焰，弯成一定角度。用“V”字形手法（两手在上方，玻璃管的弯曲部分在两手中间的正下方）缓慢地将其弯成“V”字形所需的角度（图 1-3-15）。弯好后，待其冷却变硬才可撒手，将其放在石棉网上继续冷却。冷却后，应检查其角度是否准确，整个玻璃管是否处于同一个平面上。

120°以上的角度可一次弯成，但弯制较小角度的玻璃管，或灯焰较窄，玻璃管受热面积较小时，需分几次弯制（不要把玻璃管烧得太软，能弯就弯，一次不要弯得角度太大，否则弯曲部分的玻璃管就会变形）。首先弯成一个较大的角度，然后在第一次受热弯曲部位稍偏左或稍偏右处进行第二次加热弯曲，如此第三次、第四次加热弯曲，直至变成所需的角度为止。

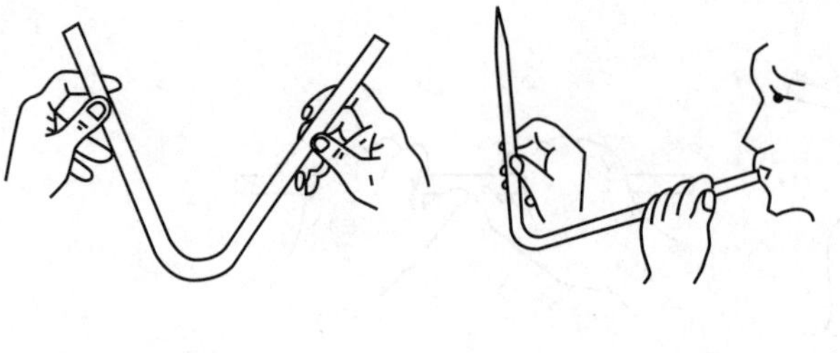

慢弯法　　快弯法

图 1-3-15　弯玻璃管

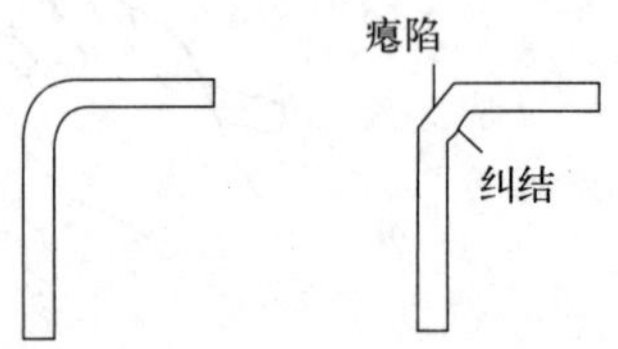

合格品　　不合格品

图 1-3-16　弯玻璃管

(2) 快弯法

先将玻璃管拉成尖头并烧结封死，冷却后在氧化焰中将玻璃管欲弯曲部位加热到足够红软时，移开火焰。如图 1-3-15 所示操作，左手拿玻璃管，从未封口一端用嘴吹气，右手持尖头的一端向上弯管，一次弯成所需要的角度。这种方法要求煤气的火焰宽些，加热温度要高，弯成的角比较圆滑。注意吹的时候用力不要过大，以免将玻璃管吹漏气或变形。

在进行弯管操作时需注意以下几点。

① 玻璃管应受热均匀，否则不易弯曲且容易出现纠结和瘪陷现象。

② 玻璃管不应受热过度，否则会出现厚薄不均以及瘪陷现象。

③ 加热玻璃管时，两手旋转速度应一致，否则会发生歪扭。

④ 不应在火焰中弯玻璃管。

⑤ 在加热玻璃管时，不要向外拉或向内推玻璃管，以免管径变得不均。

⑥ 弯好的玻璃管应放在石棉网上冷却，不可直接放在桌面上或铁架上。

合格的弯玻璃管整体应该在一个平面内，弯角处过渡均匀顺滑自然，粗细不变，不瘪不折，如图 1-3-16。

二、塞子钻孔与安装

实验室常用的塞子有玻璃塞、橡胶塞、软木塞、塑料塞。玻璃塞一般是磨口的，与瓶配合紧密，但带有磨口塞的玻璃瓶不适合盛装碱性物质。橡胶塞可以把瓶塞紧又可以耐碱腐蚀，但易被强酸和某些有机物质所侵蚀或溶胀。软木塞不易与有机物质作用，但容易漏气，易被碱腐蚀。

塞子的大小应与仪器的口径相匹配，塞子进入瓶颈或管颈的部分是塞子本身高度的 1/3～1/2。当塞子上需要插入温度计或玻璃管时，就需要钻孔。实验室经常用的钻孔工具是钻孔器，它是一组粗细不同的金属管。钻孔器前端很锋利，后端有柄可用手握，钻后进入管内的橡胶或软木用带柄的铁条捅出。具体步骤叙述如下。

1. 钻孔

在橡皮塞上钻孔时，应选择比玻璃管外径略大一些的钻孔器，原因在于橡皮塞有弹性，孔径会缩小一些。在软木塞上钻孔时，应选择等于或比玻璃管外径略小一些的钻孔器，原因在于如果钻孔器孔径大，钻出的孔道在插入玻璃管后会松动而导致装置漏气。

先将塞子面积大的一面放在实验台上，用一手按住塞子，另一手握钻孔器的柄，在要求钻孔的位置上，用力向下压并向同一方向旋转钻孔器（图 1-3-17），切不可强行推入，并且不要使打孔器左右摇摆，也不要倾斜。当钻孔器进入塞子的深度大于塞子厚度一半时，将钻孔器反向旋转拔出，再把塞子翻过来，在面积大的一面的同一位置上，用钻孔器钻到两面相通为止。在钻橡皮塞时，打孔器的前端最好敷以凡士林，使之润滑便于钻入，必要时还可用圆锉进一步锉平钻孔或稍稍扩大孔径。

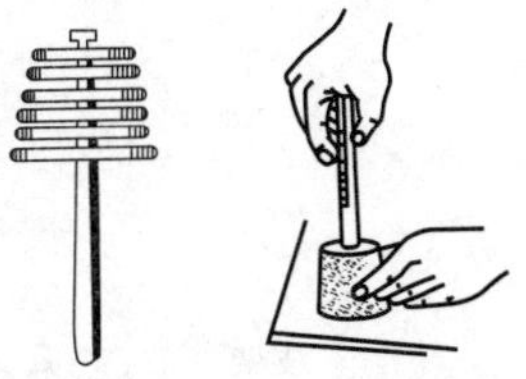

图 1-3-17　塞子钻孔

钻孔时钻孔器必须保持与塞子的底面垂直，以免将孔钻斜，为了减少摩擦力，可在钻孔器上涂上甘油。对于软木塞，需先用压塞机压实，或用木板在实验台上压实，其余操作如前所述。

橡胶的摩擦力较大，为橡胶塞钻孔时一般用力较大，应注意安全，避免受伤。

为加快钻孔速度，可将钻孔器圆形刃口用锉刀修成齿状。电动钻孔器请阅读相应使用说明。

2. 安装和拔出玻璃管

孔钻好后，将玻璃管前端用水润湿，把管转动插入塞中合适的位置。注意手握管的位置应靠近塞子，不要用力过猛，以免折断玻璃管把手扎伤。可用毛巾等把玻璃管包上，防止扎伤。如果玻璃管很容易插入，说明塞子的孔过松不能用。若塞子的孔过小，可先用圆锉将孔锉大，再插入玻璃管。插入或拔出弯形玻璃管时，手指不应捏在弯曲处，因弯曲处易折断。

拔出时握玻璃管的手离插入端应尽量近，以减小扭矩。一面旋转一面用力拔，而不能只用力拔而不旋转。对长时间插入橡皮塞的玻璃管，一般较难拔掉，这是因为橡胶老化使其与玻璃管粘牢，遇到这种情况可用热水浸泡后尝试拔出，不可强求。

第五节　常见光电测量仪器的使用

一、酸度计及其使用方法

酸度计又称 pH 计，常用于 pH 的精密测定或者电位差的测定，据仪器精度，可分为 0.2 级、0.1 级、0.02 级、0.01 级和 0.001 级，数字越小，精度越高。

1. 仪器的结构

酸度计主要由主机和电极两部分组成，图 1-3-18 为某品牌 PB-10 型酸度计的构造图。

把 pH 玻璃电极和参比电极组合在一起构成了 pH 复合电极，其结构图见图 1-3-19。根据外壳材料的不同，分塑壳和玻璃两种。最常用的 pH 电极是玻璃电极，其核心部分是电极球泡，由玻璃熔融吹制而成，呈球形，膜厚约为 0.1～0.2 mm。一般泡内填充 0.10 $mol \cdot L^{-1}$ 盐酸作内参比溶液，再插入一根 Ag-AgCl 电极（或甘汞电极）作内参比电极。

2. 使用和维护

pH 计种类繁多，各型号有不同的使用方法。但基本都会涉及模式选择-校正-测量-维护保养等几个环节。

(1) 模式选择

将电极连接到主机的 BNC 插头，连接温度传感器到“ATC”。用变压器把仪表连接到电源。选择 pH 模式。

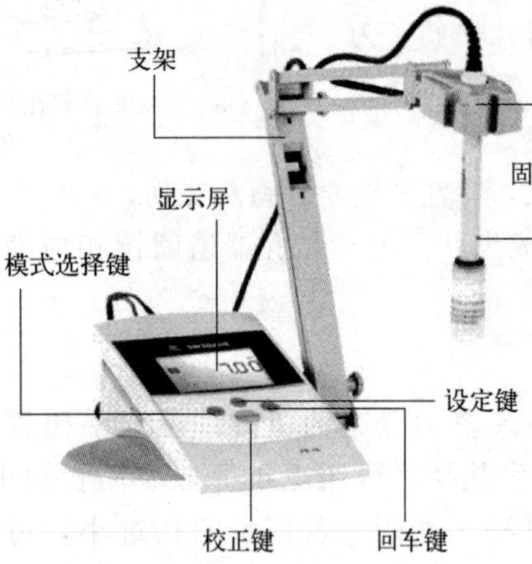

图 1-3-18 PB-10 型酸度计

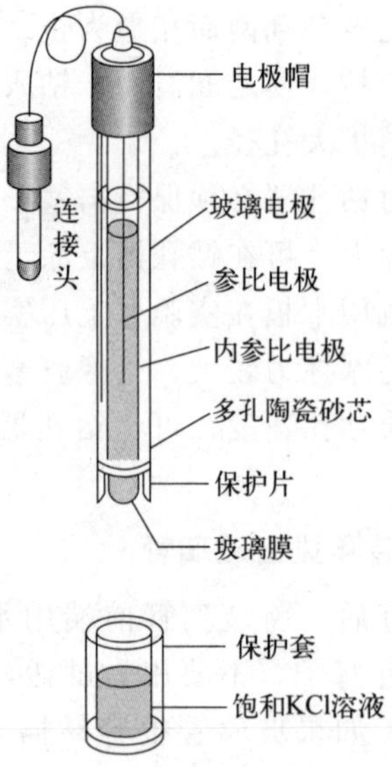

图 1-3-19 pH 复合电极结构图

(2) 校正

以常用的三点校正法为例。

① 清除以前的校准数据：按 SETUP 键，显示屏显示 Clear buffer，按 ENTER 键确认。

② 选择缓冲液组：按 SETUP 键，待显示屏显示缓冲液组“1.68，4.01，6.86，9.18，12.46”或所要求的其他缓冲液组，按 SETUP 键确认。

③ 第一校准点：用蒸馏水或去离子水清洗复合电极，用滤纸吸干后浸入第一种缓冲液(6.86)，等到数值达到稳定并出现“S”时，按“STANDARDIZE”键，仪器将自动校准，如果校准时间较长，可按“ENTER”键手动校准。此时，作为第一校准点数值被存储，显示“6.86”。

④ 第二校准点：用蒸馏水或去离子水清洗电极，用滤纸吸干后浸入第二种缓冲液(4.01)，等到数值达到稳定并出现“S”时，按“STANDARDIZE”键，仪器将自动校准，如果校准时间较长，可按“ENTER”键手动校准。此时，作为第二个校准点被存储，显示(4.01，6.86) 和信息“%Slope××Good Electrode”。显示测量的电极斜率值，如该测量值在 90%～105%范围内，可接受。如果与理论值有更大的偏差，将显示错误信息 (Err)，应清洗电极，并按上述步骤重新校准。

⑤ 重复以上操作，完成第三校准点 (9.18) 校准。

(3) 测量

用蒸馏水或去离子水清洗电极，用滤纸吸干后将电极浸入待测溶液。等到数值达到稳定，出现“S”时，即可读取测量值。

(4) 维护保养

测量完成后，将电极用蒸馏水或去离子水清洗后，浸入 3 mol·L^{-1} KCl 溶液中保存。如发现电极有问题，可用 0.1 mol·L^{-1} HCl 溶液浸泡电极半小时后再放入 3 mol·L^{-1} KCl 溶液中保存。

3. 注意事项

（1）使用前，检查玻璃电极前端的电极球泡。正常情况下，电极应该透明而无裂纹，球泡内要充满溶液，不能有气泡。pH 玻璃电极测量 pH 的核心部件是位于电极末端的玻璃薄膜，该部分是该仪器最敏感也是最容易受损的地方，在校正与测量时，应保证电极与容器底部、容器壁、搅拌子之间有一定距离。清洗电极后，不要用滤纸擦拭玻璃膜，而应用滤纸吸干，避免损坏玻璃薄膜，防止交叉污染，影响测量精度。如发现电极有问题，可用 0.1 mol·L^{-1} HCl 溶液浸泡电极半小时，再放入 3 mol·L^{-1} KCl 溶液中浸泡。

（2）使用时，应取下电极下端的保护帽，取下后应避免电极末端的敏感玻璃薄膜与硬物接触，使用完毕应将电极保护帽套上，帽内应放少量 3 mol·L^{-1} 的 KCl 溶液，以保持电极薄膜的湿润。

（3）测量中，注意电极的 Ag-AgCl 内参比电极应浸入到球泡内氯化物缓冲溶液中，避免酸度计显示部分出现数字乱跳现象。使用时，注意将电极轻轻甩几下。

（4）电极不能用于强酸、强碱或其他腐蚀性溶液中。测量浓度较大的溶液时，应尽量缩短测量时间，用后仔细清洗，防止被测液沾附在电极上而污染电极。

（5）避免将电极长期浸泡在蒸馏水、蛋白质溶液和酸性氟化物中，避免与有机硅油接触。不能用四氯化碳、三氯乙烯、四氢呋喃等能溶解聚碳酸树脂的清洗液清洗电极，同样不能用复合电极测定上述溶液的 pH。

（6）切勿使用强酸（如浓盐酸）清洗电极，否则将缩短电极寿命；电极在每次清洁后，必须重新校正；严禁用洗涤液或其他吸水性试剂浸洗。

（7）如校正或使用中发现仪器有异常情况，应及时向指导教师报告。测量完成后，不用拔下 pH 计的变压器，应待机或关闭总电源，以保护仪器。

二、分光光度计

1. 概述

分光光度计可用于有色溶液的定量比色分析，是根据 Lambert-Beer 定律设计的。分光光度计的种类、型号繁多，但从其结构来讲，都是由光源、单色器、吸收池、检测器、显示器五大部分组成。下面以 722N 可见分光光度计为例简单介绍其原理和使用方法。

2. 722N 可见分光光度计的结构

722N 可见分光光度计采用光栅自准式色散系统和单光束结构光路，使用波长范围为 330～800nm。其结构如图 1-3-20。

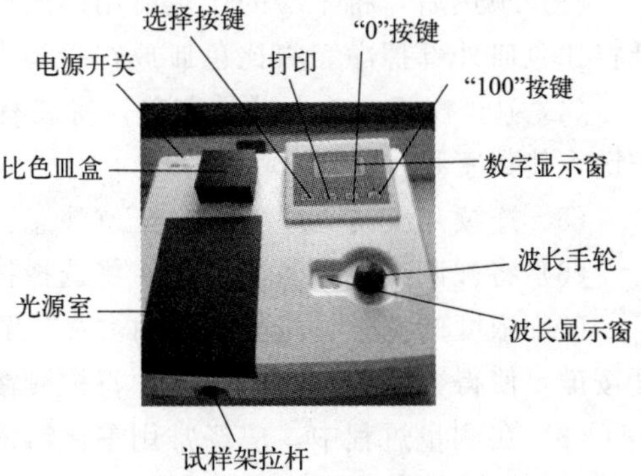

图 1-3-20 722N 可见分光光度计结构示意图

3. 722N 可见分光光度计的光学系统

722N 可见分光光度计的光学系统见图 1-3-21。

钨灯发出的光经滤光片选择、聚光透镜聚光后从入射狭缝投向单色器，入射狭缝正好处在聚光透镜及单色器内准直镜的焦平面上，因此进入单色器的复合光通过平面反射镜反射及准直镜准直后变成平行光射向色散元件光栅，光栅将入射的复合光通过衍射作用按照一定顺

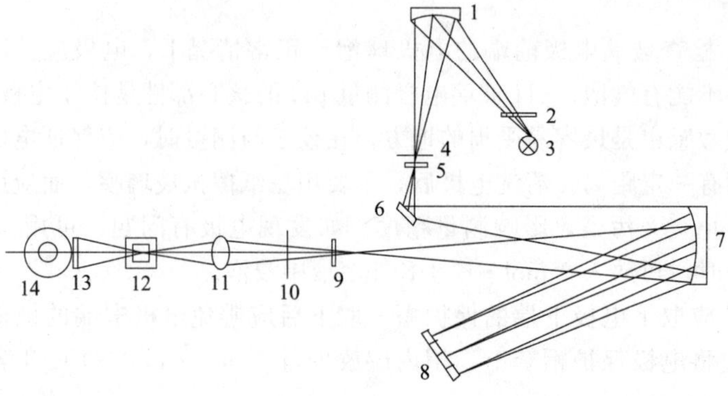

图 1-3-21　722N 可见分光光度计的光学系统

1—聚光透镜；2—滤光片；3—钨灯；4—入射狭缝；5—保护玻璃；6—反射镜；7—准直镜；8—光栅；9—保护玻璃；10—出射狭缝；11—聚光透镜；12—吸收池；13—光门；14—光电管

序均匀排列成连续单色光谱。此单色光谱重新回到准直镜上，由于仪器出射狭缝设置在准直镜的焦平面上，这样，从光栅色散出来的光谱经准直镜后利用聚光原理成像在出射狭缝上，出射狭缝选出指定带宽的单色光通过聚光透镜落在试样室被测试样中心，试样吸收后透射的光经光门射向光电管阴极面，由光电管产生的光电流经微电流放大器、对数放大器放大后，在数字显示器上直接显示出试样溶液的透过率、吸光度或浓度数值。

4. 722N 可见分光光度计的使用方法和注意事项

（1）模式选择。开启电源，指示灯亮，选择按键置于“T”位置，波长设置为测试用波长。

（2）零点校正。打开试样室盖（关门自动关闭），按下透过率“0”按键，使数字显示为 000.00，预热。

（3）预热后，将干净的比色皿用待测溶液润洗 2～3 次，装液至比色皿 2/3 处，用擦镜纸将比色皿外部擦净。将比色皿放在暗箱中，光面对着光路。

（4）100 校正。盖上试样室盖，将装有参比溶液的比色皿置于光路中，按透过率“100”按键，使数字显示为“100.00”。

（5）连续几次调“0”“100.00”（注意：打开暗箱盖调“0”，关上暗箱盖调“100.00”）。

（6）将被测溶液推入光路中，将选择按键置于“A”，数字显示即为试样的吸光度值。

（7）浓度的测量。选择按键由“A”至“*c*”，将已标定浓度的溶液推入光路中，调节浓度按键，使得数字显示为标定值，将被测溶液推入光路，显示数字即为相应浓度值。

（8）在测量过程中，应经常用参比溶液调节“0”“100.00”，以校正仪器。

（9）本仪器数字显示背部带有外接插座，可输出模拟信号。插座 1 脚为正，2 脚为负接地线。

（10）若大幅度改变测试波长，需要等待数分钟后才能正常工作（因波长由长波向短波或反向移动时，光能量急剧变化，光电管受光后响应迟缓，需要一段光响应平衡时间）。

（11）仪器连续使用时间不宜过长，以免光电管疲劳。

（12）使用过程中，非测定时，应打开试样室暗箱盖，使光路断开。

（13）仪器使用完毕，应用防尘布罩罩住，并放入硅胶等干燥剂保持干燥。

5. 比色皿使用注意事项

比色皿用于盛装比色分析时的样品。在可见光区，常用无色光学玻璃或塑料制比色皿，在紫外区常用石英玻璃材质比色皿。玻璃比色皿使用的波长范围为 320～1100 nm，石英比色皿使用的波长范围为 200～1100 nm。国际上规定，液层厚度（即内径）为 10 mm 的比色皿为标准比色皿。

（1）测量时，根据溶液的浓度酌情选用不同光径长度的比色皿，尽量使吸光度值控制在 0.2～0.7 之间，这样可得到较高的准确率。

（2）每台仪器所配的比色皿都是成套的，一台仪器与另一台仪器之间所配的比色皿不能混着用，否则，会带来较大的测量误差。在同一测定中所使用的比色皿的光径（内径）必须一致。原则上每盒比色皿是经过配对测试的（其配对误差不大于 0.5%T），未经配对处理的比色皿将影响样品的测试精度。石英比色皿和玻璃比色皿不能混用，更不能和其它不经配对的比色皿混用。

（3）比色皿置入样品架时，比色皿标记“G”“Q”或箭头一侧，放置方向要一致。

（4）用手拿比色皿时应握比色皿的磨砂表面，不应该接触比色皿的透光面。透光面上不能有手印或溶液痕迹，待测溶液中不能有气泡、悬浮物，否则将影响样品的测试精度。

（5）比色皿不能用毛刷刷洗，要先用蒸馏水冲洗，再用被测溶液润洗 3 次，以免被测溶液的浓度发生改变，影响测量结果。

（6）溶液转入比色皿时不要倒满，若洒出，必须用擦镜纸轻轻碰触吸干，不要用力按压擦拭。

（7）比色皿在使用完毕后应立即清洗干净。

第六节　天平的使用和固体的称量方法

实验室常用质量称量仪器一般有托盘天平、电光分析天平、电子天平（图 1-3-22）等。近几年来，随着电子天平的普及，托盘天平和电光分析天平已经被逐步淘汰。电子天平可以在几秒钟内显示读数，称量速度快，精度高，寿命长，性能稳定，操作简便，灵敏度高。除此之外，电子天平还具有自动校正、自动去皮、超载指示、故障报警等功能，以及质量电信号输出功能。电子天平可与打印机、计算机联用，功能得到进一步扩展，如统计称量的最大值、最小值、平均值及标准偏差等。

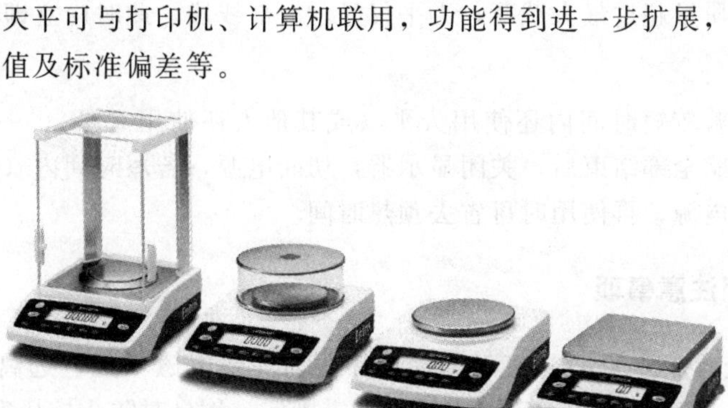

图 1-3-22　电子天平

电子天平按结构可分为上皿式和下皿式两种。称量盘在支架上面的为上皿式，称量盘吊挂在支架下面的为下皿式。目前，广泛使用的是上皿式电子天平。

一、电子天平的使用

1. 水平调节

天平置于天平台或稳定台面上，观察水平仪，如水平仪水泡偏移，需调整水平调节脚，使水泡位于水平仪中心。

2. 预热

接通电源，预热至规定时间后，开启显示器进行操作。

3. 开启显示器

轻按“ON”键，显示器开启，约 2 s 后，显示天平的型号，然后是称量模式 0.0000 g。

4. 天平基本模式的选定

天平通常处于“通常情况”模式，并具有断电记忆功能。使用时若改为其他模式，使用后一旦按“OFF”键，天平即恢复“通常情况”模式。称量单位的设置等可按说明书进行操作。

5. 校准

天平安装后，第一次使用前，应对天平进行校准；或因存放时间较长、位置移动、环境变化或未获得精确测量，也应在使用前进行校准操作。若采用外校准（有的电子天平具有内校准功能），由“TAR”键清零及“CAL”键、100 g 校准砝码完成。

6. 称量

按“TAR”键，显示为零后，置称量物于称量盘上，待数字稳定即显示器左下角的“0”标志消失后，即可读出称量物的质量值。

7. 去皮与称量

按“TAR”键清零，置容器于称量盘上，天平显示容器质量，再按“TAR”键，显示零，即归零，或称去皮。再置称量物于容器中，或将称量物（粉末状物或液体）逐步加入容器中直至达到所需质量，待显示器左下角“0”消失，这时显示的是称量物的净质量。将称量盘上的所有物品拿开后，天平显示负值，按“TAR”键，天平显示 0.0000 g。若称量过程中称量盘上的总质量超过最大载荷，天平仅显示上部线段，此时应立即减小载荷。

8. 关机

称量结束后，若较短时间内还使用天平（或其他人还使用天平），一般不用按“OFF”键关闭显示器。实验全部结束后，关闭显示器，切断电源，若短时间内（例如 2 h 内）还使用天平，可不切断电源，再使用时可省去预热时间。

二、电子天平使用注意事项

1. 电子天平应置于避免阳光直射、远离热源与高强电磁场处，远离震动源（如铁路、公路、震动机等），若无法避免震动，需采取防震措施。称量时防止按压实验台。

2. 保持天平清洁，避免气流影响，读数前须关天平门。

3. 称量易挥发或有腐蚀性物品时，须将其盛放在密闭容器中，防止天平受损。

4. 避免超量程使用，防止损坏天平。

5. 操作天平（包括开、关门）时，动作应轻柔。

6. 样品撒落在天平中时，应及时关闭电源并清理。

7. 长时间闲置天平时，应拔下电源插头。

三、称量方法

常用的称量方法有直接称量法、固定质量称量法和递减称量法，现分别介绍如下。

1. 直接称量法

将称量物直接放在天平称量盘上称量物体的质量。例如，称量小烧杯的质量，容量器皿校正中称量某容量瓶的质量，重量分析实验中称量坩埚的质量等，都为直接称量法。

2. 固定质量称量法

又称增量法，用于称量某一固定质量的试剂（如基准物质）或样品。这种称量操作适用于称量不易吸潮、在空气中能稳定存在的粉末状或小颗粒（最小颗粒应小于 0.1 mg，以便容易调节其质量）样品。

固定质量称量法如图 1-3-23(a) 所示。注意：使用电子天平时，若不慎加入试剂超过指定质量，应先关闭升降旋钮，然后用牛角匙取出多余试剂。重复上述操作，直至试剂质量符合指定要求为止。取出的多余试剂应弃去，不要放回原试剂瓶中。操作时不能将试剂散落于天平称量盘等容器以外的地方，称好的试剂必须定量地由表面皿等容器直接转入接收容器，即“定量转移”。

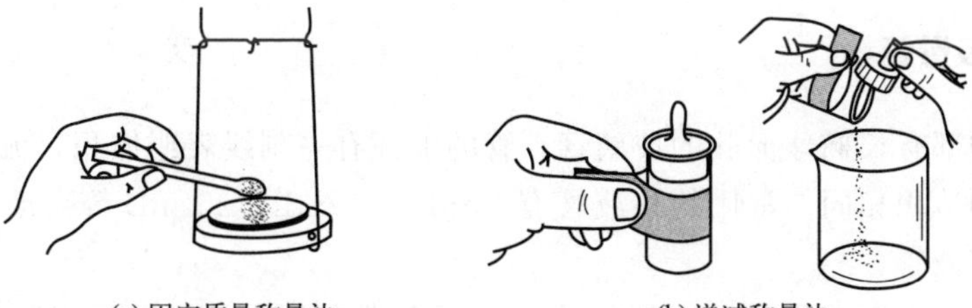

(a) 固定质量称量法　　(b) 递减称量法

图 1-3-23　称量方法

3. 递减称量法

又称减量法，用于称量一定质量范围内的样品或试剂。在称量过程中样品易吸水、易氧化或易与 CO_2 等反应时，可选择此法。由于称取试样的质量是由两次称量之差求得，故也称差减法［图 1-3-23(b)］。

称量步骤如下：从干燥器中用纸带（或纸片）夹住称量瓶后取出称量瓶（注意：不要让手指直接触及称量瓶和瓶盖），用纸片夹住称量瓶盖柄，打开瓶盖，用牛角匙加入适量试样（一般为所称试样量的整数倍），盖上瓶盖。称出称量瓶加试样后的准确质量。将称量瓶从天平上取出，在接收容器的上方倾斜瓶身，用称量瓶盖轻敲瓶口上部使试样慢慢落入容器中。当倾出的试样接近所需量（可从体积上估计或试重得知）时，一边继续用瓶盖轻敲瓶口，一边逐渐将瓶身竖直，使黏附在瓶口上的试样落回称量瓶，然后盖好瓶盖，准确称其质量。两次质量之差，即为样品的质量。

第七节 液体体积的度量仪器及使用方法

根据需要，可用量筒、移液管、吸量管、容量瓶和滴定管等度量液体体积。

一、量筒

量筒用于量度一定体积的液体，有 10 mL、25 mL、50 mL、100 mL 等规格，实验中可根据所取溶液的体积来选用。取液时，先取下试剂瓶塞并把它倒置在桌上，一手拿量筒，一手拿试剂瓶（注意要让瓶上的标签朝向手心），然后倒出所需量的试剂，最后将瓶口在量筒上靠一下，再使试剂瓶竖直，以免留在瓶口的液滴流到瓶的外壁（注意倒出的试液绝对不允许再倒回试剂瓶）。读取量筒内液体的容积时要按图 1-3-24 所示，使视线与量筒内液体的凹液面的最低处保持水平，偏高或偏低都会读不准而造成较大的误差。

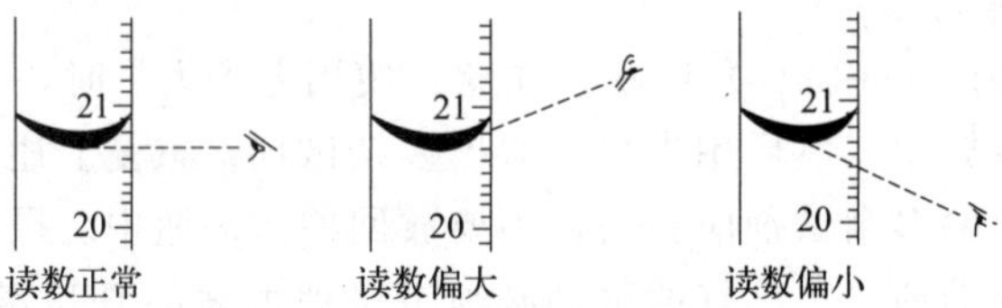

图 1-3-24 视线对量筒读数的影响

二、移液管和吸量管

移液管是中部有长椭球形肚的玻璃管，管的上部有一刻线表明体积，流出的溶液的体积与管上所标明的体积相同。常用的移液管有 5 mL、10 mL、25 mL 等。准确移取一定体积溶液时，可用移液管。

吸量管中部没有近球形的肚，粗细均匀，管上带有分度，可以用来吸取不同体积的溶液。吸量管一般只用于取小体积的溶液，但用吸量管取溶液的准确度不如移液管。上面所指的溶液均以水为溶剂，若为非水溶剂，则体积稍有不同。

1. 洗涤

使用前将移液管（或吸量管）先用少量洗液润洗，再依次用自来水润洗三次、蒸馏水润洗三次，洗净的移液管和吸量管整个内壁和下部的外壁不挂水珠。

移取溶液前再用少量移取液润洗三次。润洗移液管时，为避免溶液稀释或沾污，可将溶液转移至小烧杯中吸取。首先吸入少量溶液至移液管中，将移液管慢慢放平并旋转使移液管内壁全部润湿。然后将管直立，将管中液体沿杯内壁放出，再将小烧杯的液体弃去。操作三次确保洗涤完全。

2. 吸取溶液

移液管插入液面以下 1.5 cm 左右，张开右手拇指和中指拿住管颈标线的上部（图 1-3-25），左手拿洗耳球将溶液吸入管内至标线以上，移走洗耳球，随即右手食指的指腹按住管口。将移液管离开液面，靠在器壁上，稍微放松食指，同时轻轻转动移液管，使液面缓慢下降，当液面与标线相切时，立即按紧食指使溶液不再流出。

若容量瓶口细小，移液管不方便插入，可取一只干净的烧杯，将溶液倒入后再移取。若烧杯湿润，需要用溶液润洗三次。

3. 放出溶液

提前将接受容器放在旁边方便取用，把移液管的尖嘴紧靠在接收容器内壁上，让接收容器倾斜而移液管直立。放开食指使溶液自由流出，如图 1-3-25 所示。待溶液不再流出时，等 15 s 后再取出移液管。最后尖嘴内余下的少量溶液，不可吹入接收器中，因原来出厂标定移液管体积时，这点体积已不在其内（如移液管上有一个“吹”字，则一定要将尖嘴内余下的少量溶液吹入接收容器中）。这样从管中流出的溶液正好是管上标明的体积。

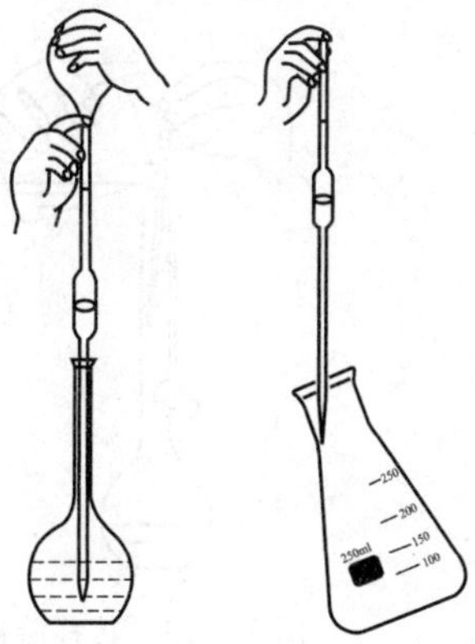

图 1-3-25　吸取溶液和放出溶液

三、容量瓶

配制准确浓度的溶液时要用容量瓶。它是细颈的平底瓶，配有磨口玻璃塞或塑料塞，容量瓶上标明了使用的温度和容积，瓶颈上有刻线。容量瓶使用方法如下。

1. 检查瓶塞是否严密

在容量瓶内加水，塞上瓶塞，用右手食指按住瓶盖，其余手指拿瓶颈标线以上部分，左手用指尖托住瓶底边缘，将瓶倒置 2 min，如不漏水，将瓶直立，瓶盖旋转 180°后再次捡漏，如不漏水才能使用。为避免塞子打破或遗失，应用橡皮筋把塞子系在瓶颈上。

2. 洗涤

容量瓶的洗涤方法与移液管相似。使用前用少量洗液润洗后，依次用自来水洗三次、蒸馏水洗三次。

3. 配制溶液

用容量瓶配制溶液，如是固体物质，要先在烧杯内溶解，再转移到容量瓶中（图 1-3-26）。用蒸馏水冲洗烧杯几次，洗涤液转入容量瓶中。然后慢慢往容量瓶中加入蒸馏水，当液面接近标线约 1 cm 时，稍停，待附在瓶颈上的水流下后，用洗瓶或滴管滴加水至水的弯月面与标线相切。盖好瓶塞，按图 1-3-27 所示将容量瓶倒置摇动，重复几次，使溶液混合均匀。

如固体需经加热方能溶解，必须待溶液冷却后才能转入容量瓶内。如果要把浓溶液稀释，要用移液管吸取一定体积浓溶液放入容量瓶中，然后按上述操作加水稀释至刻度线。

配好的溶液如需保存，应转移到磨口试剂瓶中。容量瓶用毕后应立即用水冲洗干净。如长期不用，磨口处应洗净擦干，并用纸片将磨口隔开。容量瓶不得在烘箱中烘烤，也不能用其他任何方法进行加热。

四、滴定管

滴定管分酸式滴定管和碱式滴定管两种。除碱性溶液用碱式滴定管外，其他溶液一般都用酸式滴定管。

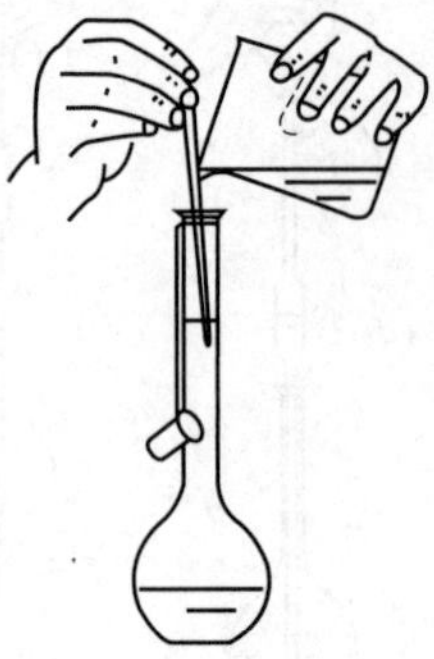

图 1-3-26　转移溶液

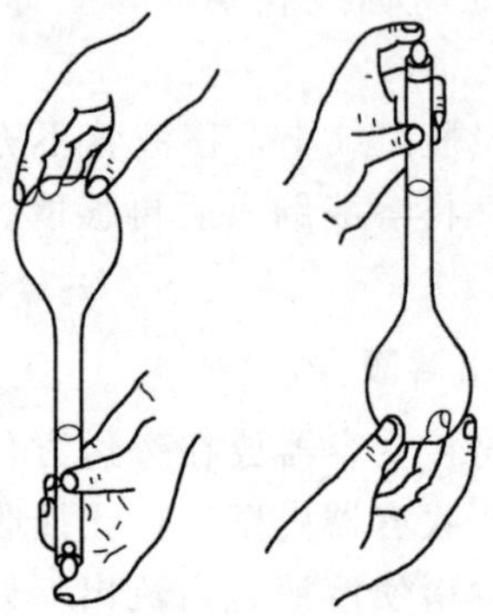

图 1-3-27　容量瓶的翻动

酸式滴定管下端有一个玻璃活塞，用以控制溶液的滴出速度。使用前先取出活塞用滤纸吸干，然后用手指蘸少量凡士林在塞子的两头涂一薄层（图 1-3-28），但一定要远离细孔，将活塞塞好并转动，使活塞与塞槽接触地方呈透明状态。检查后如不漏水，即可使用。

图 1-3-28　玻璃活塞涂凡士林

碱式滴定管的下端由胶管连接带有尖嘴的小玻璃管，胶管内装一个玻璃球，用以堵住溶液。使用时，左手拇指和食指捏住玻璃球稍上方处的胶管并挤压，使胶管和玻璃球间形成一条缝隙，溶液即可流出。

1. 洗涤

滴定管在使用前须用洗液润洗，再用自来水润洗三次，最后用蒸馏水洗涤三次。然后用少量（每次 5～8 mL）滴定溶液润洗三次，以保证不影响滴定液的浓度。

2. 装溶液

将溶液加到滴定管“0”刻度以上，排出滴定管尖嘴气泡。对于酸式滴定管，将其稍倾斜，左手迅速打开活塞，使溶液冲击赶出气泡后，再使活塞开启变小，调至液面弯月面正好与 0.00 刻度线相切。对于碱式滴定管，应将胶管向上弯曲，用两指挤压玻璃球处胶管，使溶液从尖嘴喷出，气泡随之逸出（图 1-3-29）；继续边挤压边放下胶管，气泡便可全部排除，然后再调至 0.00 刻度线。

3. 滴定

使用酸式滴定管滴定时，右手拇指、食指和中指拿住锥形瓶的颈部（图 1-3-30），使滴定管下端伸入瓶口内约 1～2 cm。用左手拇指、食指和中指控制玻璃活塞，转动活塞使溶液滴出。右手持锥形瓶沿同一方向做圆周摇动，使溶液混合均匀。开始滴定时，液体滴出可快一些，但应成滴而不成流，即逐滴成线。滴定过程中，溶液出现瞬间颜色变化，随着锥形瓶的摇动很快消失。当接近终点时，颜色变化较慢，这时应逐滴滴入溶液，摇匀后由溶液颜色变化再决定是否滴加溶液。最后控制液滴悬而不落，用锥形瓶内壁将溶液沾下（相当于半滴），用洗瓶冲洗锥形瓶内壁，摇匀，如颜色 30 s 内不消失，即到达终点。

使用碱式滴定管滴定时，挤捏玻璃球中心偏外偏上处胶管（图 1-3-31），使之形变产生缝隙让溶液滴出，控制溶液滴出速度，其他操作与用酸式滴定管滴定相似。

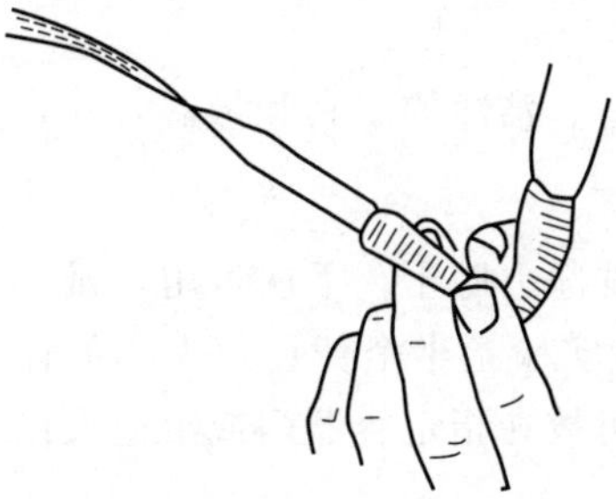

图 1-3-29　碱式滴定管赶气泡

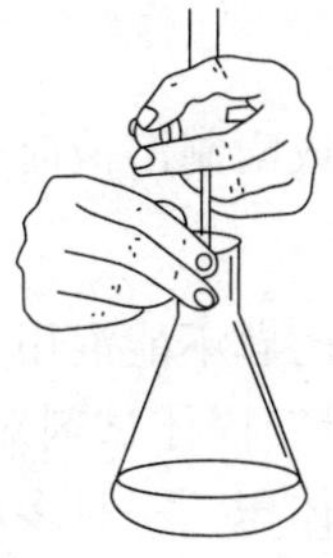

图 1-3-30　酸式滴定管滴定操作

图 1-3-31　碱式滴定管挤捏方向

4. 读数

读数时，要使视线与液面保持水平，滴定管每一大格为 1 mL，一小格为 0.1 mL，要读到小数点后第二位数。读数不准确是产生误差的一个重要原因。

(1) 装满或放出溶液后，必须等 1～2 min，使附着在内壁的溶液流下来，再进行读数。如果放出溶液的速度较慢（例如，滴定到最后阶段，每次只加半滴溶液时），等 0.5～1 min 即可读数。读数前要检查一下管壁是否挂水珠、滴定管尖嘴是否有气泡。

(2) 对于无色或浅色溶液，应读取弯月面下缘最低点，读数时，视线在弯月面下缘最低点处，且与液面成水平（参考图 1-3-24，与量筒读数方法相同）；对高锰酸钾等颜色较深的溶液，可读液面两侧的最高点。此时，视线应与该点成水平。注意初读数与终读数采用同一标准。对无色或浅色溶液，用有乳白板蓝线衬背的滴定管，读数应以两个弯月面相交的最尖部分为准，如图 1-3-32 所示。

(3) 对于一般滴定管，为了便于读数，可在滴定管后衬一黑白读数卡，使黑色部分在弯月面下约 1 mm，弯月面的反射层即全部成为黑色（图 1-3-33），读此黑色弯月面下缘的最低点。对深色溶液，则一律按液面两侧最高点相切处读取，可以用白色卡片作为背景。

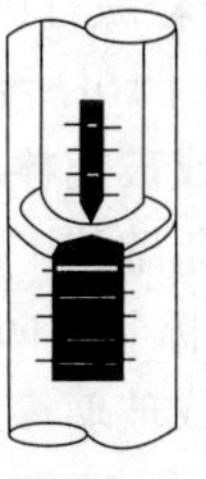

图 1-3-32　滴定管两尖相交处

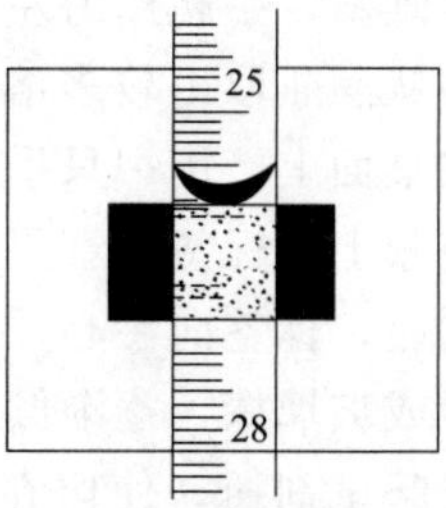

图 1-3-33　放读数卡读数

第八节 试剂取用与溶液配制

一、试剂的取用

为保证化学试剂不受污染，在分取或配制溶液时要使用合适、洁净的工具和量器。

1. 固体试剂的取用

（1）使用干净的药匙取固体试剂，药匙不能混用。实验后洗净、晾干，下次再用，避免沾污试剂。要严格按量取用试剂。“少量”固体试剂对一般常量实验指半个黄豆粒大小的体积，对微型实验约为常量的1/5～1/10体积。一旦多取试剂，可放在指定容器内或给他人使用，一般不许倒回原试剂瓶中。

（2）需要称量的固体试剂，可放在称量纸上称量；对于具有腐蚀性、强氧化性、易潮解的固体试剂，要用小烧杯、称量瓶、表面皿等装载后进行称量。根据称量精确度的要求，选择合适的台秤或电子天平，且试剂和容器的总质量不能超出台秤或电子天平的量程。

（3）有毒的试剂要在教师指导下取用。

（4）向试管（特别是湿试管）中加入粉末状固体试剂时，可用药匙，也可将取出的试剂放在对折的纸片上（图1-3-34），伸进平放的试管中约2/3处，然后直立试管，使试剂放下去。加入固体时，应将试管倾斜，使其沿管壁慢慢滑下，不得垂直投入，以免击破管壁。固体的颗粒较大时，可在洁净而干燥的研钵中研碎，然后取用。

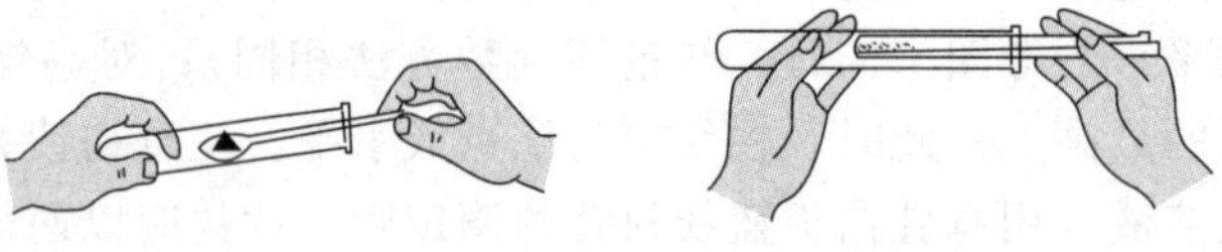

图1-3-34　向试管中加入粉末状固体

2. 液体试剂的取用

（1）从滴瓶中取试剂时，应先提起滴管离开液面，捏胶帽赶出空气后，再插入溶液中吸取试剂。滴加溶液时滴管要垂直，这样滴入液滴的体积才能准确；滴管口应距接收容器口（如试管口）0.5 cm左右，以免与器壁接触沾染其他试剂，使滴瓶内试剂受到污染[图1-3-35(a)]；滴管不能倒持，以防试剂腐蚀胶帽而变质。滴加完毕，用拇指和食指拿试管中上部，试管略微倾斜，手腕用力左右振荡[图1-3-35(b)]或用中指轻轻敲打试管。

（2）如要从滴瓶取出较多溶液，可直接倾倒[图1-3-35(c)]，倒出所需量的试剂。先取下瓶塞反放在桌面上，用一只手的大拇指、食指和中指拿住容器或玻璃棒，用另一只手拿起试剂瓶，并使瓶上的标签对着手心，以免瓶口残留的少量液体顺瓶壁流下而腐蚀标签。单面有标签的试剂瓶，标签向手心，对两面有标签的试剂瓶，要手握标签，防止试剂腐蚀标签。瓶口紧靠容器或玻璃棒，逐渐倾斜瓶身，使倒出的试剂沿容器壁或玻璃棒流下。倒出需要的量后，慢慢竖起试剂瓶，使留在瓶口的试剂流回瓶内，然后盖上原瓶塞。如果试剂流到瓶外，要立即擦净，以免沾染标签。

滴管不能倒持，以防试剂腐蚀胶帽使试剂变质，先排出滴管内的液体，再把滴管夹在持接液容器手的小指内即可。

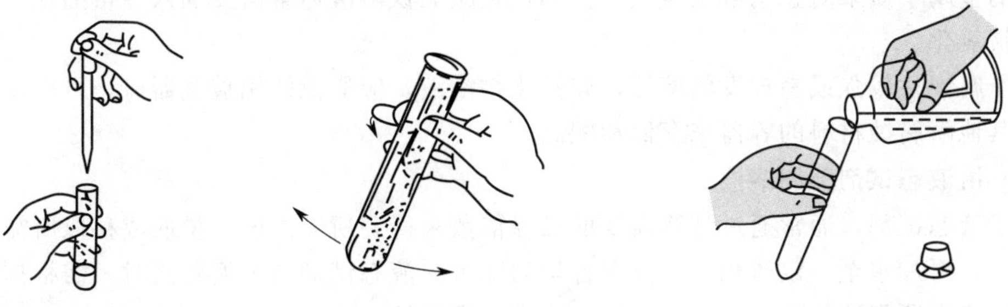

图 1-3-35　从滴瓶中取用试剂

（3）不能用自己的滴管取公用试剂。如试剂瓶不带滴管又需取少量试剂，则可把试剂按需要量倒入小试管中，再用自己的滴管取用。

（4）打开易挥发试剂时，要在通风橱内进行，切不可把瓶口对准自己和他人。

3. 取试剂的量

在试管实验中经常要取“少量”溶液，这是一种估计体积，对常量实验是指 0.5～1.0 mL，对微型实验一般指 3～5 滴，根据实验的要求灵活掌握。要会估计 1 mL 溶液在试管中占的体积和由滴管加的滴数相当的体积（以毫升计）。

要准确量取溶液，则根据准确度和量的要求，可选用量筒、移液管或滴定管。

二、溶液的配制

溶液配制是化学实验中基础且常见的实验操作。不同的实验需求决定了溶液的浓度及其对应的配制方法。在配制溶液时，必须根据试剂的特性、溶解度、稳定性等因素选择合适的配制方法，并存储于合适的容器中。

1. 一般溶液的配制

一般溶液的浓度要求不需要非常精确，因此配制过程可以较为简化。

（1）由固体试剂配制溶液

根据实验要求计算出所需溶质的质量，用电子天平称量后转入到烧杯中，加入适量的水搅拌溶解。若试剂溶解缓慢或溶解度较低，可使用温水、加热或超声辅助来加速溶解，但要注意避免过度加热，防止试剂分解或性质改变。溶解完全后，再继续加水稀释至所需的体积，充分搅拌均匀即得所需溶液。

配制过程中需要注意，若溶解放热，溶液需要冷却至室温后再转移至试剂瓶中保存，对于易分解的溶液，应盛放于棕色瓶中，最好现用现配。配制好的溶液应立即贴上标签，注明溶液的名称、浓度以及配制日期等信息。

（2）配制饱和溶液

饱和溶液指溶质在特定条件下达到其最大溶解量的溶液。配制时，需要将溶质加入溶剂中，通常溶质的量要比理论计算的稍多，然后通过加热促进溶解，直至溶质完全溶解。冷却至室温后，溶液中会析出少量溶质，采用过滤或静置的方法，将上层的清液分离出来，得到饱和溶液。

（3）配制特殊试剂的溶液

对于一些易水解或氧化还原的试剂，如硫酸亚铁、二氯化锡等，通常需要加入适量的酸和相应的金属单质来防止水解或氧化。例如，硫酸亚铁溶液通常需要加入少量的铁，以防止二价铁被氧化。

对于腐蚀性较强或易挥发的溶液，如氟化物溶液，应避免使用玻璃器皿，可以使用聚乙烯瓶或其他耐腐蚀材料的容器来存储和配制。

（4）由液态试剂配制溶液

对于液态试剂，通常通过计算需要的稀释倍数来得到所需浓度。量取或移取所需体积的液体试剂，再加水至一定体积，充分混合均匀即可。液态试剂的浓度较高时，需根据其密度和浓度计算出所需液体的体积，确保溶液浓度的准确性。

2. 标准溶液的配制和标定

标准溶液是实验中常用的一类溶液，通常用于滴定分析等定量实验。标准溶液的配制需要非常精确，常用的配制方法有直接法和标定法。

（1）直接法

直接法适用于那些能够作为基准试剂的化学物质。在此方法中，需要用分析天平精确称取一定量的基准试剂，并将其溶解在适量的溶剂中。然后，将溶解后的溶液转移至容量瓶中，用溶剂稀释至刻度，摇匀后转入干净的试剂瓶中。

（2）标定法

很多试剂不能直接作为基准试剂，因此需要通过标定法来配制标准溶液。通常在实验室中配制接近所需浓度的溶液，然后通过已知准确浓度的基准溶液或标准溶液来测定待标定溶液的准确浓度。

（3）标准溶液的保存和使用

标准溶液在存放过程中，由于溶剂的蒸发或与空气中物质的反应，其浓度可能会发生变化。因此，标准溶液应储存在密封良好的容器中，使用前需要重新进行标定。

第九节 气体的发生、净化与收集及钢瓶使用

一、气体的发生

根据反应物的性质，选用不同的反应条件和装置。实验室常采用如图 1-3-36 和图 1-3-37 所示装置制备少量气体。

启普发生器（图 1-3-36）用于不溶于水的块状固体与液体间不需加热的反应，如制备 CO_2、H_2S、H_2 气体。向启普发生器装入固体前先在漏斗颈前端轻缠一些玻璃棉，以防止固体掉入下面的溶液中。漏斗与球体的磨口处要均匀涂抹一层凡士林，以防止漏气。固体从中球侧面的出气口装入，装入量不超过球体的 1/3。从漏斗加入酸液时，要先打开出气口的活塞，当酸液快要与固体接触时，关闭活塞，继续加酸液至漏斗球体的 1/3～1/2 处。需要制备气体时，打开出气口的活塞，酸液与固体接触产生气体。不用时关闭活塞，气体把酸液压入球形漏斗内，酸液与固体不再接触，反应停止。产生的废液可由下球侧口放出。

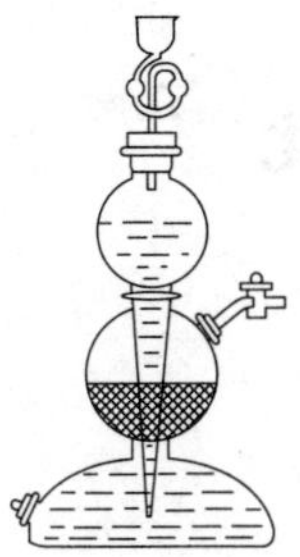

图 1-3-36 启普发生器

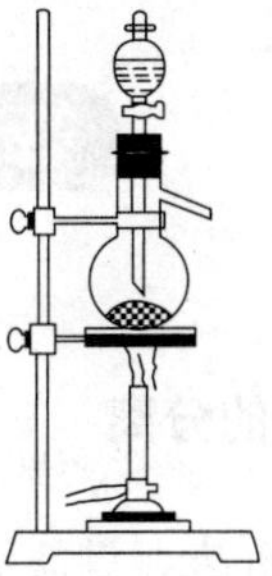

图 1-3-37 气体发生装置

固体颗粒小或需要加热时，不能用启普发生器，可用图 1-3-37 的装置产生气体。先将固体加在蒸馏瓶内，由分液漏斗加入酸液，由活塞控制酸液的加入量。制备气体时，应先对装置进行气密性检查。

二、气体的净化

制备的气体常含有酸雾和水汽，需要净化和干燥。一般使气体通过洗气瓶用水或碱溶液洗去酸雾，再通过干燥管、干燥塔或洗气瓶（内装入干燥剂如浓硫酸或固体干燥剂）除去水汽即可达到干燥目的。气体的干燥方法可分为使用固体干燥剂、液体干燥剂及两者并用等方法。常用的固体干燥剂有无水氯化钙、硅胶、固体氢氧化钾及石灰等，所用仪器有干燥管、U 形管、干燥塔等。液体干燥剂中最常用的是浓硫酸，它可以干燥氢气、氮气、二氧化碳、一氧化碳、氯气、甲烷及低碳链烷烃等气体。

三、气体的收集

根据气体在水中的溶解度和气体密度大小，采用排水集气和排气集气的方法。在水中溶解度很小的气体可用排水集气法，如 O_2、H_2 等；易溶于水而密度比空气小的气体，可采用向下排气集气法，如 NH_3 等；易溶于水而密度比空气大的气体，可采用向上排气集气法，如 SO_2、NO_2 等。

四、尾气吸收

制取有毒气体或副产物为有毒气体（如 Cl_2、CO、SO_2、H_2S、NO_2、NO 等）时，应在通风橱中进行，且进行尾气处理。采用加热法制取并用排水法收集气体或吸收溶解度较大的气体时，要注意熄灭热源的顺序或加装安全瓶防止倒吸。

五、气室反应

气室是由两个小表面皿扣在一起构成的（图 1-3-38）。先将试纸（石蕊试纸、pH 试纸或浸过所需试剂的试纸）润湿，贴在上面表面皿凹面上，然后在下面表面皿中放试液或试剂，立即将贴好试纸的表面皿盖上，待反应发生后，观察试纸颜色的变化。

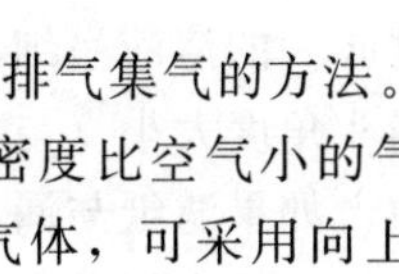

图 1-3-38 气室法

第十节 物质的分离与纯化

一、固体与溶液的分离

经常采用倾析法、过滤法和离心分离法将固相和溶液分离。

1. 倾析法

当晶体或沉淀的颗粒较大时，静置后能沉降至容器底部，上层清液可由倾析法除去。采用倾析法将固相和溶液分离时，须借助玻璃棒进行引流（图 1-3-39）。如果需要洗涤，可加入少量洗涤液或蒸馏水，搅拌后沉降倾析除去洗涤液。如此反复，即可洗净固体物质。

图 1-3-39　倾析法

2. 过滤法

过滤法中利用滤纸将溶液和固相分开，过滤后的溶液称为滤液，经常采用常压过滤、减压过滤（吸滤）和热过滤三种过滤方法。

（1）常压过滤

常压过滤操作可总结为“一角”“二低”和“三靠”。“一角”指滤纸的折叠，必须使折叠后的滤纸和漏斗的角度相符，使它紧贴漏斗壁，并用水湿润。“二低”指滤纸边缘必须低于漏斗口 5 mm 左右，同时要求漏斗内溶液液面又要略低于滤纸边缘，以防固体混入滤液。“三靠”指过滤时，要求盛装待过滤液的烧杯嘴和玻璃棒相靠，使液体沿玻璃棒流进漏斗；而玻璃棒末端和滤纸三层部分相靠；同时还要求漏斗下端的管口与用来盛装滤液的烧杯内壁相靠；使过滤后的清液呈细流沿漏斗颈和烧杯内壁流入烧杯中。

根据漏斗角度大小（与 60°角相比），采用四折法折叠滤纸（图 1-3-40）形成圆锥体后，放入漏斗中，如果滤纸与漏斗不密合，可稍稍改变滤纸折叠的角度，直到与漏斗密合为止。为了使漏斗与滤纸之间贴紧而无气泡，可将三层厚的外层撕下一小块，用水润湿，赶尽滤纸与漏斗壁之间的气泡。

可采用倾析法过滤（图 1-3-41）。先把清液倾入漏斗中，让沉淀尽可能地留在烧杯内，可以避免沉淀过早堵塞滤纸而影响过滤速度。倾入溶液时，应让溶液沿着玻璃棒流入漏斗中，玻璃棒应直立，下端靠着三层厚滤纸处。再用倾析法洗涤沉淀 3～4 次。

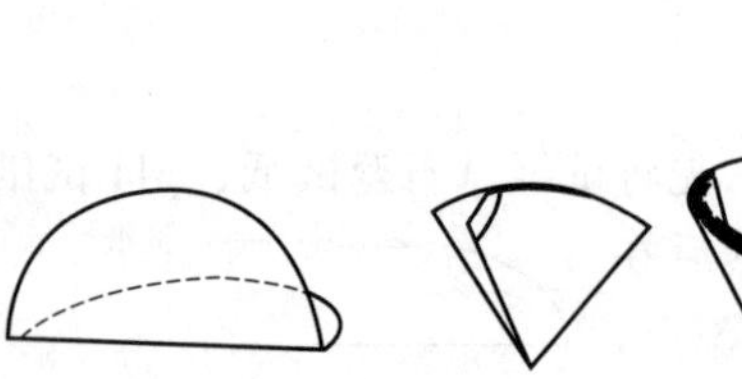

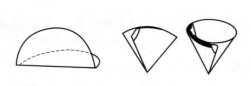

图 1-3-40　滤纸的折叠

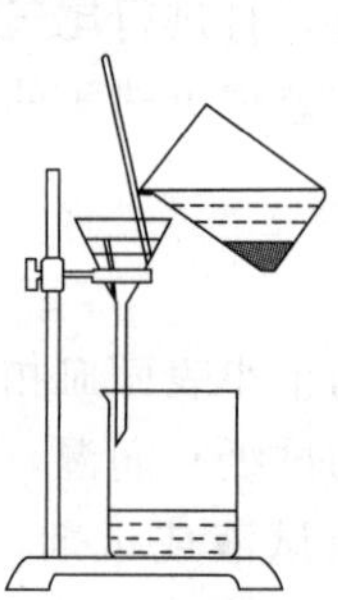

图 1-3-41　常压过滤

（2）减压过滤

减压过滤又称真空过滤、抽气过滤、吸滤、抽滤，利用抽气减压装置将滤纸下方空气抽除，造成压力差，使液体在重力与压力差的双重作用下加速过滤，以达到快速分离液体与固体沉淀物的目的。

过滤前先剪好滤纸，滤纸的大小按照比布氏漏斗内径略小而又能将漏斗的孔全盖上为宜。因湿滤纸很难剪好，剪前不能打湿；一般不要将滤纸折叠，因折叠处在减压过滤时很容易透滤。除分离小颗粒或者热过滤用到双层滤纸外，一般情况下用中速单层滤纸即可。

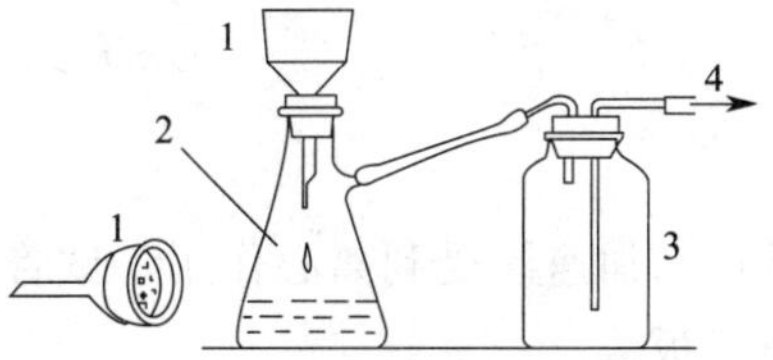

图 1-3-42　减压过滤装置
1—布氏漏斗；2—吸滤瓶；3—缓冲瓶；4—接真空泵

减压过滤装置如图 1-3-42 所示。漏斗与吸滤瓶的装配应使二者结合紧密，防止漏气；漏斗下部尖端部位应该背向吸滤瓶侧口，防止滤液吸入真空循环水泵。把剪好的滤纸放入布氏漏斗内，用少量水润湿，开真空泵，使滤纸贴紧布氏漏斗，完毕后倒掉吸滤瓶内的水。使用时应先开电源，再转移溶液。首先，振荡或者用玻璃棒搅浊溶液，然后边用玻璃棒搅拌边以适当的速度将悬浊溶液倾入布氏漏斗，最后用玻璃棒将烧杯中残余固体转移至漏斗，若一次转移不完，可根据情况用母液或者蒸馏水重复转移至烧杯中无固体为止。

洗涤沉淀时，可拔下胶管，断开真空，倒入洗涤剂浸泡，再接胶管抽滤。根据具体情况确定洗涤次数和洗涤剂用量。

抽滤完成后先拔下吸滤瓶的胶管，再关闭真空泵，顺序不可错，否则易倒吸。取下布氏漏斗，用玻璃棒撬起滤纸边，取下滤纸和沉淀，禁止使用药勺、剪刀、指甲盖之类的来撬取。瓶内的滤液从瓶口倒出，而不能从侧口倒出，以免使滤液污染。

对于强酸性、强碱性及强腐蚀性溶液，可用尼龙布或砂芯玻璃漏斗过滤，但砂芯玻璃漏斗不适合过滤碱性太强的物质。

（3）热过滤

如果溶液中的溶质在冷却后易析出结晶，而实验要求溶质在过滤时保留在溶液中，则要采用热过滤的方法。

（4）薄膜过滤

除上述以滤纸作为过滤介质外，也可以薄膜为过滤介质，按薄膜所能截留的微粒最小粒径或分子量，进行过滤操作，可分为微孔滤膜过滤（微滤）、超滤、反渗透等。微滤是指以微孔滤膜为过滤介质进行的过滤操作，微孔滤膜的孔径范围为 0.025～14μm。

3. 离心分离法

溶液和沉淀都很少或者沉淀颗粒太小无法过滤时，可采用离心分离。离心分离可用电动离心机（固体颗粒较大）和高速离心机（固体颗粒小），如图 1-3-43 所示。

（1）离心机的使用

离心机分低速离心机、高速离心机以及冷冻高速离心机等，无机化学实验中常用低速离心机。使用时应注意下面几点。

① 要在对称位置上放置质量相近的离心管，以保持离心机的平衡，否则在旋转时发生振动，对离心机极其有害。若只有一个试样，可在对称位置放一支装等质量自来水的试管。

② 将离心试管或小试管放入离心机的套管内，盖好盖子，将转速设定好开启运转，然

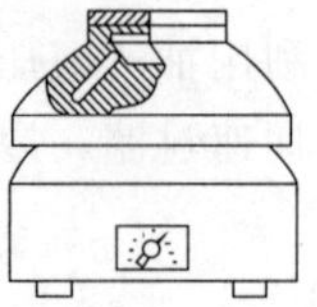

电动离心机

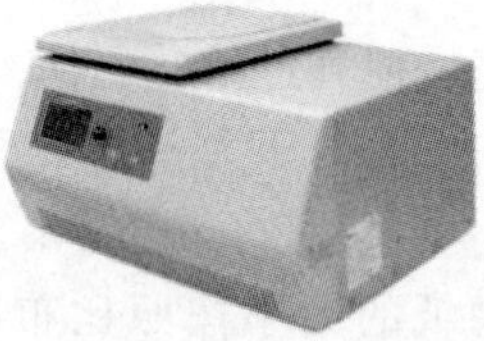

高速台式离心机

图 1-3-43　离心机

后逐渐加速。受到离心作用，试管中的沉淀聚集在底部，实现固液分离。离心过程中不可打开盖板。

③ 关机后待离心机彻底停止转动，方可小心地从两侧捏住离心管口边缘，将其从管套中取出（或用镊子夹取）。在离心机转动时不得用外力使其停止，也不准用手指插入离心管中拨取离心管。

④ 假如在离心过程中听到异响或者振动很大时，必须立即停机检查并报告指导教师。若发现离心管损坏，必须立刻停机，取出管套，清除碎玻璃片并小心用水洗净，用布擦干，以免腐蚀离心机。

(2) 沉淀与清液分离

离心沉降后可直接用倾析法倒出上层清液，也可用滴管将离心液吸出。将离心管倾斜，把滴管尖端伸入离心液液面下（但不可触及沉淀），慢慢将溶液吸入滴管。

(3) 沉淀的洗涤

用滴管加数滴洗涤液（注意应使其沿离心管内壁周围流下），用搅拌棒充分搅拌后，离心沉降，吸出上层澄清的洗涤液，每次尽可能地把洗涤液完全吸尽。一般情况下洗涤 2～3 次即可，第一次洗涤液并入离心液中，第二、三次洗涤液可弃去。

(4) 沉淀的转移和溶解

沉淀如需分成几份，可在洗净的沉淀上加几滴蒸馏水，将滴管伸入溶液，挤入空气搅动沉淀使之悬浮于溶液中。然后将混浊液吸入滴管，便可将其转移到其他容器中。

如欲溶解沉淀，可在不断搅拌下慢慢滴加合适的试剂。溶解沉淀一般都在分离和洗涤后立即进行。

4. 磁分离技术

该技术是利用元素或组分磁敏感性的差异，借助外磁场将物质进行磁场处理，从而达到强化分离过程的一种技术。该技术也可用于固体间分离。

二、结晶和重结晶

1. 结晶

晶体从溶液中析出的过程称为结晶，结晶是提纯固态物质的重要方法之一。该方法的原理是利用化合物在溶剂中的溶解度差异，将目标化合物从混合物中分离出来。结晶时要求溶质达到饱和，通常采用蒸发法和冷却法两种方法，也经常将两种方法结合使用。

(1) 蒸发法

蒸发法中通过蒸发、浓缩或气化，减少一部分溶剂使溶液达到饱和而析出晶体。此法主要用于随温度改变溶解度变化不大的物质（如氯化钠）。

根据需要一般采用水浴加热或直接加热的方法进行蒸发浓缩，若溶质易被氧化或水解，最好采用水浴加热。物质对热的稳定性比较好时，可直接加热使其蒸发。蒸发时应用小火，以防溶液暴沸、迸溅，然后再转至水浴上加热蒸发。水分不断蒸发，溶液逐渐浓缩，蒸发到一定程度后冷却，就可以析出晶体。

蒸发浓缩的程度与溶质溶解度、对晶粒大小的要求以及有无结晶水有关。溶质的溶解度越大，期望的晶粒越小，且晶体又不含结晶水时，蒸发浓缩消耗的时间要长些，溶液要蒸发得更干。反之，则所需的蒸发浓缩时间要短些，蒸发程度要稀一些。溶液经蒸发浓缩成浓溶液后，冷却则会析出晶体，冷却速度慢有利于长成大晶体。

若溶液中溶质浓度超过该温度下溶质的溶解度，溶质仍未析出，该现象叫过饱和现象。过饱和的原因是溶液中溶质不容易形成结晶中心（晶核）。过饱和溶液不稳定，搅拌溶液、使溶液受到震动、摩擦容器器壁或者往溶液里投入固体“晶种”，溶液里的过量溶质就会结晶析出。

蒸发皿内所盛放液体的体积不应超过其容积的 2/3。在石棉网上加热或直接用火加热前均应把蒸发皿外壁水擦干。用蒸发的方法还可以除去溶液中的某些组分，如除氧。

（2）冷却法

冷却法中通过降低温度使溶液冷却达到饱和而析出晶体。此法主要用于随温度降低溶解度明显减小的物质（如硝酸钾）。

2. 重结晶

如果晶体中含有其他杂质，可用重结晶的方法除去。先将晶体加入一定量的水中，加热至完全溶解为饱和溶液，过滤除去不溶性杂质；滤液冷却后析出被提纯物的晶体，再次过滤，得到较纯的晶体，而可溶性杂质大部分在滤液中。根据被提纯物质的纯度要求，可进行多次重结晶操作。

三、固体与固体的分离

可根据固体在溶剂中溶解度的差异通过溶解法、熔融法、结晶、重结晶以及升华、磁分离、萃取等方法对固体混合物予以分离。在此简单介绍升华法。

固体物质受热后不经过液体阶段，直接变成气体的现象称为升华。将升华的物质冷凝，便可得到纯物质，用升华法可除去不挥发性杂质或者分离不同挥发度的固体混合物。升华分为常压升华和真空升华两种，无机化学实验中一般使用常压升华。将被升华的固体化合物烘干，放入蒸发皿中，铺匀。取一大小合适的锥形漏斗，将颈口处用少量棉花堵住，以免蒸气外逸造成产品损失。选一张略大于漏斗直径的滤纸，在滤纸上扎一些小孔后盖在蒸发皿上，再用漏斗盖住。将蒸发皿放在沙浴上，用电炉或煤气灯加热，在加热过程中应注意控制温度在熔点以下，使产品慢慢升华。当蒸气开始通过滤纸上升至漏斗中时，可以看到滤纸和漏斗壁上有晶体出现。如晶体不能及时析出，可将漏斗外面用湿布冷却。

第四章　化学试剂及其他用品

第一节　化学试剂的规格和存放

化学试剂是指具有一定纯度标准的单质和化合物，是化学研究的基础和保障。

一、化学试剂的规格

各国对化学试剂的分类和级别的标准不尽相同，各国都有自己的标准。我国《化学试剂分类》（GB/T 37885—2019）将化学试剂分为十个大类。《化学试剂包装及标志》(GB 15346—2012) 规定了化学试剂的包装要求和标志内容。目前，除对少数产品制定国家标准外，大部分高纯试剂的质量标准还很不统一，在名称上有高纯、特纯、超纯等不同叫法。

在化学试剂领域，通常存在一些普遍认可的等级划分，这些等级基于试剂的纯度、杂质含量、适用性等因素。根据质量标准和用途，化学试剂可分为普通试剂、标准试剂、高纯试剂和专用试剂。化学试剂的纯度、级别越高，其生产的难度和成本越高。普通试剂是最常用的试剂，按照质量等级可分为四级和生化试剂。表 1-4-1 是一份基于行业惯例和化学试剂通用标准的等级对照表。此外，还有一些特殊用途的所谓“高纯”试剂。如基准试剂（PT），纯度相当于或高于 GR，是容量分析中用于标定溶液的基准物质，也可直接用于配制标准溶液；光谱纯试剂（SP）光谱纯净，可作为光谱分析中的标准物质。

表 1-4-1　化学试剂等级对照表

	级别	一级品	二级品	三级品	四级品	
我国化学试剂等级标志	中文标志	保证试剂	分析试剂	化学纯	实验试剂	生物试剂
		优级纯	分析纯	纯	化学用	
	符号	GR	AR	CP	LR	BR
	瓶签颜色	绿色	红色	蓝色	棕或黄	玫红或咖啡色
	适用范围	精密分析实验	一般分析实验	一般化学实验	一般化学实验辅助试剂	生物化学及医用化学实验

二、试剂的存放

试剂瓶都应配有标签并写明试剂的名称、纯度、浓度和配制日期，标签外面应涂蜡或用透明胶带等保护。

在实验室分装化学试剂时，一般把固体试剂装在广口瓶中，液体试剂或配制的溶液装在细口瓶或滴瓶中。用量小而使用频繁的试剂（如指示剂、定性分析试剂等）可盛装在滴瓶中。光照易分解的试剂或溶液要放在棕色瓶内或避光保存。

第二节　物质的干燥

化学实验中，物质的干燥是十分重要的基本操作。在实际操作中，应根据气、液、固三态物质的各自特点采取不同的干燥方式。

一般在干燥管、干燥塔或洗气瓶内装入干燥剂来干燥气体，让气体通过即可达到干燥目的（见气体的发生与净化章节）。

液体的干燥一般用干燥剂干燥，无机化学实验中涉及不多，如有需要可查阅有机化学实验相关内容。

一、干燥剂

凡能除去附着在固体、液体或气体内少量水分或溶剂的物质都称为干燥剂。按其脱水作用可分为化学干燥剂及物理干燥剂两类。化学干燥剂干燥物料时伴有化学反应发生，与水作用生成新的化合物，它们与水发生不可逆的反应，如金属钠、氧化钙、五氧化二磷属于这类干燥剂。物理干燥剂干燥物料时不伴有化学反应，而与水可逆地结合生成水合物。如硫酸、氯化钙、无水硫酸铜、分子筛、活性氧化铝、硅胶、离子交换树脂等。

二、固体的干燥方式

1. 晾干

在空气中自然晾干，适用于干燥在空气中稳定不分解、不吸潮的固体化合物。干燥时，把固体样品放在干净的滤纸或表面皿上，将其薄薄摊开，再用一张滤纸覆盖，放在空气中晾干。

2. 加热干燥

加热干燥是利用热能将物质中的水分变成蒸汽蒸发而除去，适用于干燥熔点较高且遇热不易分解的固体。有多种方式可供选择，如烤干、电热恒温干燥箱干燥、真空干燥箱干燥、微波干燥、红外干燥等。

（1）电热恒温干燥箱是实验室最常用的加热干燥设备，操作方便，温度可以自动控制，适用于少量固体物料的干燥。

（2）真空干燥箱是使物料在真空状态下进行加热干燥的设备，也是实验室的常用干燥设备之一，它主要用于不耐热、易氧化等热敏性物料的干燥。

3. 吸附（干燥器干燥）

干燥器由厚质玻璃制成，见图 1-4-1（左）。其上部是一个磨口的盖子（磨口上涂有一层薄而均匀的凡士林），中部有一个有孔洞的活动瓷板，瓷板下放有干燥的氯化钙或硅胶等干燥剂，将装有需干燥存放的试剂的容器放在瓷板上，放置一段时间，利用干燥器底部的干燥剂进行干燥。

另外，还有减压恒温干燥器[见图 1-4-1(右)]，其效果要比普通干燥器高 6～7 倍。

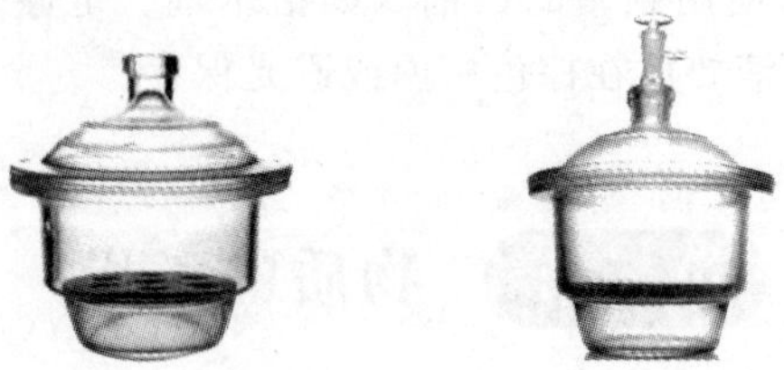

图 1-4-1 常见干燥器

使用干燥器时应注意以下问题。

(1) 打开干燥器时，一只手轻轻扶住干燥器，另一只手沿水平方向移动盖子，以便把它打开或盖上。当干燥器由于长期放置而打不开时，可将整个干燥器均匀受热，再用薄的铁片在缝中轻轻撬开；减压干燥器的活塞转不动时，可以用布包裹该部位，而后慢慢淋些热水，再扭动活塞。搬动干燥器时，应用两手的大拇指同时将盖子按住，以防盖子滑落而打碎。

(2) 当需将坩埚或称量瓶等放入干燥器时，应放在瓷板圆孔内。但若称量瓶比圆孔小，则应放在瓷板上。温度很高的物体（如灼烧后的坩埚），应待冷却后（不必放到室温）再放入干燥器中，并要在短时间内把干燥器的盖子打开一两次，以防止因干燥器内空气受热而增大压力将盖子掀掉，或因干燥器内的空气冷却而使其中压力降低，致使盖子难以打开。

(3) 使用新的减压干燥器前，应检验是否耐压。试压时，应用铁丝或布包裹干燥器，以防止玻璃炸裂伤人。

(4) 使用水泵抽气减压时，水泵与干燥器之间要连接一缓冲瓶，以防止水的倒吸。减压干燥器内部恢复常压时，不要一下将活塞全部打开，应缓慢通入空气，否则干燥的试样会被气流吹得飞溅。

(5) 对于易吸湿的试样，最好在干燥器的活塞口连接一氯化钙干燥管，以避免已干燥的试样再吸湿。

(6) 减压干燥时不得使用强腐蚀性的干燥剂，如硫酸等。

4. 其他干燥方式

除上述干燥方式外，还有冻干、喷雾干燥、紫外干燥等其他方式，如有需要，可查阅相关资料学习。

第五章 有效数字和误差

第一节 误差与偏差

一、误差

准确度是测量结果与真值接近的程度，用误差表示，即 $E=x_i-x_T$，误差越小，准确度越高。精密度是测量值与多次测量平均值接近的程度，用偏差表示，$d=x_i-\bar{x}$，偏差越小，精密度越好，即测量重现性越好。

准确度与精密度存在以下关系：精密度高，准确度不一定高，例如在测量过程中存在系统误差，可能存在精密度高、准确度低的问题。当找到产生系统误差的原因并校正后可提高测量结果的准确度，即在消除系统误差的情况下精密度好，则准确度也高。

实验中误差是客观存在、不可避免的，可能引入实验误差的环节很多。

二、误差的分类

1. 系统误差

在测试过程中由某种固定的因素引起的误差称为系统误差，其特点是误差的大小相同，正负号相同，并在多次测定中重复出现。产生系统误差的因素是固定的，因此这个影响测量结果的固定因素是可以查找到的。在实际工作中，系统误差可通过相应的实验技术进行校正。

2. 随机误差

由一些随机因素所造成的实验误差称为随机误差。随机误差是客观存在的。产生这类误差的原因常常难以察觉，如室内气压和温度的微小波动，仪器性能的微小变化，个人辨别的差异，在估读最后一位数值时，几次读数不一致。这些不可避免的随机因素导致实验中随机误差的产生，使得测量结果在一定范围内波动。

第二节 有效数字

有效数字是指实际上能测到的数字，它不仅代表了一个数值的大小，而且反映了所用仪器的准确度。

一、有效数字的记录

1. 对于一般的刻度式仪器仪表，如刻度尺、指针式电表等，可以简单地认为，能在最小刻度上直接读出的数值是可靠数字，最小刻度以下还能再估读一位，但这样估读出的数字是可疑的，得到的结果中就包括了可靠数字和一位可疑数字，并统称为有效数字。例如，用50 mL滴定管读数，可以准确到0.1 mL，24.1 mL可准确读出，24.1与24.2之间可以估读出0.04 mL，这两个数据，都属有效数字。只不过24.1是可靠的，小数点后第二位上的4是估计的，有一定的误差。

2. 常用仪器的准确度与有效数字见表1-5-1。

表1-5-1 常用仪器的准确度与有效数字

仪器	准确度	有效数字记录示例
滴定管	±0.01 mL	15.03 mL
移液管	±0.01 mL	15.59 mL
容量瓶	±0.01 mL	50.00 mL
10 mL、50 mL、100 mL的量筒	±0.1 mL	25.0 mL
万分之一的分析天平	±0.0001 g	28.1093 g
托盘天平(感量为0.1 g)	±0.1 g	28.1 g

3. 在进行单位换算时必须保证有效数字的位数不变，即，改变单位时不改变有效数字的位数。如用科学记数法，即用10的指数形式表示时也要保证有效数字的位数不变，如8.50×10^{-2} m可写成8.50×10^{4} μm，也可记成0.0850 m（此时要记住，纯小数中小数点后的0不是有效数字），而不能记成85000 μm，因为这样可能被误认为是有5位有效数字。

4. 有效数字中的“0”有两种意义。一是作为数字定位，如在0.567中，小数点前面的“0”是定位用的，它有3位有效数字；在0.019中，“1”前面的2个“0”是定位用的，它有2位有效数字。二是做有效数字，如在10.8630中，两个“0”都是有效数字，所以它有6位有效数字。以“0”结尾的正整数，有效数字的位数不确定，例如8900，就不好确定有几位有效数字。

5. 在化学运算中，有时会遇到一些倍数或分数的关系，如测定次数、倍数、系数、分数。例如：水的分子量为$2\times1.008+16.00=18.02$，其中“2”不能看作1位有效数字。因为它们是非测量所得到的数，是自然数，其有效数字位数可视为无限的。常数π、e等的位数可与参加运算的量中有效数字位数最少的位数相同或多取一位。

6. 若某数据有效的首位数字是8或9，则在计算有效位数时可以多计算一位，如0.0921，其有效数字为4位。

二、有效数字的修约

为了适应生产和科技工作的需要，一般采取“四舍六入五成双”法则。即当尾数≤4时，舍去；尾数≥6时，进位；尾数=5时，应视保留的末尾数是奇数还是偶数，5前为偶数时5应舍去，5前为奇数则进位。

三、有效数字的运算规则

由于物理量的测量中总存在着测量误差，因此，测量值及其运算都涉及有效数字及其运算法则。

1. 一般计算方法

先修约，后计算。

2. 加减法

在加减法运算中，保留有效数字的位数，以小数点后位数最少的为准，即以绝对误差最大的数为准。如：$0.0123+65.94+2.08316=0.012+65.94+2.08=68.03$。

3. 乘除法

在乘除法运算中，保留有效数字的位数，以位数最少的数为准，即以相对误差最大的数为准。如：$0.0123\times65.94\times2.08316=0.0123\times65.9\times2.08=1.69$。

4. 对数运算

数的首数（整数部分）只起定位作用，不算有效数字，其尾数（小数部分的有效数字）位数与相应的真数相同。如 pH＝11.20，则 $c(H^+)=6.3\times10^{-12}\ mol\cdot L^{-1}$。

5. 较复杂的运算

中间各步可以暂时多保留一位数字，以免多次四舍五入造成误差的积累，但最后结果仍保留其应有位数。必须说明的是，若第一位数字是 8 或 9，计算有效数字时可多计算一位，例如 815、0.9 等，它们的有效位数可分别看成是四位和两位。如 $0.9\div0.9$，其商值取 1.0 而不是 1。

第二部分
基本操作和基本原理实验

正确的基本操作技能是做好化学实验的前提，是无机化学实验的基本要求。

基本操作技能训练往往依托具体的实验实现。本部分内容通过一些常数和常量的测定、无机化学原理的验证性实验、基本的观察与判断性实验、一般分离和提纯的方法等，使学生系统、规范、熟练地掌握实验基本操作，提升学生的基本操作技能，加深学生对化学原理和基本概念的理解，培养应用意识，增强应用能力，熟练掌握基本操作技能，学会一般测量仪器（如酸度计、分光光度计等）的使用，学会数据处理和结果分析的基本思路与过程。

本部分实验中溶液试剂如未注明浓度，均为 $0.1\ mol \cdot L^{-1}$。

实验一　煤气灯的使用与玻璃工操作

【实验目的】

1. 了解煤气灯的构造，学会正确使用煤气灯。
2. 了解正常火焰各部分温度的高低。
3. 学会玻璃管的截、拉、弯等基本操作。

【实验用品】

煤气灯，火柴，玻璃管，玻璃棒，锉刀，石棉网，蒸发皿。

【实验步骤】

一、煤气灯的使用

1. 了解煤气灯的构造

反复进行煤气灯的拆装练习，了解煤气灯的构造和原理。

2. 煤气灯的点燃和火焰调节

（1）煤气灯的点燃。向下旋转灯管，关闭空气入口。将擦燃的火柴靠近灯管口外侧上方，然后打开煤气开关，将煤气灯点燃。调节煤气进入量，使火焰保持一定高度，这时火焰呈黄色。

（2）火焰调节。向上旋转灯管，逐渐加大空气进入量，使火焰分为三层。观察火焰由黄色变成蓝色以及焰心、还原焰、氧化焰的部位。

3. 比较正常火焰各部位的温度

（1）把火柴杆依次迅速插入焰心、还原焰、氧化焰中，观察比较火柴燃烧的情况，说明火焰各部分温度相对高低。

（2）把一张硬纸片横插入分层火焰的中部，待2～3 s取出（不要燃烧），观察纸片被烧焦的程度。再把另一张硬纸片竖插入火焰中部，进行同样的实验。综合对比两种观察结果，说明分层火焰各部位温度有什么不同。

（3）将一个盛水的蒸发皿放在还原焰上，几分钟后观察皿底的情况，再把它放在氧化焰上，又有什么变化？说明火焰的什么性质？

二、玻璃工操作

1. 截断

将玻璃管按要求截断，准备拉细玻璃管用。再制作长约 13 cm、15 cm、17 cm 玻璃棒三根，断口熔光后作搅拌棒用。

2. 拉细

反复练习玻璃管拉细操作。制作三支滴管，供以后实验使用。滴管长度约 13cm，细口段 4～7 cm。细口段直径要求：从滴管滴出 20～25 滴水的体积约等于 1 mL。

3. 弯曲

反复练习弯玻璃管的操作，弯成 120°、90°、60°等角度。

4. 熔光与圆口

反复练习玻璃棒的熔光和玻璃管的圆口操作。制作三根搅拌棒，以供以后实验使用。

【思考题】

1. 煤气灯正常火焰怎样调节？应如何避免不正常火焰？
2. 截断、拉细和弯曲玻璃管时在操作上应注意什么？
3. 玻璃工操作时如何避免扎伤、烫伤？
4. 弯曲和拉细玻璃管时，软化玻璃管的温度有什么不同？弯制好的玻璃管如果立即与冷的物件接触会产生什么不良后果？应怎样避免？

实验二 天平的使用与摩尔气体常数的测定

【实验目的】

1. 熟悉天平的基本构造和性能，练习天平的称量操作，学会正确使用天平。
2. 掌握理想气体状态方程和气体分压定律的应用。
3. 掌握测定气体体积和摩尔气体常数的方法。

【实验原理】

对于理想气体，各物理量间的关系可用理想气体状态方程表示：

$$pV=nRT$$

测得气体相关的物理量，即可求得摩尔气体常数 R：

$$R=\frac{pV}{nT}$$

本实验通过测定金属镁和稀硫酸反应置换出氢气的体积来测定摩尔气体常数 R 的数值。反应方程式如下：

$$Mg+H_2SO_4 \longrightarrow MgSO_4+H_2\uparrow$$

准确称取一定质量的镁条，使之与过量的稀硫酸作用，可在一定温度和压力下测出氢气的体积。氢气的分压 $p(H_2)$为实验时大气压 p 减去该温度下水的饱和蒸气压 $p(H_2O)$：

$$p(H_2)=p-p(H_2O)$$

氢气的物质的量 $n(H_2)$ 可由镁条质量 $m(Mg)$ 求得。

由相关数据即可求得摩尔气体常数 R 的数值：

$$R=\frac{p(H_2)V}{n(H_2)T}$$

【实验用品】

光电分析天平，电子天平，台秤，称量瓶，小烧杯，硫酸纸，量气管（或 50 mL 碱式滴定管），试管，量筒，软胶管，玻璃漏斗，铁架台，砂纸。

H_2SO_4（3 mol·L^{-1}），乙醇，铝块，镁条。

【实验步骤】

一、天平的称量练习

1. 熟悉天平的构造

由实验指导教师介绍电子天平的构造、称量操作步骤和注意事项。

2. 称量操作练习

用天平称量固体样品，常用直接法或减量法。

（1）对于没有吸湿性、在空气中稳定的样品，可用直接法称量。先将硫酸纸放在天平称量盘上，达到平衡后归零，再将待称量的样品放在硫酸纸上，平衡后直接读出样品的质量 m。也可以练习其他物品的称量，如笔帽、发丝、纸片等。

（2）对于易吸水或在空气中不稳定的样品，需使用称量瓶并用减量法称量。向称量瓶中加入 5 g 草酸，在电子天平上准确称出称量瓶和草酸的总质量。取出称量瓶，把称量瓶拿到干净的 100 mL 烧杯的上方，倾斜称量瓶，用称量瓶盖轻敲瓶口的上部，使草酸慢慢落入烧杯中，当倒出部分草酸时，将称量瓶竖起，再用瓶盖轻敲瓶口上部，使附着在瓶口的草酸落入称量瓶。再次进行称量，两次称量质量之差就是草酸的质量。

二、摩尔气体常数的测定

1. 镁条处理与称量

取两条重约 0.03～0.04 g 镁条，用砂纸擦掉表面氧化膜，用水漂洗干净，再用乙醇漂洗，晾干。

用光电分析天平或电子天平准确称出两份已经擦掉表面氧化膜的镁条的质量，每份重约 0.03 g 为宜。

2. 检查系统密闭性

按图 2-2-1 将反应装置连接好，先不接反应管，从漏斗加水，使量气管、胶管充满水，量气管水位略低于“0”刻度。上下移动漏斗，以赶尽附在量气管和胶管内壁的气泡。然后，接上反应管检查系统的气密性：将漏斗向上或向下移动一段距离后停下，若开始时漏斗水面有变化而后维持不变，说明系统不漏气。如果漏斗内的水面一直在变化，说明与外界相通，系统漏气，应检查接口是否严密，直至不漏气为止。

3. 测量氢气体积

从装置中取下试管，调整漏斗的高度，使量气管中水面略低于“0”刻度。用量筒取 3 mol·L^{-1} H_2SO_4 溶液约 3 mL，倒入试管中。将镁条蘸少量水后贴在没沾酸的试管内壁的上部，将试管安装好。塞紧塞子后再检查一次系统，确保不漏气。

移动漏斗使漏斗中液面和量气管液面在同一水平面位置，记录液面位置。左手将试管底部略微抬高，使镁条进入酸中。右手拿着漏斗随同量气管水面下降，保持量气管中水面与漏斗中水面在同一水平面位置，此时量气管受的压力和外界大气压相同。

反应结束后，保持漏斗液面和量气管液面处在同一水平面上。过一段时间记下量气管液

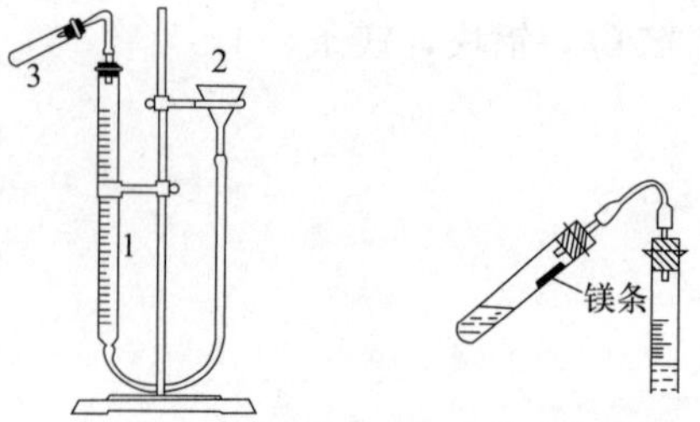

图 2-2-1　气体常数测定装置

1—量气管；2—漏斗；3—试管

面高度，过 1～2 min 再读一次，如果两次读数相同，表明管内温度与室温相同。记下室温和大气压数据。

取下反应管，换另一片镁条重复实验 1 次，如实验结果误差较大，经指导教师同意可再重复实验 1 次。

【数据记录与结果处理】

一、实验数据记录

项目	实验编号		
	1	2	3
镁条的质量/g			
反应前量气管中水面读数/mL			
反应后量气管中水面读数/mL			
室温/℃			
大气压/Pa			

注：量气管读数精确至 0.01mL。

二、实验结果

项目	实验编号		
	1	2	3
氢气体积/L			
室温时水的饱和蒸气压/Pa			
氢气分压/Pa			
氢气的物质的量/mol			
摩尔气体常数 R			
相对误差			

【思考题】

1. 为保护光电分析天平的玛瑙刀口，称量操作时应注意什么？
2. 用电子天平称量时应注意什么？
3. 反应过程中，如果由量气管压入漏斗的水过多而溢出，对实验结果有无影响？

4. 如果没有擦尽镁条的氧化膜，对实验结果有什么影响？
5. 如果没有赶尽量气管中的气泡，对实验结果有什么影响？

实验三　二氧化碳相对分子质量的测定

【实验目的】

1. 掌握有关气体的发生和净化的操作。
2. 掌握用理想气体状态方程和阿伏伽德罗原理测定气体相对分子质量的方法。

【实验原理】

根据阿伏伽德罗原理，在同温同压下相同体积的各种气体都含有相同数目的分子。因此，在相同温度和压力下测定两种相同体积气体的质量，若已知其中一种气体的相对分子质量，即可求出另一种气体的相对分子质量。

本实验中称量同体积的二氧化碳与空气的质量，由空气的平均相对分子质量（29.0），可求二氧化碳的相对分子质量 $M_r(CO_2)$：

$$M_r(CO_2)=\frac{m(CO_2)}{m(空气)}\times 29.0$$

式中，$m(CO_2)$ 为 CO_2 的质量；m(空气) 为空气的质量。

【实验用品】

启普发生器，洗气瓶，锥形瓶，台秤，电子天平，胶塞，玻璃丝。

HCl（浓，工业），H_2SO_4（浓，工业），大理石（块状）。

【实验步骤】

一、称量（瓶+塞+空气）的质量

取一个干燥的 100 mL 锥形瓶，选好合适的胶塞塞紧后，画出胶塞深入瓶口中的位置（在塞或瓶上画上记号）。先用台秤粗称，然后用电子天平准确称量其质量，用 m_1 表示。

二、称量（瓶+塞+CO_2）的质量

从启普发生器中产生的 CO_2 气体，依次经过水洗、浓硫酸干燥后导入锥形瓶中（图 2-3-1 所示）。1～2 min 后，缓缓取出导管，用塞子塞到原来的位置，在电子天平上准确称出其质量 m_2。重复通入 CO_2 和称量操作，直到前后两次的质量相差不超过 1 mg 为止。

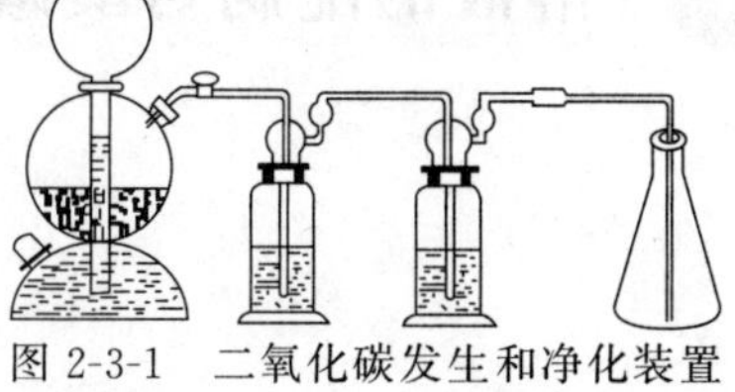

图 2-3-1　二氧化碳发生和净化装置

三、称量（瓶+塞+水）的质量

在称量CO_2气体的锥形瓶中充水至塞子塞入的深度（瓶或塞子上记号），同塞子（塞子不必塞上）一起在台秤上称其质量m_3。

若数据不理想，可重复进行实验。

【数据记录与结果处理】

一、实验数据记录

项目	实验编号		
	1	2	3
室温/℃			
大气压/Pa			
（瓶+塞+空气）的质量m_1/g			
（瓶+塞+CO_2）的质量m_2/g			
（瓶+塞+水）的质量m_3/g			
瓶的容积V/mL			

二、结果处理

1. 计算空气的质量（g）。
2. 计算CO_2的质量（g）。
3. 计算CO_2相对分子质量。
4. 计算相对误差。

【思考题】

1. 为什么（瓶+塞+CO_2）质量达到恒重时，即可以认为瓶中充满CO_2气体？

2. 下列情况对实验结果产生什么影响？

（1）CO_2导管没有插到瓶底；

（2）塞子记号未记准；

（3）CO_2气体未净化。

3. 为什么（瓶+塞+CO_2）的质量要用电子天平称量，而（瓶+塞+水）的质量可以用台秤称量？

4. 在称（瓶+塞+水）的质量时，为什么可以不塞塞子？还可以用什么简单方法确定锥形瓶的体积？

实验四 溶液的配制与酸碱滴定

【实验目的】

1. 掌握几种配制溶液的方法。

2. 学习量筒、移液管、容量瓶、滴定管的正确使用方法。

3. 掌握酸碱滴定的原理和操作，测定 NaOH 和 HAc 溶液的浓度。

【实验原理】

对于酸碱中和反应，化学计量关系为：

$$\frac{c_{酸}}{a}V_{酸}=\frac{c_{碱}}{b}V_{碱}$$

式中，a 和 b 分别为酸碱反应方程式中酸和碱的化学计量数。

用酸碱滴定的方法测定酸或碱的浓度，由指示剂的颜色变化来确定滴加的溶液是否与被测溶液定量反应。

强酸强碱滴定时，用变色点在弱碱性的指示剂（如酚酞）或变色点在弱酸性的指示剂（如甲基橙）均可；用强碱滴定弱酸时，常采用变色点在弱碱性的指示剂；而用强酸滴定弱碱时，常采用变色点在弱酸性的指示剂。

选择滴定顺序时要考虑到是否便于颜色的观察。如酚酞在酸性条件下为无色，碱性条件下为红色，以酚酞作指示剂用碱滴定酸时颜色由无色变到红色，滴定终点很容易判断；而用酸滴定碱时则溶液由红色逐渐变为无色，滴定终点很难判断。

本实验中以碳酸钠作为基准物质，用已知浓度的标准碳酸钠溶液来标定 HCl 溶液的浓度，然后再用 HCl 标准溶液测定 NaOH 溶液的浓度。

【实验用品】

电子天平，台秤，量筒，容量瓶，试剂瓶，移液管，滴定管，锥形瓶，烧杯，洗瓶。

HCl(6 $mol \cdot L^{-1}$)，20% NaOH(200 $g \cdot L^{-1}$)，Na_2CO_3（s，AR)，甲基橙指示剂（2 $g \cdot L^{-1}$）。

【实验步骤】

一、容量瓶、移液管和滴定管的洗涤

将容量瓶、移液管和碱式滴定管用少量洗液润洗后，依次用自来水冲洗 3 次、蒸馏水润洗 3 次。注意：用洗液润洗碱式滴定管前先将下端的短胶管拔下，避免洗液腐蚀胶管。

二、溶液的配制

1. 配制 Na_2CO_3 标准溶液（0.1 $mol \cdot L^{-1}$）

用电子天平准确称取 1.2～1.3 g 无水 Na_2CO_3 固体于干燥的烧杯中，加少量蒸馏水使其完全溶解后，转移至 250 mL 容量瓶中，再用少量水淋洗烧杯和玻璃棒数次，并将每次淋洗液全部转入容量瓶至 2/3 处，水平摇一摇，初步摇匀。最后加蒸馏水稀释至刻度，充分摇匀。计算其准确浓度。

2. 配制 NaOH 溶液（约 0.1 $mol \cdot L^{-1}$）

用量筒量取 10.0 mL 的 20% NaOH 溶液，转入 500 mL 试剂瓶中加水稀释至 500 mL，塞好瓶塞，充分摇匀，贴上标签备用。

3. 配制 HCl 溶液（约 0.1 mol·L^{-1}）

用量筒量取 9.0 mL 6 mol·L^{-1} 盐酸，转入 500 mL 试剂瓶中加水稀释至 500 mL，塞好瓶塞，充分摇匀，贴上标签备用。

三、HCl 溶液浓度的标定

取 20 mL 移液管经检查、洗涤、用待取液润洗后，移取 20.00 mL Na_2CO_3 溶液于洗净的锥形瓶中，加入 2～3 滴甲基橙指示剂，摇匀（可同时移取三份溶液进行平行实验）。

取 50 mL 滴定管经试漏、洗涤、用 HCl 溶液润洗、装液、排气、调液面后，滴定 Na_2CO_3 溶液至终点，甲基橙指示剂由黄色恰好变为橙色并 30s 内不褪色，即为终点。记录滴定管初、末读数。

四、NaOH 溶液浓度的测定

方法同 HCl 溶液浓度的标定，用 HCl 溶液滴定 NaOH 溶液，平行三次，记录滴定管读数。

【数据记录与结果处理】

1. Na_2CO_3 标准溶液的配制

$m(Na_2CO_3)$/g	
$V(Na_2CO_3)$/mL	
Na_2CO_3 浓度/(mol·L^{-1})	

2. HCl 溶液浓度的标定

实验序号	1	2	3
V(HCl)/mL 初读数			
V(HCl)/mL 终读数			
V(HCl)/mL			
c(HCl)/(mol·L^{-1})			
平均浓度 c(HCl)/(mol·L^{-1})			

3. NaOH 溶液浓度的标定

实验序号	1	2	3
V(HCl)/mL 初读数			
V(HCl)/mL 终读数			
V(HCl)/mL			
c(NaOH)/(mol·L^{-1})			
平均浓度 c(NaOH)/(mol·L^{-1})			

注：计算平均浓度时用两次平行数据计算。

【思考题】

1. 滴定管和移液管为什么要用溶液润洗三次？锥形瓶是否要用溶液润洗？
2. 接近滴定终点时，为什么用蒸馏水冲洗锥形瓶内壁？

3. 以下情况对实验结果是否有影响？为什么？

（1）滴定完成后，滴定管的尖嘴外还留有液滴；

（2）滴定完成后，发现滴定管的尖嘴内还有气泡；

（3）滴定过程中向锥形瓶中加入少量蒸馏水。

实验五　阿伏伽德罗常数的测定

【实验目的】

1. 熟悉电解法测定阿伏伽德罗常数的原理。
2. 掌握电解的基本操作。

【实验原理】

阿伏伽德罗常数是最重要的物理常数之一，有多种测定方法。本实验采用电解法，用两块铜片作电极，以 $CuSO_4$ 溶液为电解质进行电解。Cu^{2+} 在阴极上得到电子析出金属铜，使铜片增重，作阳极的铜片溶解而减重。

电极反应：

阴极：$Cu^{2+} + 2e^- \longrightarrow Cu$

阳极：$Cu \longrightarrow Cu^{2+} + 2e^-$

电解时，当电流强度为 I(A) 时，则在时间 t(s) 内通过的总电量为 Q(C) 为：

$$Q = It$$

已知一个电子电荷量为 1.60×10^{-19}C，一个 Cu^{2+} 所带电荷量是 $2\times1.60\times10^{-19}$C，阴极铜片增加的质量为 m(g)，则析出铜原子数为：

$$N(\mathrm{Cu}) = \frac{It}{2\times1.6\times10^{-9}\,\mathrm{C}}$$

析出铜的物质的量为$\frac{m}{63.5}$，析出 1 mol 铜时所含铜原子个数即为阿伏伽德罗常数 N_A：

$$N_A = \frac{It\times63.5\ \mathrm{g\cdot mol^{-1}}}{2\times1.6\times10^{-19}\,\mathrm{C}\times m}$$

理论上，Cu^{2+} 从阴极得到的电子和阳极 Cu 失去的电子数应相等，即阴极增加的质量应该等于阳极减少的质量。但由于铜片不纯等原因，阳极失去的质量一般比阴极增加的质量偏高，所以由阴极增加质量计算 N_A 所得结果较为准确。

【实验用品】

台秤，电子天平，烧杯，直流稳压电源，毫安表，滑线电阻，导线，砂纸，铜片。

$CuSO_4$ 溶液（1 L，含 $CuSO_4$ 125 g 和浓 H_2SO_4 25 mL），乙醇。

【实验步骤】

一、铜片处理

取两块纯铜片（约 5 cm×3 cm），用砂纸擦去表面的氧化物后用水洗净，再用酒精漂洗，晾干。用电子天平准确称量铜片质量（精确至0.1 mg），准备作阴极和阳极进行电解。

二、安装电解装置

按图2-5-1连接好电路，打开直流稳压电源预热约10 min。在100 mL烧杯中加入$CuSO_4$溶液，取另两块铜片（公用）作为两极，将其2/3左右浸在$CuSO_4$溶液中，两极间距离约1.5 cm。按下开关K，调节稳压电源，输出电压约10 V；移动滑线电阻R使电流为100 mA。关闭开关K。

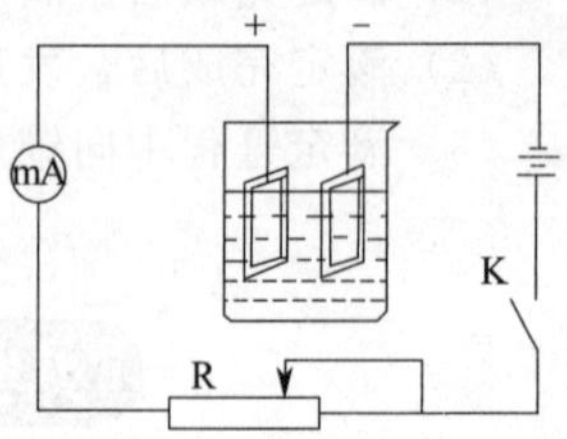

图2-5-1 电解装置示意图
mA—毫安表；K—开关；
R—滑线电阻

三、电解

换上准确称量的两个铜片，按下开关K，立即调节电阻使电流为100 mA，同时记下时间。在电解过程中，电流如有变化，应随时调节电阻以维持电流强度恒定。

通电1 h后，停止电解，取下电极用水漂洗后，再用乙醇漂洗，晾干后准确称重。硫酸铜溶液需回收。

【数据记录与结果处理】

项目	电解前质量 m_1/g	电解后质量 m_2/g	质量变化$\|\Delta m\|$/g	N_A
正极				
负极				
相对误差	—	—	—	

【思考题】

1. 若所用铜片不纯或电解过程中电流不稳定，对实验结果有什么影响？
2. 电解法测定的主要量是什么？阿伏伽德罗常数是怎样计算的？

实验六 氯化铵生成热的测定

【实验目的】

1. 了解量热法测定反应热的原理和方法。
2. 加深对盖斯定律的理解。

【实验原理】

在标准状态下，由各元素的指定单质生成1 mol某物质的热效应，称为该物质的标准摩尔生成热，简称生成热，亦称生成焓。对不是直接由单质生成的物质，其生成热可根据盖斯定律通过测定相关反应的反应热间接求得。

本实验就是通过测定盐酸和氨水的中和热和氯化铵固体的溶解热，再利用已知的盐酸和氨水的标准摩尔生成热而求得氯化铵的生成热$\Delta_f H_m^{\ominus}(NH_4Cl, s)$。

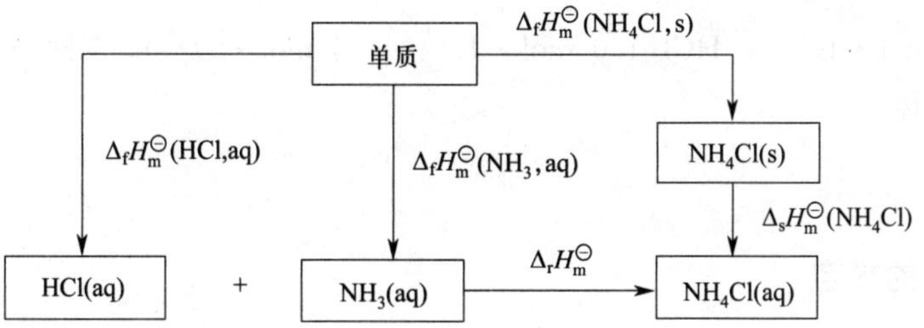

由盖斯定律：

$$\Delta_f H_m^\ominus(NH_4Cl, s) + \Delta_s H_m^\ominus(NH_4Cl) = \Delta_f H_m^\ominus(HCl, aq) + \Delta_f H_m^\ominus(NH_3, aq) + \Delta_r H_m^\ominus$$

氯化铵的生成热为：

$$\Delta_f H_m^\ominus(NH_4Cl, s) = \Delta_f H_m^\ominus(HCl, aq) + \Delta_f H_m^\ominus(NH_3, aq) + \Delta_r H_m^\ominus - \Delta_s H_m^\ominus(NH_4Cl)$$

式中，$\Delta_f H_m^\ominus$ 为生成热；$\Delta_s H_m^\ominus$ 为溶解热；$\Delta_r H_m^\ominus$ 为中和热。

中和热和溶解热可采用简易热量计来测量。当反应在热量计中进行时，反应的热效应使热量计体系温度发生变化。因此，只要测定温度的改变值 ΔT 和热量计体系的热容 C，就可根据下式计算出中和热和溶解热：

$$\Delta_r H_m^\ominus = -\frac{C\Delta T}{n}$$

式中，n 为被测物质的物质的量；C 是热量计系统的热容（即热量计系统的温度升高 1 ℃所需的热量）。

本实验采用化学标定法求热量计系统的热容 C，即利用 HCl 和 NaOH 水溶液在热量计内反应，测定体系的 ΔT，由已知的中和热数据（$-57.3\ \mathrm{kJ \cdot mol^{-1}}$），求出热量计体系的热容：

$$C = -\frac{n\Delta_r H_m^\ominus}{\Delta T}$$

本实验的关键是准确测得 ΔT，实验中采用外推法由温度-时间曲线（图 2-6-1）求得 ΔT，即将曲线上 CB 线段延长与纵坐标交于 D 点，则 D 点为温度上升的最高点，A 点为反应前温度，AD 值即为 ΔT。

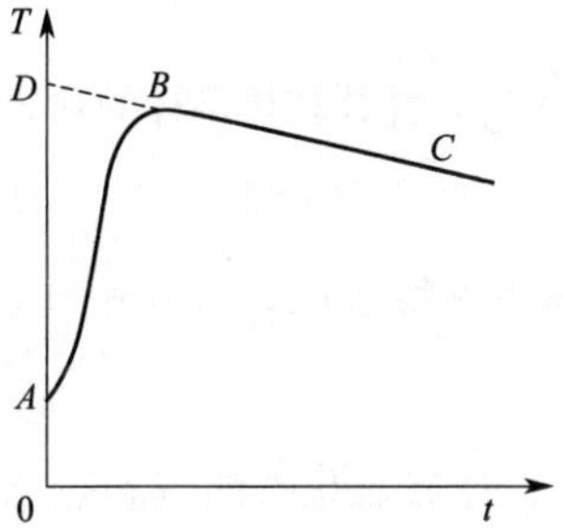

图 2-6-1　温度-时间曲线

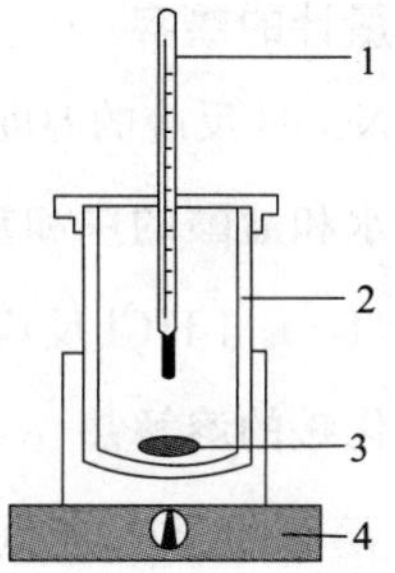

图 2-6-2　热量计示意图

1—温度计；2—保温杯；3—磁搅拌子；4—电磁搅拌器

【实验用品】

台秤，温度计（分度值为 0.1℃），保温杯，磁子（磁搅拌子），电磁搅拌器，移液管，坐标纸。

NaOH(1.0 mol·L^{-1})，HCl(1.0 mol·L^{-1}，1.5 mol·L^{-1})，$NH_3 \cdot H_2O$(1.5 mol·L^{-1})，NH_4Cl 固体。

【实验步骤】

一、测定热量计的热容

实验中使用配有电磁搅拌器的杯式热量计（图 2-6-2，可自制），每次使用前都要保证热量计和磁搅拌子干净、干燥。

准确量取 50 mL 1.0 mol·L^{-1} NaOH 溶液倒入热量计的保温杯中，盖好杯盖，开动电磁搅拌器缓慢地搅拌。观察温度，若连续 3 min 基本稳定，记录该温度作为反应的起始温度(准确至 0.1℃)。

准确量取 50 mL 1.0 mol·L^{-1} HCl 溶液，使其温度与 NaOH 溶液温度基本一致，迅速倒入热量计的保温杯中并立即记录时间（用秒表或电子表均可），盖好杯盖并搅拌，每隔 30 s 记录一次温度，当温度达到最高点再记录 3 min。

二、测定氨水和盐酸的中和热

按实验步骤一的操作，用 1.5 mol·L^{-1} $NH_3 \cdot H_2O$ 和 1.5 mol·L^{-1} HCl 溶液反应重复实验。

三、测定氯化铵的溶解热

准确量取 100 mL 蒸馏水倒入热量计的保温杯中，盖好杯盖，缓慢搅拌。待温度稳定时记录温度。用台秤称取与实验步骤二的溶液中相同量的 NH_4Cl，将 NH_4Cl 固体迅速倒入热量计的保温杯中，立即计时，盖好杯盖并搅拌，记录时间和温度数据，到温度下降的最低值再记录 3 min。

【数据记录与结果处理】

1. 计算热量计的热容

作 HCl 与 NaOH 反应的温度-时间曲线，按外推法求得 ΔT_1，并计算热量计的热容量 C。

2. 计算氨水和盐酸的中和热

作 $NH_3 \cdot H_2O$ 与 HCl 反应的温度-时间曲线，按外推法求得 ΔT_2，计算中和热 $\Delta_r H_m^{\ominus}$。

3. 计算氯化铵的溶解热

作 NH_4Cl 溶解的温度-时间曲线，按外推法求得 ΔT_3，计算氯化铵的溶解热 $\Delta_s H_m^{\ominus}$。

4. 计算氯化铵的生成热

由已知的盐酸和氨水的生成热和测得的盐酸和氨水的中和热、氯化铵固体的溶解热，求氯化铵的生成热。将测定的结果与查表得到的数据比较，计算相对误差。

【思考题】

1. 实验中影响测定结果准确性的因素有哪些？

2. 试设计实验测定锌粉和硫酸铜反应的热效应，并给出实验原理和实验步骤。

实验七 氯化钠的提纯

【实验目的】

1. 学会用化学方法提纯粗食盐，掌握氯化钠提纯的基本原理和方法。
2. 练习称量、加热、溶解、过滤、蒸发浓缩、结晶、干燥等基本实验操作。
3. 了解 Ca^{2+}、Mg^{2+}、SO_4^{2-} 等离子的定性鉴定。

【实验原理】

化学试剂或医药用的 NaCl 都是以粗食盐为原料提纯制备的，粗食盐中含有 Ca^{2+}、Mg^{2+}、K^+ 和 SO_4^{2-} 等可溶性杂质和泥沙等不溶性杂质。选择适当的试剂可使 Ca^{2+}、Mg^{2+}、SO_4^{2-} 等生成难溶盐沉淀而除去。一般先在食盐溶液中加 $BaCl_2$ 溶液，除去 SO_4^{2-}：

$$Ba^{2+} + SO_4^{2-} = BaSO_4 \downarrow$$

然后在溶液中加 Na_2CO_3 溶液，除去 Ca^{2+}、Mg^{2+} 和过量的 Ba^{2+}：

$$Ca^{2+} + CO_3^{2-} = CaCO_3 \downarrow$$

$$Ba^{2+} + CO_3^{2-} = BaCO_3 \downarrow$$

$$2Mg^{2+} + 2OH^- + CO_3^{2-} = Mg_2(OH)_2CO_3 \downarrow$$

过量的 Na_2CO_3 溶液用 HCl 中和，粗食盐中的 K^+ 仍留在溶液中。由于 KCl 的溶解度比 NaCl 大，而且粗食盐中含量少，所以在蒸发和浓缩食盐溶液时，NaCl 先结晶出来，而 KCl 仍留在溶液中，以此可制得纯净的氯化钠。

在物质提纯过程中，为了检查某种杂质是否除尽，常常需要取少量溶液（称为取样），在其中加入适当的试剂，从反应现象来判断某种杂质存在的情况，这种步骤通常称为“中间控制检验”，而对产品纯度和含量的测定，则称为“成品检验”。

【实验用品】

磁力加热搅拌器，烧杯，布氏漏斗，吸滤瓶，真空泵，精密 pH 试纸，试管，天平。

NaCl(粗)，Na_2CO_3(饱和溶液)，HCl(2 mol·L^{-1})，$(NH_4)_2C_2O_4$(饱和溶液)，$BaCl_2$(1 mol·L^{-1})，NaOH(2 mol·L^{-1}，6 mol·L^{-1})，HAc(2 mol·L^{-1})，镁试剂(对硝基偶氮间苯二酚)。

【实验步骤】

一、 NaCl 的提纯

1. 粗盐溶解

称取 20 g 粗食盐于 250 mL 烧杯中，加入 80 mL 水，加热搅拌加速溶解，不溶性杂质沉于底部。

2. 除 SO_4^{2-}

继续加热溶液至沸，边搅拌边滴加 1 mol·L^{-1} $BaCl_2$ 溶液约 3～5 mL，继续加热 5 min，适当放置一段时间进行陈化，以利于沉淀颗粒长大而易于沉降。待沉降后取少量上清液加 1～2 滴 1 mol·L^{-1} $BaCl_2$ 溶液，如有混浊，表示 SO_4^{2-} 尚未除尽，需再加 $BaCl_2$ 溶液，检验，重复以上操作直至不再产生浑浊，则表示 SO_4^{2-} 已除尽。吸滤，弃去沉淀。

3. 除 Ca^{2+}、Mg^{2+} 和过量的 Ba^{2+} 等阳离子

将上步所得滤液加热至沸，加入适量（约 1 mL）2 mol·L^{-1} NaOH 溶液，边搅拌边滴加饱和 Na_2CO_3 溶液，直至滴入 Na_2CO_3 溶液不生成沉淀为止，再多加 0.5 mL Na_2CO_3 溶液，静置（或离心分离）。用滴管取上清液于试管中，再加几滴 Na_2CO_3，如有混浊，则表示 Ba^{2+} 未除尽，继续加 Na_2CO_3 溶液，直至除尽为止，测 pH，记录 Na_2CO_3 用量。吸滤，弃去沉淀。

4. 除去过量的 CO_3^{2-}

向溶液中滴加 2 mol·L^{-1} HCl，加热搅拌，中和到溶液呈微酸性（pH=3～4 左右）。

5. 浓缩与结晶

在蒸发皿中把溶液浓缩至有晶膜或晶体出现，且不可蒸干，冷却结晶，抽滤至布氏漏斗下端无水滴，用少量乙醇洗涤滤饼，抽滤。将 NaCl 晶体转移到蒸发皿中，在石棉网上用小火烘炒，用玻璃棒不断翻动。当无水蒸气逸出后，改用高温烘炒数分钟，即得到洁白和松散的 NaCl 晶体。冷却至室温，称量并记录，计算产率。

二、产品纯度的检验

取粗食盐和提纯后的产品 NaCl 各 1 g，分别溶于约 5 mL 蒸馏水中，然后用下列方法对离子进行定性检验并比较二者的纯度。

1. SO_4^{2-} 的检验

在两支试管中分别加入上述粗食盐和纯 NaCl 溶液约 1 mL，分别加入 2 滴 6 mol·L^{-1} HCl 和 2 滴 1mol·L^{-1} $BaCl_2$ 溶液，观察其现象。

2. Ca^{2+} 检验

在两支试管中分别加入粗食盐和纯 NaCl 溶液约 1 mL，加 2 mol·L^{-1} HAc 使呈酸性，再分别加入 3～4 滴饱和草酸铵溶液，观察现象。

3. Mg^{2+} 检验

在两支试管中分别加入粗食盐和纯 NaCl 溶液约 1 mL，先各加入约 5 滴 6 mol·L^{-1} NaOH，摇匀，再分别加 2 滴镁试剂溶液，溶液有蓝色絮状沉淀时，表示有镁离子存在。反之，若溶液仍为紫色，表示无镁离子存在。

实验现象记录及结论

检验项目	检验方法	被检溶液	实验现象	结论
SO_4^{2-}	加入 6 mol·L^{-1} HCl，1 mol·L^{-1} $BaCl_2$	1 mL 粗 NaCl 溶液		
		1 mL 纯 NaCl 溶液		

续表

检验项目	检验方法	被检溶液	实验现象	结论
Ca^{2+}	饱和$(NH_4)_2C_2O_4$溶液	1 mL 粗 NaCl 溶液		
		1 mL 纯 NaCl 溶液		
Mg^{2+}	6 mol·L^{-1}NaOH，镁试剂	1 mL 粗 NaCl 溶液		
		1 mL 纯 NaCl 溶液		

【思考题】

1. 在除去Ca^{2+}、Mg^{2+}、SO_4^{2-}时为何先加$BaCl_2$溶液，然后再加Na_2CO_3溶液？

2. 能否用$CaCl_2$代替毒性大的$BaCl_2$来除去食盐中的SO_4^{2-}？

3. 在除Ca^{2+}、Mg^{2+}、SO_4^{2-}等杂质离子时，能否用其他可溶性碳酸盐代替Na_2CO_3？

4. 加 HCl 除去CO_3^{2-}时，为什么要把溶液的 pH 调至 3～4？调至恰好为中性如何？（提示：从溶液中H_2CO_3、HCO_3^-和CO_3^{2-}浓度的比值与 pH 值的关系去考虑）。该步能否用别的酸代替？为什么？

5. 为什么蒸发浓缩至出现较多的沉淀时就停止加热，不再继续蒸发呢？

6. 可否直接用重结晶的方式提纯氯化钠呢，为什么？

【附注】

镁试剂是一种有机染料，它在酸性溶液中呈黄色，在碱性溶液中呈红色或紫色。但被$Mg(OH)_2$沉淀吸附后，则呈蓝色，因此可以用来检验Mg^{2+}。

实验八　醋酸解离常数的测定

【实验目的】

1. 了解 pH 法和半中和法测定弱酸解离常数的原理和方法。加深对弱电解质解离常数、解离度和解离平衡的理解。

2. 学习正确使用酸度计。

【实验原理】

乙酸（也称为醋酸，CH_3COOH，常简写为 HAc）是弱电解质，在水溶液中存在下列解离平衡：

$$HAc \rightleftharpoons H^+ + Ac^-$$

平衡常数表达式为：

$$K_a^{\ominus} = \frac{c(H^+)c(Ac^-)}{c(HAc)} \tag{1}$$

若c为 HAc 的起始浓度，$c(H^+)$、$c(Ac^-)$、$c(HAc)$分别为氢离子、醋酸根、醋酸的平衡浓度（浓度均为相对浓度），$K_a^{\ominus}$为解离平衡常数，则在溶液中$c(H^+)=c(Ac^-)$，$c(HAc)=c-c(H^+)$。当解离度$\alpha<5\%$时，可以近似处理为$c(HAc)\approx c$。

实验中用酸度计测出已知浓度 HAc 的 pH，即可求出 HAc 的解离常数和解离度。这种方法称为 pH 法。

若用 NaOH 溶液滴定 HAc 溶液，当 HAc 被中和一半时，则溶液中剩余的 HAc 浓度恰好等于生成的 Ac^- 浓度。即 $c(HAc)=c(Ac^-)$，此时式（1）变为：

$$c(H^+)=K_a^\ominus \tag{2}$$

实验中用酸度计（亦称 pH 计）测出 HAc 和 NaAc 混合溶液的 pH，即得醋酸的解离常数，这种方法也称为半中和法。

【实验用品】

酸度计，移液管，吸量管，容量瓶（50 mL），烧杯，滤纸。

标准缓冲溶液（pH 为 4～5），HAc 标准溶液（$0.25\ mol\cdot L^{-1}$），NaOH 标准溶液。

【实验步骤】

一、pH 法

1. 配制不同浓度的 HAc 溶液

用移液管和吸量管取 25 mL、5 mL 和 2.5 mL HAc 标准溶液（$0.25\ mol\cdot L^{-1}$），分别放入 50 mL 容量瓶中，用蒸馏水稀释至刻度，摇匀。计算出各 HAc 溶液的浓度。

2. 测定 HAc 溶液的 pH

将稀释好的三种 HAc 溶液和 HAc 标准溶液，分别倒入四个干燥的小烧杯中，按从稀至浓的次序分别用 pH 计测定 pH（准确至 0.01）。

二、半中和法

1. 溶液的配制

取 HAc 标准溶液 15 mL，按中和其一半的量加入准确浓度的 NaOH 溶液，记下总体积。

2. 测定混合溶液的 pH

测定混合溶液的 pH，然后将溶液稀释至浓度为之前的一半再测定其 pH。

【数据记录与结果处理】

1. pH 法所测数据和处理结果

溶液编号	c	pH	$c(H^+)$	α	$K_a^\ominus$
1					
2					
3					
4					
$K_a^\ominus$ 平均值					

2. 半中和法所测数据和处理结果

溶液编号	$c(HAc)$	$c(Ac^-)$	pH	$c(H^+)$	α	$K_a^\ominus$
1						
2						
$K_a^\ominus$ 平均值						

【思考题】

1. 用测定数据说明弱电解质的解离度与溶液浓度的关系。
2. 使用酸度计时应注意什么？

实验九　硫酸铜的纯化、结晶水的测定和大单晶的培养

【实验目的】

1. 掌握化学法提纯硫酸铜的原理及操作技能（溶解、氧化、pH 调节、过滤、蒸发浓缩、重结晶）。
2. 理解分步沉淀法分离金属离子的原理，掌握溶度积规则的应用。
3. 培养 $CuSO_4 \cdot 5H_2O$ 大单晶，观察其晶形。
4. 了解马弗炉的使用操作方法。学会测定硫酸铜结晶水的方法。

【实验原理】

粗硫酸铜是一种常用的化学原料和中间体，在工业生产过程中，受原料、生产过程或储存环境等因素影响会含有一些不溶性杂质和可溶性杂质。其中，可溶性杂质主要是 Fe^{3+}、Fe^{2+} 以及其他可溶性的物质（如 Na^+）等。

不溶性杂质可过滤除去。对于可溶性杂质，如 Fe^{3+}，可利用 Cu^{2+} 与 Fe^{3+} 溶解度的差异，适当控制条件（如 pH 等），达到分离的目的。Cu^{2+} 与 Fe^{2+} 进行分步沉淀可能会产生共沉淀现象[$Cu(OH)_2$ 沉淀吸附、包裹少量 Fe^{2+} 杂质]而达不到分离目的。因此，在本实验中先将 Fe^{2+} 在酸性介质中用 H_2O_2 氧化成 Fe^{3+}：

$$2Fe^{2+} + H_2O_2 + 2H^+ = 2Fe^{3+} + 2H_2O$$

然后控制 pH 在 3.7～4.0 沉淀 Fe^{3+}，从而使 Fe^{3+}、Fe^{2+} 与 Cu^{2+} 分离。用 H_2O_2 作氧化剂的优点是不引入其它离子，多余的 H_2O_2 可利用热分解去除而不影响后面分离。

溶液中的可溶性杂质可采用重结晶方法分离。根据物质的溶解度不同，特别是 $CuSO_4 \cdot 5H_2O$ 晶体的溶解度随温度的降低而显著减少，当热的 $CuSO_4$ 饱和溶液冷却时，$CuSO_4 \cdot 5H_2O$ 先结晶析出，而少量易溶性杂质由于尚未达到饱和，仍留在母液中，通过过滤，就能将易溶性杂质分离。

目视比色法是确定杂质含量的常用方法，在确定杂质含量后便能定出产品的纯度级别。将产品配成溶液，在比色管中加入显色剂显色、定容，与在同样条件下显色、定容的一系列不同浓度的标准溶液（即标准色阶）进行颜色比较，如果产品溶液的颜色比某一标准溶液的颜色浅，就可确定杂质含量低于该标准溶液中的含量，即低于某一规定的限度，所以这种方

法又称为限量分析。

由于本实验的产品溶液 Cu^{2+} 本身有颜色，干扰 Fe^{3+} 的比色观察，因此在比色检验前需要首先在产品溶液中加入过量的氨水，使微量的 Fe^{3+} 杂质沉淀、过滤分离出来，沉淀用热的 HCl 溶解后收集到比色管中，加入 25% KSCN 溶液生成血红色配合物 $[Fe(SCN)_n]^{3-n}$（n 为 1～6），定容，与标准色阶比较，从而确定产品中杂质铁的含量范围。

五水硫酸铜为蓝色晶体，受热时随着温度升高逐步失去结晶水，在 260℃左右成为无水硫酸铜白色粉末：

$$CuSO_4 \cdot 5H_2O \longrightarrow CuSO_4 \cdot 3H_2O \longrightarrow CuSO_4 \cdot H_2O \longrightarrow CuSO_4$$

本实验在约 300 ℃恒温下使水合硫酸铜晶体失去全部结晶水，根据脱水前后质量的变化可求得水合硫酸铜中结晶水的数目。

将硫酸铜饱和溶液缓慢蒸发，可以得到五水合硫酸铜大晶体，是非常美丽的蓝色三斜相晶体。

【实验用品】

烧杯（150 mL），量筒（100 mL、10 mL），洗瓶，蒸发皿（250 mL），布氏漏斗，抽滤瓶（250 mL），铁架台，铁圈，石棉网，比色管（25 mL），吸量管，电子天平，真空泵，精密 pH 试纸，滤纸，坩埚，坩埚钳，干燥器，马弗炉。

$CuSO_4 \cdot 5H_2O$（分析纯，粗硫酸铜），NaOH（2 $mol \cdot L^{-1}$），H_2SO_4（1 $mol \cdot L^{-1}$），HCl（2 $mol \cdot L^{-1}$），$NH_3 \cdot H_2O$（6 $mol \cdot L^{-1}$），H_2O_2（3%），KSCN（25%）。

【实验步骤】

一、粗硫酸铜的提纯

1. 称量和溶解

称取粗硫酸铜 10 g（含有 0.03 g 硫酸亚铁、0.07 g 硫酸铁），放入 150 mL 烧杯中，加入 40 mL 水、2 mL 1 $mol \cdot L^{-1}$ H_2SO_4，加热、搅拌直至完全溶解。

2. 氧化和沉淀

边搅拌边向溶液中慢慢滴加约 2 mL 3% H_2O_2，加热至约 90 ℃片刻（若无小气泡产生，即可认为 H_2O_2 分解完全），然后边搅拌边滴加 2 $mol \cdot L^{-1}$ NaOH 溶液，直至溶液的 pH≈3.7～4.0，再加热一段时间，让 $Fe(OH)_3$ 加速凝聚。停止加热后静置、自然冷却，待 $Fe(OH)_3$ 沉淀沉降。抽滤。

3. 蒸发浓缩和结晶

滤液用 1 $mol \cdot L^{-1}$ H_2SO_4 调至 pH 1～2 后，小火加热蒸发浓缩，注意搅拌以免液体飞溅而损失。浓缩过程中用玻璃棒蘸母液将蒸发皿边缘上过早析出的晶体带入母液中。蒸发浓缩至溶液表面刚出现晶膜时，停止加热。自然冷却至室温，会慢慢地析出蓝色晶体。抽滤。晶体转入表面皿，晾干产品，称重，计算产率。

4. 重结晶

上述产品放入 100 mL 烧杯中，按每克产品加 3 mL 蒸馏水的比例加入蒸馏水。加热，使产品全部溶解。趁热抽滤。滤液冷却至室温，待其慢慢地析出 $CuSO_4 \cdot 5H_2O$ 晶体［若不析出晶体，可稍微小火加热蒸发浓缩滤液，直至溶液表面刚出现薄层结晶（晶膜）时停止加热，让其自然冷却到室温]。抽滤至干，取出晶体，充分晾干，称重，计算重结晶产率。

二、杂质铁含量的检验

1. 粗硫酸铜

称取 1.0 g 未提纯样品于 100 mL 烧杯中，用 10 mL 水溶解，加入 1 mL 1 mol·L^{-1} H_2SO_4、1 mL 3% H_2O_2，加热，使 Fe^{2+} 完全氧化成 Fe^{3+}，继续加热煮沸，使剩余的 H_2O_2 完全分解。

待溶液冷却后，逐滴加入 6 mol·L^{-1} 氨水，先生成浅蓝色的沉淀，继续滴入 6 mol·L^{-1} 氨水，搅拌直至沉淀完全溶解，呈深蓝色透明溶液。抽滤并用 6 mol·L^{-1} 氨水洗涤沉淀和滤纸至无蓝色，弃去滤液。滤纸上的沉淀用滴管滴入 3 mL 热的 2 mol·L^{-1} HCl 溶解，用 25 mL 比色管承接。然后用吸量管移取 2.00 mL 25 % KSCN 溶液至比色管中，用水稀释至刻度，摇匀，与标准色阶比较，确定产品的纯度等级（参考实验十七　莫尔盐的合成）。

2. 提纯后硫酸铜

称取 1.0 g 提纯后样品按以上步骤进行实验，将最终制得的溶液与标准色阶比较，确定产品的纯度等级，并结合粗品的结果做出相关结论。

三、硫酸铜结晶水的测定

1. 将干净的坩埚加盖在马弗炉内于 300 ℃ 恒温 1 h，用坩埚钳取出坩埚及坩埚盖于室温放置 2 min，放入干燥器内冷却至室温，用电子天平准确称重。

2. 将 1.2 g 左右已研细的水合硫酸铜放入坩埚，连同坩埚盖用电子天平准确称重。

3. 将盛有硫酸铜的坩埚及坩埚盖分开放在马弗炉内，温度升至 300 ℃ 后恒温 1 h，停止加热，观察硫酸铜变成白色或灰白色，表示完全脱水。用坩埚钳取出坩埚及坩埚盖，室温放置 2 min 后放入干燥器内冷却至室温。

4. 从干燥器内取出坩埚，立即盖好坩埚盖。用天平准确称重。

四、五水合硫酸铜大晶体的培养

将测完结晶水的硫酸铜按室温的溶解度在小烧杯中配成饱和溶液（可以两人合作），随水分的蒸发就有小的晶体产生。选出规则的小晶体作为晶种放入另一小烧杯中，将硫酸铜母液倾入该烧杯中，籽晶在溶液中就会慢慢长成大的晶体，可以观察 $CuSO_4 \cdot 5H_2O$ 的晶型。

【数据记录与结果处理】

（坩埚＋坩埚盖）质量（g）：

（坩埚＋坩埚盖＋水合硫酸铜）质量（g）：

（坩埚＋坩埚盖＋无水硫酸铜）质量（g）：

水合硫酸铜质量（g）：

无水硫酸铜质量（g）：

结晶水质量（g）：

无水硫酸铜的物质的量（mol）：

结晶水的物质的量（mol）：

1 mol 硫酸铜结合结晶水的数目：

【思考题】

1. 为什么加热后的坩埚一定要放在干燥器内冷至室温才能称量？

2. 给出计算硫酸铜结晶水数目的表达式。

3. 用重结晶法提纯硫酸铜，在蒸发滤液时，为什么加热不可过于剧烈？为什么不可将滤液蒸干？

4. 滤液为什么必须经过酸化后才能进行加热浓缩？在浓缩过程中应注意哪些问题？

5. 除三价铁离子时，为什么要逐滴加入 NaOH？pH 为什么要控制在 4 左右，过高或过低会怎样？

【拓展实验（自选）】

碘量法测铜含量：利用 Cu^{2+} 与过量 KI 反应生成 I_2，以淀粉为指示剂，用 $Na_2S_2O_3$ 滴定，计算铜含量。

实验十 化学反应速率和活化能的测定

【实验目的】

1. 测定过二硫酸铵与碘化钾反应的速率，计算反应级数、反应速率常数和活化能。

2. 试验浓度、温度、催化剂对反应速率的影响。

【实验原理】

过二硫酸铵溶液与碘化钾溶液发生反应：

$$S_2O_8^{2-} + 3I^- \xlongequal{} 2SO_4^{2-} + I_3^- \tag{1}$$

反应的平均速率 v 与反应物浓度的关系为：

$$v = -\frac{\Delta c(S_2O_8^{2-})}{\Delta t} = k[c(S_2O_8^{2-})]^m[c(I^-)]^n$$

式中，$\Delta c(S_2O_8^{2-})$ 为 Δt 时间内 $S_2O_8^{2-}$ 浓度的改变量；$c(S_2O_8{}^{2-})$和 $c(I^-)$ 分别为两种离子的初始浓度；k 为反应速率常数；$(m+n)$ 为反应级数。

为了测出 Δt 时间内 $S_2O_8^{2-}$ 浓度的改变量，在过二硫酸铵与碘化钾混合前，先向碘化钾溶液中加入一定体积已知浓度的硫代硫酸钠溶液和淀粉溶液。这样，由反应（1）生成的 I_3^- 被硫代硫酸钠还原：

$$2S_2O_3^{2-} + I_3^- \xlongequal{} S_4O_6^{2-} + 3I^- \tag{2}$$

反应（1）很慢，为速控反应，而反应（2）进行得非常快，瞬间完成。由反应（1）生成的 I_3^- 立即与 $S_2O_3^{2-}$ 作用，生成无色的 I^- 和 $S_4O_6^{2-}$。因此，在反应开始一段时间内，看不到碘与淀粉作用呈现的蓝色。一旦硫代硫酸钠耗尽，由反应（1）继续生成的微量碘立即与淀粉作用，使溶液变蓝。

从反应方程式（1）和（2）的关系可以看出，消耗 $S_2O_8^{2-}$ 的浓度为消耗 $S_2O_3^{2-}$ 浓度的一半。即

$$\Delta c(S_2O_8^{2-})=\frac{\Delta c(S_2O_3^{2-})}{2}$$

当硫代硫酸钠耗尽时，此时 $\Delta c(S_2O_3{}^{2-})$ 就是开始时 $Na_2S_2O_3$ 的浓度。

在本实验中，每份混合溶液中 $Na_2S_2O_3$ 的起始浓度都是相同的，因而 $\Delta c(S_2O_3^{2-})$ 不变。因此，只要记下反应开始到溶液出现蓝色所需要的时间 Δt，即可求出反应平均速率：

$$v=-\frac{\Delta c(S_2O_8^{2-})}{\Delta t}$$

根据反应速率方程：

$$v=k[c(S_2O_8^{2-})]^m[c(I^-)]^n$$

利用求出的反应平均速率 v，就可以计算 m 和 n，进一步可求出速率常数 k 值。

反应速率常数 k 与反应温度 T 有如下关系：

$$\lg k=-\frac{E_a}{2.303RT}+\lg A$$

式中，E_a 为反应的活化能；R 为摩尔气体常数；T 为热力学温度。测出不同温度下的 k 值，以 $\lg k$ 对 1/T 作图可得一直线，由直线的斜率可求出反应的活化能 E_a。

【实验用品】

锥形瓶（150 mL），温度计，秒表，恒温水浴锅，烧杯，大试管，量筒，搅拌棒。

KI(0.20 mol·L^{-1})，KNO_3(0.20 mol·L^{-1})，$(NH_4)_2S_2O_8$(0.20 mol·L^{-1})，$(NH_4)_2SO_4$(0.20 mol·L^{-1})，$Na_2S_2O_3$(0.010 mol·L^{-1})，$Cu(NO_3)_2$(0.02 mol·L^{-1})，淀粉溶液(0.2%)。

【实验步骤】

一、浓度对反应速率的影响

在室温下，用量筒分别量取 0.20 mol·L^{-1} KI 溶液 20 mL，0.010 mol·L^{-1} $Na_2S_2O_3$ 溶液 8 mL 和 0.2 % 淀粉溶液 4 mL，加到 150 mL 锥形瓶中，混匀。再用另一个量筒取 0.20 mol·L^{-1}$(NH_4)_2S_2O_8$溶液 20 mL，快速加到盛混合溶液的 150 mL 锥形瓶中，同时开动秒表，将溶液摇匀。当溶液刚出现蓝色时，立即停表，记下反应时间和温度。

用同样的方法按表 2-10-1 中的用量，完成序号 2～5 的其他实验。为使每次实验中溶液离子强度和总体积不变，不足的量分别用 0.20 mol·L^{-1} KNO_3 溶液和 0.20 mol·L^{-1} $(NH_4)_2SO_4$ 溶液补足。

表 2-10-1　浓度对反应速率的影响

实验序号	1	2	3	4	5
反应温度/℃					
$(NH_4)_2S_2O_8$ 溶液的用量/mL	20	10	5	20	20
KI 溶液的用量/mL	20	20	20	10	5
$Na_2S_2O_3$ 溶液的用量/mL	8	8	8	8	8
0.2%淀粉溶液的用量/mL	4	4	4	4	4

续表

KNO_3 溶液的用量/mL	0	0	0	10	15
$(NH_4)_2SO_4$ 溶液的用量/mL	0	10	15	0	0
反应时间/s					

二、温度对反应速率的影响

按表 2-10-1 中实验序号 4 的用量，把 KI、$Na_2S_2O_3$、KNO_3 和淀粉溶液加到烧杯中，把$(NH_4)_2S_2O_8$ 溶液加到大试管中，并把它们放在比室温高 10 ℃的恒温水浴锅中，当溶液温度与水的温度相同时，把$(NH_4)_2S_2O_8$ 溶液迅速加到 KI 混合溶液中，记录反应时间。

在高于室温 20 ℃、30 ℃ 条件下，重复以上操作。这样共得到 4 个温度下的反应时间，结果列于表 2-10-2。

表 2-10-2　温度对反应速率的影响

实验序号	4	6	7	8
反应温度/℃				
反应时间/s				

三、催化剂对反应速率的影响

Cu^{2+} 能使 $(NH_4)_2S_2O_8$ 氧化 KI 的反应速率加快。按表 2-10-1 中序号 4 的用量，先在混合溶液中加 2 滴 0.02 mol·L^{-1} 的 $Cu(NO_3)_2$ 溶液，混匀，然后迅速加入$(NH_4)_2S_2O_8$ 溶液，并记录反应时间。与没有加入 $Cu(NO_3)_2$ 溶液的相同条件反应比较，说明催化剂对反应速率的影响。

【数据处理】

1. 计算反应速率常数 k

求出各反应的反应速率 v、反应级数 $m+n$、反应速率常数 k。填入表 2-10-3。

表 2-10-3　数据处理

实验序号	1	2	3	4	5
溶液总体积/mL					
$-\Delta c(S_2O_3^{2-})/(mol\cdot L^{-1})$					
$-\Delta c(S_2O_8^{2-})/(mol\cdot L^{-1})$					
反应时间 Δt					
反应速率 v					
$c(I^-)/mol\cdot L^{-1}$					
$c(S_2O_8^{2-})/mol\cdot L^{-1}$					
反应级数	$m=$			$n=$	
反应速率常数 k					
k 平均值					

注：m 和 n 取正整数。

2. 计算反应的活化能 E_a

计算不同温度下的反应速率常数 k 列于表 2-10-4，以 $\lg k$ 对 $1/T$ 作图，通过直线的斜率求出反应的活化能 E_a。

表 2-10-4　计算反应的活化能

实验序号	4	6	7	8
反应温度/K				
$\frac{1}{T}\times 10^3$				
反应速率常数 k				
活化能 E_a				

【思考题】

1. 反应中定量加入 $Na_2S_2O_3$ 的作用是什么？

2. 下列情况对实验结果有什么影响？

(1) 取用 $(NH_4)_2S_2O_8$ 和 KI 溶液的量筒没有分开。

(2) 溶液混合后不搅拌、搅拌搅匀或不断搅拌。

3. 若用 $c(I^-)$ 或 $c(I_3^-)$ 的变化来表示该反应的速率，则 v 和 k 是否和用 $c(S_2O_8^{2-})$ 的变化表示的一样？

4. 在实验中为什么先加入 $(NH_4)_2S_2O_8$ 溶液最后加入 KI 溶液？

5. 为什么在实验 2、3、4、5 中加入 KNO_3 或 $(NH_4)_2SO_4$ 溶液？

【附注】

本实验对试剂的要求如下。

1. KI 溶液应为无色透明溶液，若溶液变为浅黄色（有 I_2 生成）则不能使用。一般应在实验前配制 KI 溶液。

2. $(NH_4)_2S_2O_8$ 溶液易分解，要用新配制的溶液。如所配制的溶液 pH 小于 3，说明原固体试剂已有分解，不适合本实验用。

3. 所用试剂如混有少量 Cu^{2+}、Fe^{3+} 等杂质，对反应有催化作用，必要时滴加几滴 0.1 mol·L^{-1} 的 EDTA 溶液。

4. 溶液浓度要保留两位有效数字。

5. $Na_2S_2O_3$ 溶液也不宜配制时间过长，否则易被氧化，若提前配制，可加入少量 Na_2CO_3 作为稳定剂。

实验十一　碘化铅溶度积常数的测定

【实验目的】

1. 掌握分光光度法测定难溶电解质溶度积的原理及操作。

2. 熟悉分光光度计的使用方法。

3. 理解溶度积常数的物理意义及其与溶解度的关系。

【实验原理】

碘化铅是难溶电解质，在其饱和溶液中，存在下列沉淀-溶解平衡：

$$PbI_2(s) \rightleftharpoons Pb^{2+}(aq) + 2I^-(aq)$$

在一定温度下，平衡溶液中 Pb^{2+} 浓度与 I^- 浓度平方的乘积是一个常数，即：

$$K_{sp}^{\ominus} = c(Pb^{2+})[c(I^-)]^2$$

式中，浓度均为相对浓度。

$K_{sp}^{\ominus}$ 称为溶度积常数，它和其他平衡常数一样，随温度的不同而改变，因此，如果能够测得在一定温度下碘化铅饱和溶液中沉淀-溶解平衡时的 $c(Pb^{2+})$ 和 $c(I^-)$，便可求算出该温度下的溶度积常数 $K_{sp}^{\ominus}$。

其测试方法多样，Pb^{2+} 浓度的测定可用离子交换法测得，也可先将其反应生成有色配离子后采用分光光度法测得。I^- 浓度的测定：可先氧化 I^- 生成 I_2，再用分光光度法测得。本实验提供两种方案，Pb^{2+} 先生成有色配离子再用分光光度法测得，I^- 先氧化生成 I_2 再用分光光度法测得。

1. 测铅离子（Pb^{2+}）浓度的方法

Pb^{2+} 在酸性条件下与二甲酚橙（XO）反应生成红色配合物，该配合物在 576 nm 处有最大吸收。通过测定吸光度，利用标准曲线法可计算溶液中铅离子的浓度，进而计算碘化铅的溶度积常数。

2. 测碘离子（I^-）浓度的方法

若将已知浓度的 $Pb(NO_3)_2$ 溶液和 KI 溶液按不同体积混合，生成的 PbI_2 沉淀与溶液达到平衡，通过测定溶液中的 $c(I^-)$，再根据系统的初始组成及反应中的 Pb^{2+} 与 I^- 的化学计量关系可以计算出溶液中的 $c(Pb^{2+})$。由此可求得 PbI_2 的溶度积。

实验中先用分光光度法测定溶液中 $c(I^-)$。I^- 是无色的，可在酸性条件下用 KNO_2 将 I^- 氧化为 I_2（保持 I_2 浓度在其饱和浓度以下）。I_2 在水溶液中呈橙黄色。用分光光度计在 525 nm 波长下，测定由各饱和溶液配制的 I_2 溶液的吸光度 A，然后由标准吸收曲线查出 $c(I^-)$，则可计算出饱和溶液中的 $c(I^-)$。

【实验用品】

分光光度计，比色皿，容量瓶（10 mL、100 mL），移液管，磁力搅拌器，精密温度计，坐标纸。

KNO_2，HCl(6 $mol \cdot L^{-1}$)，PbI_2(s)，硝酸铅，二甲酚橙溶液（0.5 $mg \cdot mL^{-1}$），HAc-NaAc 缓冲溶液（pH=6.0），硫脲溶液（1 $mol \cdot L^{-1}$），柠檬酸三铵溶液（0.2 $mol \cdot L^{-1}$），铅标准溶液（1.0 $mg \cdot mL^{-1}$），KI。

【实验步骤】

一、测铅离子法

1. 标准曲线的绘制

（1）配制 0.001 $mol \cdot L^{-1}$ $Pb(NO_3)_2$ 标准溶液

(2) 配制铅标准系列溶液

在6个10 mL容量瓶中（表2-11-1），分别加入不同体积的铅标准溶液，向每个容量瓶中加入1 mL HAc-NaAc缓冲溶液（pH=6.0）、0.5 mL二甲酚橙溶液。若存在干扰离子，可加入适量硫脲和柠檬酸三铵溶液。用去离子水稀释至刻度，充分混匀。静置30分钟，使显色反应完全。

(3) 测定吸光度

以1号溶液（无铅）为参比溶液，调节分光光度计零点，在波长576 nm处，分别测定各标准溶液的吸光度。以铅离子浓度为横坐标，吸光度为纵坐标，绘制标准曲线。

2. 样品测定

(1) 配制碘化铅饱和溶液

称取适量碘化铅固体，加入适量去离子水，搅拌使其溶解至饱和。静置一段时间后，过滤，取上层清液作为碘化铅饱和溶液。

(2) 显色反应

取2 mL碘化铅饱和溶液于10 mL容量瓶中。按照标准曲线配制方法加入HAc-NaAc缓冲溶液、二甲酚橙溶液及其他试剂，用去离子水稀释至刻度，摇匀。静置30分钟，显色完全。

(3) 测定吸光度

将显色后的样品溶液倒入比色皿中，以去离子水为参比溶液。在576 nm处测定样品溶液的吸光度。根据标准曲线方程计算样品中铅离子的浓度。

二、测碘离子法

1. 试剂配制

配制0.001 $mol \cdot L^{-1}$ KI溶液、0.02 $mol \cdot L^{-1}$ KNO_2溶液、6 $mol \cdot L^{-1}$ HCl溶液。

2. 工作曲线测定

在5只干净、干燥的容量瓶（表2-11-2），分别加入1.00 mL、1.50 mL、2.00 mL、2.50 mL、3.00 mL KI溶液，再分别加入2.0 mL 0.02 $mol \cdot L^{-1}$ KNO_2溶液及1滴6 $mol \cdot L^{-1}$ HCl溶液（测试前加入），用去离子水定容，摇匀后，分别倒入比色皿中。以水做参比溶液，在525 nm波长下测定吸光度A。以测得的吸光度A为纵坐标，以相应I^-浓度为横坐标，绘制A-$c(I^-)$标准曲线。

3. 样品测定

将PbI_2饱和溶液在使用前摇匀、静置，半小时后过滤。取2.00 mL过滤后的PbI_2饱和溶液，加入2.0 mL 0.02 $mol \cdot L^{-1}$ KNO_2溶液、1滴6 $mol \cdot L^{-1}$ HCl溶液（测试前加入）。用去离子水定容摇匀后，倒入比色皿中，以水做参比溶液，在525 nm波长下测定溶液的吸光度A。根据标准曲线查得I^-浓度，进而计算Pb^{2+}浓度和溶度积常数。

【数据记录与结果处理】

表2-11-1　Pb^{2+}工作曲线及PbI_2饱和溶液的吸光度的测定

铅标准溶液体积/mL	0	0.5	1	1.5	2	2.5
铅离子浓度/($mol \cdot L^{-1}$)						
吸光度(A)						

表 2-11-2 I^- 工作曲线及 PbI_2 饱和溶液的吸光度的测定

编号	KI 溶液体积/mL	I^- 浓度/($mol \cdot L^{-1}$)	吸光度 A
1	1.00		
2	1.50		
3	2.00		
4	2.50		
5	3.00		

查溶度积常数或由热力学数据求出 $K_{sp}^{\ominus}$ 的理论值，并将测定值与其比较，说明产生误差的原因。

【思考题】

1. 如果实验中未加入硫脲溶液，可能对实验结果产生什么影响？

2. 实验中，显色时间对吸光度测定有何影响？如果显色时间不足，会导致什么结果？

3. 实验室用新制备的碘化铅固体配制饱和溶液时，多次洗涤的作用是什么？

4. 通过测定铅与二甲酚橙反应生成的配离子的吸光度求 Pb^{2+} 浓度时，操作条件为什么要同工作曲线测定时的条件相一致？你认为应当注意哪些条件？

5. 下列情况对实验结果有无影响？

(1) 溶液未饱和；

(2) 过滤 PbI_2 时滤纸用水润湿或烧杯、漏斗不干燥；

(3) 过滤时有 PbI_2 固体透滤；

(4) 在取样时，取 20 mL 碘化铅饱和溶液稀释至 50 mL 测定吸光度。

【附注】

1. 显色反应需在 pH=6.0 的缓冲溶液中进行，以确保反应完全。

2. 显色时间需控制在 30 分钟以上。

3. 若样品中存在干扰离子（如 Cu^{2+}、Fe^{3+} 等），需加入掩蔽剂。

4. 分光光度计需预热 20 分钟，以确保测量准确性。

5. 实验过程中需严格控制温度，以确保数据的可靠性。

实验十二 水溶液中的平衡

【实验目的】

1. 掌握强电解质和弱电解质溶液性质的差别。

2. 掌握缓冲溶液的配制方法。

3. 了解沉淀溶解平衡的原理。

【实验原理】

1. 同离子效应

强电解质在水中全部解离。弱电解质在水溶液中发生部分解离，在一定温度下，弱电解质（例如 HAc）存在如下解离平衡：

$$HAc(aq)+H_2O(l) \rightleftharpoons H_3O^+(aq)+Ac^-(aq)$$

在平衡体系中加入与弱电解质含有相同离子的强电解质，解离平衡向生成弱电解质的方向移动，使弱电解质的解离度降低，这种现象称为同离子效应。如 HAc 中加入 NaAc。

2. 缓冲溶液

缓冲溶液是一种能够抵抗外来少量强酸、强碱或加水稀释，而其 pH 基本保持不变的溶液。缓冲溶液一般由弱酸（HB）及其共轭碱（B^-）组成。缓冲溶液的 pH 计算公式如下：

$$pH=pK_a^{\ominus}(HB)+\lg\frac{c(B^-)}{c(HB)}$$

此式表明了缓冲溶液的 pH 取决于弱酸的解离常数（$K_a^{\ominus}$）以及溶液中所含弱酸和其共轭碱的浓度比。

配制缓冲溶液时若使用相同浓度的共轭酸碱对，上式中的物质的量之比可用体积比代替，即：

$$pH=pK_a^{\ominus}(HB)+\lg\frac{V(B^-)}{V(HB)}$$

由上式计算所得的 pH 为近似值。要准确计算所配制溶液的 pH，必须考虑离子强度、温度等因素的影响。

缓冲溶液的缓冲能力是有限的，其缓冲能力大小用缓冲容量 β 来衡量，在数值上等于使单位体积缓冲溶液的 pH 改变 1 个单位时，所需加入的一元强酸（或一元强碱）的物质的量。

$$\beta=\frac{dn_b}{VdpH}=-\frac{dn_a}{VdpH}$$

式中，V 为缓冲溶液的体积；dn_a 为加入的强酸的物质的量；dn_b 为加入的强碱的物质的量；dpH 为缓冲溶液的 pH 值改变。由于加入强酸后，pH 值降低，dpH 为负值，故在前加一负号而使 β 为正值。

由此可见，β 值越大，缓冲溶液的缓冲能力越强。β 值越小，缓冲溶液的缓冲能力越弱。

3. 盐类的水解

强酸强碱盐在水溶液中不水解，强碱弱酸盐、强酸弱碱盐和弱酸弱碱盐在水溶液中都发生水解。因为组成盐的离子和水解离出来的 H^+ 或 OH^- 作用，生成弱酸或弱碱，往往使水溶液显酸性或碱性。根据同离子效应，向溶液中加入 H^+ 或 OH^- 可以抑制水解。水解反应是酸碱中和反应的逆反应。水解反应是吸热反应，因此，升高温度有利于盐类的水解。

4. 难溶电解质沉淀溶解平衡

在一定温度下，难溶电解质与其饱和溶液中的相应离子处于平衡状态。根据溶度积规则既可以判断沉淀的生成和溶解，也可以判断沉淀的转化。降低饱和溶液中某种离子的浓度，使两种离子浓度的乘积小于其溶度积，沉淀便溶解。对于相同类型的难溶电解质，可以根据其 $K_{sp}^{\ominus}$ 的相对大小判断沉淀生成的先后顺序。根据平衡移动原理，可以将一种难溶电解质转化为另一种难溶电解质，这种过程叫作沉淀的转化。沉淀的转化一般是由溶解度较大的难溶电解质转化为溶解度较小的难溶电解质。

【实验用品】

pH 计，离心机，精密 pH 试纸，微型试管，试管，烧杯，量筒，煤气灯或酒精喷灯。

$MgCl_2$，NH_4Ac，$NaHCO_3$，Na_2CO_3，Na_2S，NaH_2PO_4，Na_3PO_4，$FeCl_3$，$CaCl_2$，$MnSO_4$，$AgNO_3$，KBr，K_2CrO_4，$Pb(NO_3)_2$，$Na_2S_2O_3$，$NiSO_4$，$CuSO_4$，Na_2HPO_4，HCl（0.1 $mol \cdot L^{-1}$，1.0 $mol \cdot L^{-1}$，浓），NaOH（0.1 $mol \cdot L^{-1}$，1.0 $mol \cdot L^{-1}$，6 $mol \cdot L^{-1}$），HNO_3（2 $mol \cdot L^{-1}$，浓），$NH_3 \cdot H_2O$（0.1 $mol \cdot L^{-1}$，2 $mol \cdot L^{-1}$），NH_4Cl（0.1 $mol \cdot L^{-1}$，饱和溶液，s），HAc（0.1 $mol \cdot L^{-1}$，1.0 $mol \cdot L^{-1}$），KH_2PO_4（1.0 $mol \cdot L^{-1}$），NaCl（1.0 $mol \cdot L^{-1}$），NaAc（0.1 $mol \cdot L^{-1}$，饱和溶液，s），$Fe(NO_3)_3 \cdot 9H_2O$（s），$SbCl_3$（s），锌粒，酚酞指示剂，甲基橙指示剂，硫代乙酰胺溶液。

备注：未注明浓度的均为 0.1 $mol \cdot L^{-1}$，s 为固体。

【实验步骤】

一、比较强酸和弱酸的酸性

1. 醋酸和盐酸酸性比较

用 pH 计或精密 pH 试纸测 0.1 $mol \cdot L^{-1}$ HCl 和 0.1 $mol \cdot L^{-1}$ HAc 溶液的 pH，将结果与计算值进行比较。

2. 强酸和弱酸与金属反应速率比较

在两支试管中分别加入少量 0.1 $mol \cdot L^{-1}$ HCl 和 0.1 $mol \cdot L^{-1}$ HAc 溶液，再各加一粒锌粒，水浴加热，观察两支试管中反应速率情况。

由实验结果比较 HCl 和 HAc 溶液的酸性并说明原因。

二、同离子效应

1. 在两支试管中各加几滴 0.1 $mol \cdot L^{-1}$ 氨水和 1 滴酚酞指示剂，观察溶液的颜色。在其中一支加入少量 NH_4Cl 固体，摇匀，观察溶液的颜色变化，解释原因。

2. 在两支试管中各加入几滴 0.1 $mol \cdot L^{-1}$ HAc 溶液和 1 滴甲基橙指示剂，观察溶液的颜色。在其中一支加入少量 NaAc 固体，摇匀，观察溶液的颜色变化，解释原因。

3. 在两支试管中各加入几滴 0.1 $mol \cdot L^{-1}$ $MgCl_2$ 溶液，向其中一支试管中加入几滴饱和 NH_4Cl 溶液，然后向两支试管中各加几滴 0.1 $mol \cdot L^{-1}$ 氨水，观察实验现象，解释原因。

三、缓冲溶液的性质

1. 缓冲溶液的配制

计算配制 120 mL pH=4.60 的缓冲溶液需用 0.1 $mol \cdot L^{-1}$ HAc 溶液和 0.1 $mol \cdot L^{-1}$ NaAc 溶液的体积（已知 HAc 的 $pK_a^{\ominus}$ 为 4.75）。

按照计算所得到的体积，用量筒依次量取 0.1 $mol \cdot L^{-1}$ HAc 溶液和 0.1 $mol \cdot L^{-1}$ NaAc 溶液，置于同一个 250 mL 烧杯中，混匀。用酸度计测定该混合液的 pH。若 pH 不等于 4.60，可用 1.0 mol · L^{-1} NaOH 或 1.0 mol · L^{-1} HAc 溶液调节使其 pH 稳定在 4.60。用符号 A 表示此缓冲溶液，并填入表 2-12-1。

按照此方法，依次用 NaH_2PO_4 和 Na_2HPO_4 配制 120 mL pH＝7 的缓冲溶液标记为 B，用 $NH_3 \cdot H_2O$ 和 NH_4Cl 配制 120 mL pH＝10 的缓冲溶液标记为 C，并填入表 2-12-1。

按照表 2-12-1 中的数据，进行实验。用酸度计测定相应溶液的 pH 值，求出 ΔpH 值、β 值，并解释缓冲溶液的性质。

表 2-12-1　缓冲溶液的配制和 pH

编号	缓冲溶液	pH	加入酸、碱或纯水	pH	ΔpH	β
1	20.00 mL　A		0.20 mL 1 mol · L^{-1} HCl			
2	20.00 mL　A		0.20 mL 1 mol · L^{-1}NaOH			
3	20.00 mL　A		20.00 mL 纯水			
4	20.00 mL　B		0.20 mL 1 mol · L^{-1}HCl			
5	20.00 mL　B		0.20 mL 1 mol · L^{-1} NaOH			
6	20.00 mL　B		20.00 mL 纯水			
7	20.00 mL　C		0.20 mL 1 mol · L^{-1}HCl			
8	20.00 mL　C		0.20 mL 1 mol · L^{-1} NaOH			
9	20.00 mL　C		20.00 mL 纯水			
10	20.00 mL　NaCl		0.20 mL 1 mol · L^{-1} HCl			
11	20.00 mL　NaCl		0.20 mL 1 mol · L^{-1} NaOH			
12	20.00 mL　NaCl		20.00 mL 纯水			

2. 缓冲溶液的性质

（1）缓冲溶液对强酸的缓冲作用。在小试管中加 1 mL 水和 1 滴 0.1 mol · L^{-1}HCl 溶液，测溶液的 pH。

在三支试管中分别加入 2 mL 已配制的缓冲溶液 A、B、C，然后各加入 1 滴 0.1 mol · L^{-1} HCl 溶液，测溶液的 pH。与不加缓冲溶液的实验结果进行比较。

（2）缓冲溶液对强碱的缓冲作用。将实验（1）中的 HCl 溶液换成 NaOH 溶液进行实验。结果如何？

（3）缓冲溶液对稀释的缓冲作用。在四支试管中各加入 2 mL 水，再依次加入 3 滴下列溶液：pH＝4.6 的 HCl 溶液，pH＝4.6 的缓冲溶液 A，pH＝10 的 NaOH 溶液，pH＝10 的缓冲溶液 C。摇匀，用精密 pH 试纸测各溶液的 pH。用实验结果说明缓冲溶液的性质。

3. 酸式盐的缓冲作用

（1）在两支小试管中各加 1 mL 0.1 mol · $L^{-1}$$NaHCO_3$ 溶液，测溶液的 pH。向其中一支试管中加 1 滴 0.1 mol · L^{-1}HCl 溶液，用精密 pH 试纸测溶液的 pH；向另一支试管中加 1 滴 0.1 mol · L^{-1}NaOH 溶液，用精密 pH 试纸测溶液的 pH。对实验结果加以解释。

（2）用 NaH_2PO_4 溶液代替 $NaHCO_3$ 溶液重复（1）的实验，结果如何？

四、盐的水解

1. 用精密 pH 试纸测 NH_4Cl、NH_4Ac、$NaHCO_3$、Na_2CO_3、Na_2S、NaH_2PO_4、Na_2HPO_4、Na_3PO_4 和 $FeCl_3$ 溶液（浓度均为 0.1 mol · L^{-1}）的 pH，并与计算值进行比较。

2. 取少量 $Fe(NO_3)_3 \cdot 9H_2O$ 用蒸馏水溶解，将溶液分为三份。第一份留作比较，第二份加入几滴稀 HNO_3，第三份水浴加热。比较三份溶液的颜色，说明原因。

3. 取约 0.5 g $SbCl_3$ 固体于大试管中，加入 2 mL 水，摇匀，观察现象，用 pH 试纸测溶液的 pH。将试管小火加热，边振荡边滴加浓 HNO_3 至沉淀恰好完全溶解为止，将溶液倒入盛蒸馏水的烧杯中。观察实验现象，说明原因。

4. 向盛有少量 $FeCl_3$ 溶液的试管中滴加 Na_2CO_3 溶液，离心分离，洗净沉淀后设法鉴定沉淀是氢氧化物还是碳酸盐。

用 $CaCl_2$ 溶液代替 $FeCl_3$ 重复进行实验。解释实验现象。

五、沉淀溶解平衡

1. 生成弱电解质使沉淀溶解

向盛有少量 $MnSO_4$ 溶液的试管加几滴 NaOH 溶液，离心分离。向沉淀中加入 2 mL 饱和 NH_4Cl 溶液，观察沉淀的溶解。写出反应方程式。

向盛有少量 $MnSO_4$ 溶液的试管加几滴硫代乙酰胺溶液，水浴加热（加 1 滴 NaOH 溶液有利于硫化物的生成），观察沉淀的生成和颜色。离心分离后，向沉淀中滴加 HCl 溶液，观察沉淀的溶解。写出反应方程式。

向盛有少量 $MnSO_4$ 溶液的试管加几滴 Na_2CO_3 溶液。离心分离、用水洗涤沉淀，向沉淀中滴加 HCl 溶液。观察实验现象，写出反应方程式。

2. 生成配合物使沉淀溶解

在小试管中加入几滴 $AgNO_3$ 溶液，滴加 KBr 溶液，观察沉淀的生成。除去沉淀上层清液，向沉淀滴加 $Na_2S_2O_3$ 溶液，观察沉淀的溶解。写出反应方程式。

在小试管中加入几滴 $NiSO_4$ 溶液，再滴加 2 $mol \cdot L^{-1}$ 氨水溶液，观察沉淀的生成。继续滴加氨水，观察沉淀的溶解。写出反应方程式。

3. 改变沉淀组分的形态使沉淀溶解

在小试管中加入几滴 $CuSO_4$ 溶液，再滴加硫代乙酰胺溶液。微热，观察沉淀的生成和颜色。除去沉淀上层清液，向沉淀滴加浓 HNO_3，水浴加热，观察沉淀的溶解。写出反应方程式并加以解释。

向盛有少量 $Pb(NO_3)_2$ 溶液的试管中滴加 K_2CrO_4 溶液，离心分离，将沉淀分成两份。一份中加入过量 6 $mol \cdot L^{-1}$ NaOH 溶液，观察沉淀的溶解。另一份沉淀中加入过量浓 HNO_3，水浴加热，观察实验现象。给出反应方程式。

【思考题】

1. 为什么 $FeCl_3$ 溶液与 Na_2CO_3 反应的产物和 $CaCl_2$ 溶液与 Na_2CO_3 反应的产物分别为氢氧化物和碳酸盐？

2. 为什么 NaH_2PO_4 溶液显弱酸性，Na_2HPO_4 溶液显弱碱性，而 Na_3PO_4 溶液碱性较强？

3. 影响盐类水解的因素有哪些？

4. 缓冲溶液的 pH 由哪些因素决定？其中主要的决定因素是什么？

实验十三 光度法测定配合物的分裂能

【实验目的】

1. 学习用分光光度法测定配位化合物的分裂能。
2. 加深理解配体的强度对分裂能的影响。
3. 进一步练习分光光度计的使用。

【实验原理】

当原子处于电场中时，受到电场的作用，轨道的能量要升高。若电场是球形对称的，各轨道受到电场的作用一致。所以在球形电场中，5 种 d 轨道能量仍旧简并。

若原子处于非球形电场中，则根据电场对称性不同，各轨道能量升高的幅度可能不同。于是原来简并的 5 种 d 轨道将发生能量分裂。八面体场中的这些 d 轨道的能量有的比在球形场中高，有的比在球形场中低。

过渡金属离子形成配合物时其 d 轨道在晶体场的作用下发生能级分裂，5 个 d 轨道的分裂情况与配体的空间分布有关。金属离子的 d 轨道没有被电子全充满时，处于低能级 d 轨道上的电子吸收一定波长的可见光后，就会跃迁到高能级的 d 轨道，这种 d-d 跃迁的能量差可以通过实验测定。

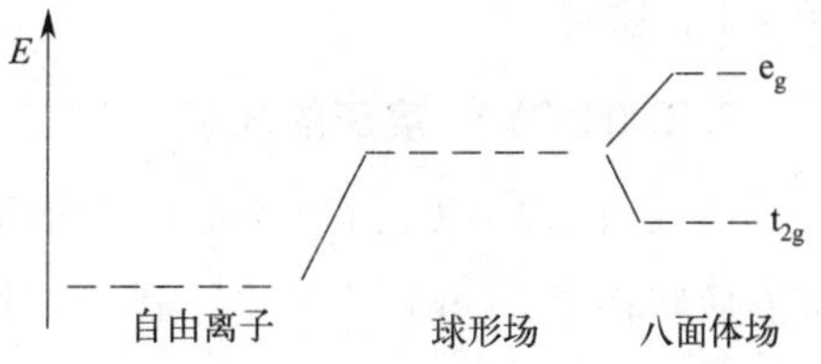

图 2-13-1 d 轨道能级示意图

对于$[Ti(H_2O)_6]^{3+}$，中心离子的 d 轨道只有 1 个电子，在八面体场的影响下 Ti^{3+} 的 5 个简并的 d 轨道分裂为两组：二重简并的 e_g 轨道和三重简并的 t_{2g} 轨道（图 2-13-1）。e_g 轨道和 t_{2g} 轨道的能量差为分裂能 Δ（等于 10Dq）。则有：

$$E_{光}=E_{eg}-E_{t2g}=\Delta$$

$$E_{光}=h\nu=\frac{hc}{\lambda}$$

式中，h 为普朗克常数，$5.539\times10^{-35}\ cm^{-1}\cdot s$；$c$ 为光速，$2.9979\times10^{10}\ cm\cdot s^{-1}$；$E_{光}$为可见光光子能量，$cm^{-1}$；$\nu$ 为频率，s^{-1}；λ 为波长，nm。

因为 h 和 c 都是常数，当 1 mol 电子跃迁时，$6.022\times10^{23}\times h\times c=1$，则

$$\Delta=\frac{1}{\lambda\times10^{-7}}$$

式中，λ 是 Ti^{3+} 形成配离子时吸收峰对应的波长，nm。

对于有多个 d 电子的离子，d 轨道的能级分裂除受配体形成的晶体场强度影响之外，电子-电子之间还有相互作用，5 个 d 轨道的能级分裂变得复杂。如八面体的$[Cr(H_2O)_6]^{3+}$ 和 $[Cr(EDTA)]^-$ 配离子，中心离子 Cr^{3+} 的 d 轨道上有 3 个电子，能级受八面体场的影响和电子之间的相互作用使 d 轨道分裂成 4 组（详细内容将在后续的物质结构课程中学到，也可参考有关的专著），Cr^{3+} 的配离子吸收可见光后在可见光区有两个跃迁吸收峰（图 2-13-2）。其中曲线上能量最低的吸收峰所对应的能量为分裂能 Δ 值。

由实验测定$[Cr(H_2O)_6]^{3+}$和$[Cr(EDTA)]^-$两种配离子在可见光区的相应吸光度，并以 A 为纵坐标，λ 为横坐标，分别作 A-λ 吸收曲线，再由曲线上能量最低的吸收峰所对应的波长 λ 计算配离子的分裂能 Δ 值。

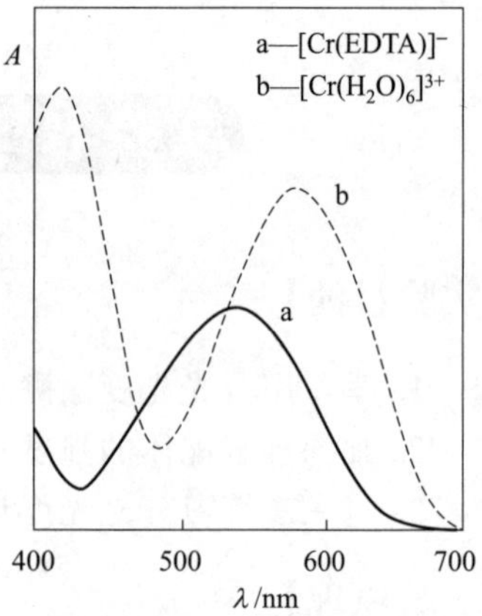

图 2-13-2　Cr^{3+} 配合物的吸收曲线

【实验用品】

台秤，分光光度计，容量瓶，小烧杯，电热板。

乙二胺四乙酸二钠盐（EDTA 二钠盐，固体），$CrCl_3 \cdot 6H_2O$（固体），$TiCl_3$（15%）。

【实验步骤】

一、溶液的配制

1. $[Cr(EDTA)]^-$ 溶液的配制

称取约 0.5 g 乙二胺四乙酸二钠盐（EDTA）于小烧杯中，加入约 30 mL 蒸馏水，加热溶解后加入约 0.05 g $CrCl_3 \cdot 6H_2O$，稍加热得紫色的溶液即为$[Cr(EDTA)]^-$。稀释至约 50 mL，摇匀。

2. $[Cr(H_2O)_6]^{3+}$ 溶液的配制

称取约 0.3 g $CrCl_3 \cdot 6H_2O$ 于小烧杯中，加少量蒸馏水溶解后加热至沸，放置冷却至室温后转移至 50 mL 烧杯中，稀释至约 50 mL。

3. $[Ti(H_2O)_6]^{3+}$ 溶液的配制

用移液管吸取 5 mL 15% $TiCl_3$ 溶液于 50 mL 容量瓶中，用蒸馏水稀释至刻度，摇匀。

二、吸光度值 A 的测定

在分光光度计的可见光波长范围（400～700 nm）内，不同的配离子选择不同的波长范围，以蒸馏水作参比，每隔 10 nm 波长（在吸收峰最大值附近，波长间隔可适当减小）分别测定各溶液的吸光度 A。各溶液应选择的波长范围如下：

$[Cr(EDTA)]^-$	480～620 nm
$[Cr(H_2O)_6]^{3+}$	520～640 nm
$[Ti(H_2O)_6]^{3+}$	420～620 nm

【数据记录与结果处理】

一、实验数据记录

1. $[Cr(EDTA)]^-$ 实验数据

波长(λ)/nm													
吸光度(A)													

2. $[Cr(H_2O)_6]^{3+}$ 实验数据

波长(λ)/nm													
吸光度(*A*)													

3. $[Ti(H_2O)_6]^{3+}$ 实验数据

波长(λ)/nm													
吸光度(*A*)													

二、实验结果

1. 作$[Cr(EDTA)]^-$、$[Cr(H_2O)_6]^{3+}$、$[Ti(H_2O)_6]^{3+}$的吸收曲线。
2. 计算各配离子的分裂能Δ。
3. 根据$[Cr(EDTA)]^-$、$[Cr(H_2O)_6]^{3+}$的Δ值比较配体EDTA、H_2O的相对场强。

【思考题】

1. 配合物的分裂能Δ(10Dq)受哪些因素影响？
2. 本实验中由吸收曲线计算配合物的分裂能时，溶液的浓度高低对测定Δ值是否有影响？为什么溶液要保持一定的浓度？

实验十四 氧化还原反应和电化学

【实验目的】

1. 了解电极电势与氧化还原反应的关系。
2. 试验并掌握浓度和酸度对电极电势的影响。
3. 了解电解反应。

【实验原理】

氧化还原反应就是氧化剂得到电子、还原剂失去电子的电子转移过程。氧化剂和还原剂的强弱可用其氧化型与还原型所组成的电对的电极电势大小来衡量。一个电对的标准电极电势$E^\ominus$值越大，其氧化型的氧化能力就越强，而还原型的还原能力就越弱；$E^\ominus$值越小，其氧化型氧化能力越弱，而还原型还原能力越强。根据标准电极电势值可以判断反应进行的方向。在标准状态下反应能够进行的条件是

$$E^\ominus_{池}=E^\ominus(+)-E^\ominus(-)>0$$

例如：

$$E^\ominus(Fe^{3+}/Fe^{2+})=0.771\ V$$
$$E^\ominus(I_2/I^-)=0.535\ V$$
$$E^\ominus(Br_2/Br^-)=1.08\ V$$

所以，在标准状态下能够正向进行的反应是：

$$2Fe^{3+}+2I^-=\!=\!=2Fe^{2+}+I_2$$

在标准状态下不能正向进行的反应是：

$$2Fe^{3+} + 2Br^- \!=\!=\!= 2Fe^{2+} + Br_2$$

实际上，多数反应都是在非标准状态下进行的，这时浓度对电极电势的影响可用能斯特方程来表示：

$$E = E^{\ominus} + \frac{0.059V}{z} \lg \frac{c(\text{氧化型})}{c(\text{还原型})}$$

例如：

$$Cr_2O_7^{2-} + 14H^+ + 6e^- \!=\!=\!= 2Cr^{3+} + 7H_2O$$

$$E = E^{\ominus}(Cr_2O_7^{2-}/Cr^{3+}) + \frac{0.059V}{6} \lg \frac{c(Cr_2O_7^{2-})[c(H^+)]^{14}}{[c(Cr^{3+})]^2}$$

氧化型和还原型本身浓度变化对电极电势有影响，特别是有沉淀或配合物生成的反应和有酸或碱参加的反应，都会大大改变氧化型或还原型浓度，从而使电极电势值发生很大变化，甚至可能改变反应的方向。

利用氧化还原反应产生电流的装置叫原电池。原电池的电动势：

$$E_{\text{池}} = E(+) - E(-)$$

准确的电动势是用对消法在电位计上测量的。本实验中是以 pH 计作毫伏计测量原电池的电动势。

【实验用品】

pH 计，导线，Cu 丝，Zn 片，井穴板，秒表，试管，坐标纸，水浴箱或电热板。

KI (0.1 mol·L^{-1})，$FeCl_3$ (0.1 mol·L^{-1})，CCl_4，KBr (0.1 mol·L^{-1})，KSCN (0.1 mol·L^{-1})，Na_2SO_3 (0.1 mol·L^{-1})，$FeSO_4$ (s)，$KMnO_4$ (0.01 mol·L^{-1})，$NaHCO_3$ (0.1 mol·L^{-1})，$Fe_2(SO_4)_3$ (0.1mol·L^{-1})，NaCl (1 mol·L^{-1})，Na_2SO_4 (1 mol·L^{-1})，$NaHSO_3$ (1 mol·L^{-1})，$CuSO_4$ (0.5 mol·L^{-1})，$ZnSO_4$ (0.5 mol·L^{-1})，H_2SO_4 (3 mol·L^{-1}，6 mol·L^{-1})，HAc (6 mol·L^{-1})，NaOH (6 mol·L^{-1})，$NH_3 \cdot H_2O$ (浓)，NH_4F (饱和)，溴水，碘水，葡萄糖 (0.2 mol·L^{-1})，酚酞指示剂。

【实验步骤】

一、电极电势与氧化还原反应的方向

1. 向试管中加入少量 0.1 mol·L^{-1} KI 溶液和 CCl_4，边滴加 0.1 mol·L^{-1} $FeCl_3$ 溶液边摇动试管，观察 CCl_4 层的颜色变化，写出反应方程式。

以 0.1 mol·L^{-1} KBr 代替 0.1 mol·L^{-1} KI 重复进行实验，结果如何？

2. 向试管中滴加少量溴水和 CCl_4，摇动试管，观察 CCl_4 层的颜色。加入约 0.5 g $FeSO_4$ 固体，充分反应后观察 CCl_4 层颜色有无变化。

以碘水代替溴水重复进行实验，CCl_4 层颜色有无变化？

写出反应方程式。

3. 向 0.1 mol·L^{-1} $FeCl_3$ 溶液中加 2 滴 0.1 mol·L^{-1} KSCN 溶液，观察溶液的颜色；再滴加 0.1 mol·L^{-1} KI 溶液，试管中溶液的颜色有什么变化？为什么？

由以上实验结果确定电对 Fe^{3+}/Fe^{2+}、I_2/I^-、Br_2/Br^- 电极电势的相对大小，并说明

电极电势与氧化还原反应方向的关系。

二、酸度对氧化还原反应的影响

1. 酸度对氧化还原反应产物的影响

在试管中加入少量 0.1 mol·L^{-1} Na_2SO_3 溶液，然后加入 0.5 mL 3 mol·L^{-1} H_2SO_4 溶液，再加 1～2 滴 0.01 mol·L^{-1} $KMnO_4$ 溶液，观察实验现象，写出反应方程式。

分别以蒸馏水、6 mol·L^{-1} NaOH 溶液代替 3 mol·L^{-1} H_2SO_4 重复进行实验，观察现象，写出反应方程式。

由实验结果说明介质酸碱性对氧化还原反应产物的影响，并用电极电势加以解释。

2. 酸度对氧化还原反应速率的影响

(1) 在两支各加入几滴 KBr 溶液的试管中，分别加入几滴 3 mol·L^{-1} H_2SO_4 和 6 mol·L^{-1} HAc 溶液，然后在试管中各加 1 滴 0.01 mol·L^{-1} $KMnO_4$ 溶液。比较紫色褪去快慢，写出反应方程式。

(2) 在 5 支试管中各加 1 mL 0.2 mol·L^{-1} 葡萄糖溶液，分别加 5.0 mL、4.5 mL、4.0 mL、3.5 mL、3.0 mL 6 mol·L^{-1} H_2SO_4 溶液，补加蒸馏水使各试管中溶液均为 6 mL。然后各加 2 滴 0.01 mol·L^{-1} $KMnO_4$ 溶液并开始计时、搅拌，记录各试管溶液紫色褪去的时间。以酸浓度为横坐标，时间为纵坐标作曲线。说明酸度对氧化还原反应速率的影响。

根据实验事实和对 MnO_4^-/Mn^{2+} 电极电势近似计算说明介质酸碱性对氧化还原反应速率的影响。

3. 酸度对氧化还原反应方向的影响

在有少量 CCl_4 试管中，加入少量 0.1 mol·L^{-1} $FeCl_3$ 溶液和 0.1 mol·L^{-1} KI 溶液，观察 CCl_4 层的颜色；然后加入 0.1 mol·L^{-1} $NaHCO_3$ 溶液使试管中的溶液呈碱性，反复振荡搅拌后观察 CCl_4 层颜色的变化。写出反应方程式。

由实验结果说明介质酸碱性对氧化还原反应方向的影响。

三、浓度对氧化还原反应的影响

1. 浓度对电极电势的影响

(1) 在井穴板一穴中加入适量 0.5 mol·L^{-1} $CuSO_4$ 溶液，插入铜丝作为正极；另一穴中加入适量 0.5 mol·L^{-1} $ZnSO_4$ 溶液，插入锌条作为负极。用滤纸条作盐桥将两电极溶液连接构成原电池，用 pH 计作毫伏计测量电池的电动势（pH 计测电动势的操作见 pH 计使用说明书）。

(2) 在搅拌下向 $CuSO_4$ 溶液中滴加浓 $NH_3 \cdot H_2O$，至生成的沉淀刚好完全溶解，$ZnSO_4$ 电极不变，测出电池的电动势。涉及的反应如下：

$$2CuSO_4 + 2NH_3 + 2H_2O = Cu_2(OH)_2SO_4\downarrow + (NH_4)_2SO_4$$

$$Cu_2(OH)_2SO_4 + 8NH_3 = 2[Cu(NH_3)_4]^{2+} + 2OH^- + 2SO_4^{2-}$$

(3) $CuSO_4$ 电极不变，在 $ZnSO_4$ 溶液中滴加浓 $NH_3 \cdot H_2O$ 至生成的沉淀刚好完全溶解，测出电池的电动势（该电池留作电解用）。

$$ZnSO_4+2NH_3+2H_2O═══Zn(OH)_2\downarrow+(NH_4)_2SO_4$$
$$Zn(OH)_2+4NH_3═══[Zn(NH_3)_4]^{2+}+2OH^-$$

根据以上三个电池电动势的测定结果，结合 $K_{sp}^{\ominus}$、$K_{稳}^{\ominus}$ 说明生成沉淀、配合物对电极电势的影响。

2. 浓度对氧化还原反应方向的影响

（1）在试管中加 2 滴 0.1 mol·L^{-1} $Fe_2(SO_4)_3$ 溶液和 2 滴 0.1 mol·L^{-1} KI 溶液，然后加入适量饱和 NH_4F 溶液，比较试管溶液中加入 NH_4F 前后颜色变化。解释实验现象，写出反应方程式。

（2）取少量等体积的 0.5 mol·L^{-1} $CuSO_4$ 溶液和 1 mol·L^{-1} $NaHSO_3$ 溶液于试管中，然后加入少量等体积的 1 mol·L^{-1} NaCl 溶液，并在水浴上加热一段时间，冷却，观察是否有白色沉淀析出，写出反应方程式。

重复上述实验，但不加 1 mol·L^{-1} NaCl 溶液，是否有白色沉淀析出？为什么？

由以上实验结果说明氧化型或还原型的浓度变化对反应方向的影响。

四、电解

利用原电池产生的电流电解硫酸钠溶液。在 Na_2SO_4 溶液中加入 1 滴酚酞指示剂，插入两根铜丝作为电极，与 Cu^{2+}/Cu 和 $[Zn(NH_3)_4]^{2+}/Zn$ 组成的原电池连接。观察两极产生的现象，写出反应式并加以解释。若采用几组原电池串联，电解电势更大，实验效果更好。

【思考题】

1. 为什么 $KMnO_4$ 能氧化盐酸中的 Cl^-，而不能氧化氯化钠溶液中的 Cl^-？
2. 用实验说明浓度如何影响电极电势？在实验中应如何控制介质条件？
3. 电解 Na_2SO_4 溶液和测定阿伏伽德罗常数中电解 $CuSO_4$ 溶液有什么不同？

实验十五 配位化合物的生成和性质

【实验目的】

1. 掌握配离子与简单离子的区别。
2. 比较配合物的稳定性，了解螯合物的概念。
3. 了解配位解离平衡与酸碱解离平衡、沉淀溶解平衡、氧化还原平衡的关系。

【实验原理】

配位化合物（简称配合物或络合物）的组成一般分为内界和外界两部分。中心离子和配体组成配位化合物内界，其余离子为外界。如在 $[Co(NH_3)_6]Cl_3$ 中，中心离子 Co^{3+} 和配体 NH_3 组成内界，三个 Cl^- 处于外界。在水溶液中，配合物的内、外界之间全部解离，如 $[Co(NH_3)_6]Cl_3$ 在水溶液中全部解离为 $[Co(NH_3)_6]^{3+}$ 和 Cl^- 两种离子。$[Co(NH_3)_6]^{3+}$ 存在如下解离平衡：

$$[Co(NH_3)_6]^{3+} \rightleftharpoons Co^{3+} + 6NH_3$$

配合物越稳定，解离出 Co^{3+} 的浓度就越小。

配合物的稳定性可由配位解离平衡的平衡常数 $K^{\ominus}_{稳}$ 来表示，$K^{\ominus}_{稳}$ 越大，配合物越稳定。如：

$$Cu^{2+} + 4NH_3 \rightleftharpoons [Cu(NH_3)_4]^{2+}$$

$$K^{\ominus}_{稳} = \frac{c\{[Cu(NH_3)_4]^{2+}\}}{c(Cu^{2+})[c(NH_3)]^4}$$

根据配位解离平衡，一种配合物可以生成更稳定的另一种配合物。改变中心离子或配体的浓度会使配位平衡发生移动，改变溶液的酸度、生成沉淀、发生氧化还原反应等，都有可能使配位平衡发生移动。

螯合物也称内配合物，它是中心离子（或原子）与多齿配体（多基配体）生成的配合物，因为配体与中心离子（或原子）之间键合形成封闭的环，因而称为螯合物。多齿配体即螯合剂多为有机配体。螯合物的稳定性与它的环状结构有关，一般来说五元环、六元环比较稳定。形成环的数目越多越稳定。

【实验用品】

$Hg(NO_3)_2$（0.2 mol·L^{-1}），KI（0.2 mol·L^{-1}），$FeSO_4$（0.2 mol·L^{-1}），$FeCl_3$（0.2 mol·L^{-1}），$Fe_2(SO_4)_3$（0.2 mol·L^{-1}），$AgNO_3$（0.2 mol·L^{-1}），NaCl（0.2 mol·L^{-1}），KBr（0.2 mol·L^{-1}），$K_4[Fe(CN)_6]$（0.2 mol·L^{-1}），EDTA（0.2 mol·L^{-1}），$CoCl_2$（2 mol·L^{-1}，固体），$NiSO_4$（0.2 mol·L^{-1}），$CuSO_4$（0.5 mol·L^{-1}），KSCN（0.5 mol·L^{-1}，25%），NH_4F（0.5 mol·L^{-1}），$(NH_4)_2C_2O_4$（饱和），$Na_2S_2O_3$（0.5 mol·L^{-1}），NaOH（2 mol·L^{-1}），HCl（6 mol·L^{-1}，浓），$NH_3 \cdot H_2O$（6 mol·L^{-1}），CCl_4，乙醇（95%），碘水，丙酮，丁二酮肟的乙醇溶液，$(NH_4)_2SO_4 \cdot FeSO_4 \cdot 6H_2O$（s），$CrCl_3$（0.2 mol·L^{-1}），$SnCl_2$（s）。

【实验步骤】

一、配离子和简单离子性质的比较

1. Hg^{2+} 与 $[HgI_4]^{2-}$ 性质比较

在几滴 0.2 mol·L^{-1} $Hg(NO_3)_2$ 溶液中加 1 滴 2 mol·L^{-1}NaOH 溶液，观察沉淀的生成及颜色。写出反应式。

在几滴 0.2 mol·L^{-1} $Hg(NO_3)_2$ 溶液中逐滴加入 0.2 mol·L^{-1} KI 溶液，观察沉淀的生成及颜色。继续滴加 KI 溶液至沉淀溶解后并过量，再加 1 滴 2 mol·L^{-1}NaOH 溶液，有无沉淀生成？为什么？

2. Fe^{2+} 与 $[Fe(CN)_6]^{4-}$ 性质比较

在少量 0.2 mol·L^{-1} $FeSO_4$ 溶液中加 1 滴 2 mol·L^{-1}NaOH 溶液，观察沉淀的生成。

在少量 0.2 mol·L^{-1} $K_4[Fe(CN)_6]$溶液中加 1 滴 2 mol·L^{-1} NaOH 溶液，有无沉淀生成？

3. 复盐$(NH_4)_2SO_4 \cdot FeSO_4 \cdot 6H_2O$的性质

将少量$(NH_4)_2SO_4 \cdot FeSO_4 \cdot 6H_2O$固体加水溶解后，用NaOH溶液检验$Fe^{2+}$和$NH_4^+$（气室法）。

由实验结果说明简单离子与配离子、复盐与配合物有什么不同。

二、配位解离平衡的移动

1. 配位解离平衡与配体取代反应

（1）取几滴0.2 mol·L^{-1} $Fe_2(SO_4)_3$，加入几滴6 mol·L^{-1} HCl溶液，观察溶液颜色有什么变化，再加1滴0.5 mol·L^{-1} KSCN溶液，颜色又有什么变化？然后向溶液中滴加0.5 mol·L^{-1} NH_4F溶液至溶液颜色完全褪去。由溶液颜色变化比较三种配离子的稳定性。

（2）取几滴2 mol·L^{-1} $CoCl_2$溶液，滴加25%KSCN溶液，加入少量丙酮，观察溶液的颜色变化；再加1滴0.2 mol·L^{-1} $Fe_2(SO_4)_3$溶液，溶液的颜色又有什么变化？由溶液的颜色变化比较Co^{2+}和Fe^{3+}与SCN^-生成配离子的相对稳定性。根据查表得到的$K^{\ominus}_{稳}$，求取代反应的平衡常数$K^{\ominus}$。

2. 配位解离平衡与酸碱解离平衡

（1）在$Fe_2(SO_4)_3$与NH_4F生成的配离子$[FeF_6]^{3-}$中滴加2 mol·L^{-1} NaOH溶液，观察沉淀的生成和颜色的变化。写出反应方程式并根据平衡常数加以说明。

（2）取2滴0.2 mol·L^{-1} $Fe_2(SO_4)_3$溶液，加入10滴饱和$(NH_4)_2C_2O_4$溶液，溶液的颜色有什么变化？然后加几滴0.5 mol·L^{-1}KSCN溶液，溶液的颜色有无变化？再逐滴加入6 mol·L^{-1}HCl溶液，观察溶液的颜色变化。写出反应方程式。

3. 配位解离平衡与沉淀溶解平衡

在试管中加入少量0.2 mol·L^{-1} $AgNO_3$溶液，滴加0.2 mol·L^{-1} NaCl溶液，有何现象？滴加6 mol·$L^{-1}$$NH_3 \cdot H_2O$至沉淀消失后，滴加0.2 mol·$L^{-1}$ KBr溶液，有何现象？再滴加0.5 mol·L^{-1} $Na_2S_2O_3$溶液至沉淀刚好消失，改加0.2 mol·L^{-1} KI溶液，观察沉淀的颜色。根据实验现象，写出离子反应方程式。用$K^{\ominus}_{sp}$和$K^{\ominus}_{稳}$加以说明。

4. 配位解离平衡与氧化还原平衡

（1）在有少量CCl_4的试管中加几滴0.2 mol·L^{-1} $FeCl_3$，滴加0.5 mol·$L^{-1}$$NH_4F$至溶液呈无色，再加几滴0.2 mol·$L^{-1}$ KI溶液，震荡试管，观察CCl_4层颜色。可与同样操作不加NH_4F溶液的实验相比较，并根据电极电势加以说明。

（2）向有少量CCl_4的两支试管中各加1滴碘水后，向一试管中滴加0.2 mol·L^{-1} $FeSO_4$溶液，向另一试管中滴加0.2 mol·L^{-1} $K_4[Fe(CN)_6]$溶液，观察两支试管现象有什么不同，写出反应方程式。

（3）在几滴0.2 mol·L^{-1} $FeCl_3$溶液中加几滴6 mol·L^{-1}HCl溶液，加1滴0.5 mol·L^{-1} KSCN溶液，再加入少许$SnCl_2$固体。观察溶液的颜色变化，写出反应方程式并加以解释。

三、配合物的生成

向试管中加0.5 mL 0.5 mol·$L^{-1}$$CuSO_4$溶液，逐滴加入6 mol·$L^{-1}$$NH_3 \cdot H_2O$至生

成的沉淀消失，向溶液中加入少量 95% 的乙醇，摇匀静置，便有硫酸四氨合铜晶体析出。用乙醇洗净晶体，设法确定配合物内界、外界、中心离子和配位体。

四、螯合物的生成

1. 二丁二酮肟合镍（Ⅱ）的生成

在试管中加入 1 滴 $0.2\ mol\cdot L^{-1}\ NiSO_4$ 溶液和 3 滴 $6\ mol\cdot L^{-1}\ NH_3\cdot H_2O$，再加几滴丁二酮肟的乙醇溶液，则有二丁二酮肟合镍（Ⅱ）鲜红色沉淀生成：

$$Ni^{2+}+2\ \begin{matrix}CH_3-C=NOH\\CH_3-C=NOH\end{matrix}+2NH_3 = \begin{matrix}CH_3-C=N\\CH_3-C=N\end{matrix}\ Ni\ \begin{matrix}N=C-CH_3\\N=C-CH_3\end{matrix}+2NH_4^+$$

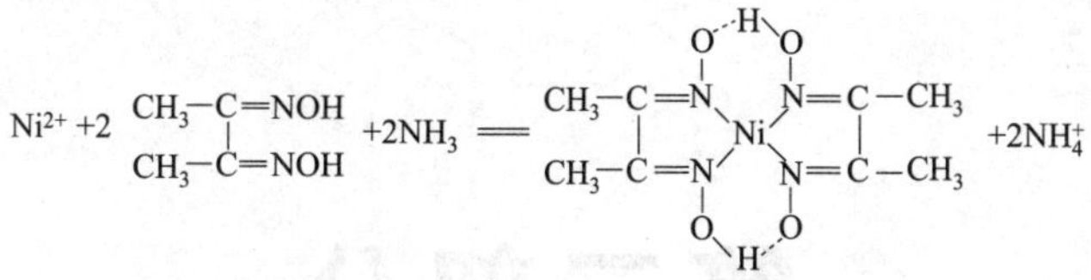

2. EDTA 与 Fe^{3+} 生成螯合配离子

向试管中加入几滴 $0.2\ mol\cdot L^{-1}\ FeCl_3$ 溶液，滴加 $0.5\ mol\cdot L^{-1}\ KSCN$ 溶液后，加 $0.5\ mol\cdot L^{-1}\ NH_4F$ 溶液至无色。然后滴加 $0.2\ mol\cdot L^{-1}\ EDTA（H_4Y）$ 溶液，观察溶液颜色的变化并加以说明。EDTA 与 Fe^{3+} 生成的螯合物有五个五元环。反应可简写为：

$$Fe^{3+}+H_4Y = [FeY]^- +4H^+$$

五、配合物的水合异构现象

1. 在试管中加入约 $1\ mL\ 0.2\ mol\cdot L^{-1}\ CrCl_3$ 溶液，水浴加热，观察溶液变为绿色。然后将溶液冷却，溶液又变为紫色：

$$[Cr(H_2O)_6]^{3+}+2Cl^- = [Cr(H_2O)_4Cl_2]^+ +2H_2O$$

（紫色）　　　　　　　　　　（绿色）

2. 在试管中加入约 $1\ mL\ 2\ mol\cdot L^{-1}\ CoCl_2$ 溶液，将溶液加热，观察溶液变为蓝色，然后将溶液冷却，溶液又变为红色：

$$[Co(H_2O)_6]^{2+}+4Cl^- = [CoCl_4]^{2-}+6H_2O$$

（红色）　　　　　　（蓝色）

若实验现象不明显，可向试管中加入少许 $CoCl_2$ 固体或浓盐酸，以提高 Cl^- 浓度。

【思考题】

1. 举例说明影响配位平衡的因素。
2. 用实验事实说明氧化型与还原型生成配离子后其氧化还原能力如何变化。
3. 根据实验结果比较配体 SCN^-、F^-、Cl^-、$C_2O_4^{2-}$、EDTA 等对 Fe^{3+} 的配位能力。

第三部分
简单无机化合物制备实验

本系列实验围绕无机化合物的合成与制备技术展开，系统训练溶解、加热（直接加热与水浴）、蒸发浓缩、结晶、减压过滤等基础操作，同时融合原料处理、反应条件优化、产物纯化及性能分析等综合性实验技能。通过多样化的实验设计，引导学生探索不同原料来源（矿物、工业废料、生活回收材料）的转化路径，掌握氧化还原调控、复分解反应、热致变色材料合成等核心化学方法。

实验内容涵盖以下三大维度：

（1）原料转化与资源利用

涉及废铁屑制备硫酸亚铁、回收铝合成明矾等资源再生实验，培养绿色化学思维。

（2）反应机理与条件控制

通过碱式碳酸铜的制备条件探索、硝酸钾溶解结晶过程优化等实验，强化化学反应动力学与热力学分析能力。

（3）功能材料与表征技术

引入热致变色示温材料合成、高锰酸钾纯度测定等实验，贯通化合物制备-性能测试的完整研究链条。

本模块通过典型无机物的制备案例，帮助学生建立“原料预处理→化学反应调控→产物分离提纯→性能实验”的系统实验思维，为复杂物质合成奠定基础。

实验十六　碱式碳酸铜的制备及其实验条件探索

【实验目的】

1. 掌握碱式碳酸铜制备及产物组成分析过程中的各项基本操作。
2. 探索碱式碳酸铜的制备实验的最佳反应条件。
3. 掌握配比、温度、pH 等因素对产物的影响。

【实验原理】

碱式碳酸铜[$Cu_2(OH)_2CO_3$]是孔雀石的主要成分，属于单斜晶系，它不溶于冷水和乙醇，但可溶于氰化物、氨水、铵盐的水溶液中形成铜的氨配合物。此外，它也能溶于酸，形成相应的铜盐。碱式碳酸铜热稳定性差，沸水中或加热到 220 ℃时分解为氧化铜、水和二氧化碳。该化合物可用于制造各种铜化合物，还可作为有机合成催化剂，在电镀铜锡合金过程中可作铜离子的添加剂，在农业领域可用作黑穗病的防治剂和种子的杀虫剂，在畜牧业中可用作饲料中铜的添加剂。除此以外，它还可应用于烟火、颜料生产、医药等方面。

由于 CO_3^{2-} 的水解作用，碳酸钠的溶液呈碱性，而且铜的碳酸盐溶解度与氢氧化物的溶解度相近，所以当碳酸钠与硫酸铜溶液反应时，所得的产物是碱式碳酸铜：

$$2CuSO_4 + 2Na_2CO_3 + H_2O \longrightarrow Cu_2(OH)_2CO_3 \downarrow + 2Na_2SO_4 + CO_2 \uparrow$$

$Cu_2(OH)_2CO_3$ 含 CuO 71.90%，为孔雀绿色，因反应产物与温度、溶液的酸碱性等有关，颜色按 $CuO : CO_2 : H_2O$ 的比例不同而异，同时可能有蓝色的 $2CuCO_3 \cdot Cu(OH)_2$、$2CuCO_3 \cdot 3Cu(OH)_2$ 和 $2CuCO_3 \cdot 5Cu(OH)_2$ 等生成，使产物带有蓝色。反应物的比例关系对产物的沉降时间也有影响。反应温度会影响产物粒子的大小，为了得到大颗粒沉淀，沉淀反应在一定的温度下进行，但当反应温度过高时，会有黑色氧化铜生成，使产品不纯。

$CuSO_4 \cdot 5H_2O$ 由铜屑与硝酸、硫酸混合溶液反应制得。

$$Cu + 2HNO_3 + H_2SO_4 \longrightarrow CuSO_4 + 2NO_2 \uparrow + 2H_2O$$

$$3Cu + 2HNO_3 + 3H_2SO_4 \longrightarrow 3CuSO_4 + 2NO \uparrow + 4H_2O$$

由 $CuSO_4$ 为原料，以合成绿色的 $Cu_2(OH)_2CO_3$ 为合成目标，探索反应物配比、反应温度对生成物的影响，找出最佳反应条件后制备出碱式碳酸铜。

【实验用品】

台秤，电热板，吸滤装置，煤气灯或酒精喷灯，蒸发皿，表面皿，锥形瓶，显微镜，恒温水浴箱，天平，烘箱，布式漏斗，抽滤瓶，量筒（10 mL、100 mL），胶头滴管，烧杯，玻璃棒，精密 pH 试纸。

铜屑，NaOH（3 $mol \cdot L^{-1}$），Na_2CO_3（3 $mol \cdot L^{-1}$，s），H_2SO_4（3 $mol \cdot L^{-1}$），HNO_3（浓），$BaCl_2$（0.10 $mol \cdot L^{-1}$），$CuSO_4$(s)。

【实验步骤】

一、制备 $CuSO_4 \cdot 5H_2O$

1. 铜屑的处理

称取 2.0 g 铜屑于蒸发皿中，先用煤气灯小火灼烧铜屑再逐渐加大火焰用强火灼烧（或用稀 NaOH 及 Na_2CO_3 溶液煮沸），以除去表面的油污。待表面铜屑变黑后，让其自然冷却至近室温。

2. $CuSO_4 \cdot 5H_2O$ 制备

将蒸发皿移至通风橱中，加入 8 mL 3 mol·L^{-1} H_2SO_4 溶液，然后取 7 mL 浓 HNO_3 溶液分数次加入，待反应缓和后，盖上表面皿在水浴上加热，加热过程中要补加少量 H_2SO_4 溶液。若铜屑未反应完全，可补加少量 HNO_3 溶液至铜屑全部反应完（在能使反应继续进行的情况下尽量少补加 HNO_3）。

用倾析法将溶液倾入一小烧杯中以除去不溶性杂质，然后将溶液再转回洗净的蒸发皿中。在水浴上加热，蒸发浓缩至表面出现晶体膜为止。自然冷却一段时间后，将蒸发皿用水冷却至室温，吸滤得蓝色 $CuSO_4 \cdot 5H_2O$ 晶体，观察硫酸铜的晶形。称重，计算产率。滤液回收在小烧杯中留作培养 $CuSO_4 \cdot 5H_2O$ 大结晶。

3. 重结晶法提纯硫酸铜

将硫酸铜粗品按 1 g 加 1.2 mL 水的比例，溶于蒸馏水中，加热使 $CuSO_4 \cdot 5H_2O$ 全部溶解，趁热过滤（如无不溶性杂质，不必过滤）。把溶液缓慢冷却，吸滤或倾析法除去母液，得到纯度较高的硫酸铜晶体。将产品晾干、称重，计算产率。

二、制备碱式碳酸铜的反应物溶液的配制

配制 0.5 mol·L^{-1} $CuSO_4$ 溶液和 0.5 mol·L^{-1} Na_2CO_3 溶液各 250 mL。

称取 $CuSO_4 \cdot 5H_2O$ 31.25g 和 Na_2CO_3 13.25g，分别倒入两个 250 mL 的烧杯中，用 100 mL 蒸馏水溶解，再转入 250 mL 容量瓶中，配成 250 mL 溶液，静置，备用。

三、制备碱式碳酸铜反应条件的探求

1. $CuSO_4$ 和 Na_2CO_3 溶液的最佳配比

取四支各盛 2.0 mL 0.5 mol·L^{-1} $CuSO_4$ 溶液的试管和四支分别盛 1.6 mL、2.0mL、2.4 mL、2.8 mL 0.5 mol·L^{-1} Na_2CO_3 的试管置于 75 ℃的恒温水浴锅中加热，分别将 $CuSO_4$ 倒入每一支盛 Na_2CO_3 溶液的试管中，振荡，观察沉淀生成的速度、沉淀的量、颜色，用精密 pH 试纸检测 pH 值。

$CuSO_4$ 和 Na_2CO_3 溶液的最佳配料比

编号	1	2	3	4
$CuSO_4$ 的体积/mL	2.0	2.0	2.0	2.0
Na_2CO_3 的体积/mL	1.6	2.0	2.4	2.8
沉淀的生成速度				
沉淀的量				

续表

沉淀的颜色				
反应后 pH				

结论：比较后可知当 $CuSO_4$ 和 Na_2CO_3 的比例为______时效果最佳，制得的产品量多、色泽好、更接近绿色，证明该比例为最佳。

2. 合适反应温度的探求

取三支试管各加入 2.0 mL 0.5 mol·L^{-1} $CuSO_4$ 溶液，另取三支试管加入上步探究出的最佳比例用量的 0.5 mol·L^{-1} Na_2CO_3 溶液，从两组溶液中各取一支试管，将它们分别置于 50 ℃、100 ℃的恒温水浴中，数分钟后将 $CuSO_4$ 溶液倒入 Na_2CO_3 溶液中，振荡并观察现象（注意与 75 ℃产物比较）。

制备反应合适温度的探求

反应温度	室温	50 ℃	75 ℃	100 ℃
$CuSO_4$ 的体积/mL				
Na_2CO_3 的体积/mL				
沉淀的生成速度				
沉淀的量				
沉淀的颜色				
最佳温度				

结论：制备的反应合适温度是______℃。

四、碱式碳酸铜的制备

按上述两步探究出的最佳比例和最佳温度，将 60.0 mL 0.5 mol·L^{-1} $CuSO_4$ 溶液和相应的 0.5 mol·L^{-1} Na_2CO_3 溶液制取碱式碳酸铜，用蒸馏水洗涤数次至不含 SO_4^{2-}（用 $BaCl_2$ 溶液检验），抽滤，用乙醇洗涤，吸干，晾干（或 80 ℃烘箱烘干），称量，计算产率。

【思考题】

1. 反应温度对本实验有何影响？反应在何种温度下进行会出现褐色或黑色产物？这种物质是什么？为什么会出现？

2. 自行设计一个实验，来测定产品中铜及碳酸根的含量，从而计算所制得碱式碳酸铜组成。

3. 可用 $NaHCO_3$ 固体和 $CuSO_4$ 固体制备碱式碳酸铜，请设计步骤予以实验。

【附注】

通常采用 EDTA 滴定法或碘量法对碱式碳酸铜进行质量鉴定，具体操作过程如下：

在室温条件下，称取 0.5 g 碱式碳酸铜样品，溶于 20 mL 纯水后转移到锥形瓶中，然后加入 2 滴淀粉液作为待测液，加入过量的已知浓度的 KI 溶液，密闭后在暗处反应 5～7 min，用 $Na_2S_2O_3$ 标准溶液滴定析出的碘。通过硫代硫酸根的浓度与铜离子浓度之间的关系，可以间接求出 Cu 的含量，进而算出纯的碱式碳酸铜的理论值，与实际值比较，可以判断出碱式碳酸铜的质量。

实验十七 由废铁屑制备水合硫酸亚铁和莫尔盐

【实验目的】

1. 了解由活泼金属制备盐的方法、复盐的特性和目视比色的方法。

2. 掌握无机化合物制备中溶解、直接加热、水浴加热、蒸发浓缩、结晶、减压过滤等基本操作。

3. 制备水合硫酸亚铁和复盐硫酸亚铁铵。

4. 了解部分晶体学知识。

【实验原理】

铁为活泼金属，溶于酸中可制备相关的盐，如制备 $FeSO_4$ 和 $FeCl_2$ 等。亚铁盐晶体在空气中易被氧化，溶解度较小的硫酸亚铁铵复盐却较为稳定。

硫酸亚铁铵又称莫尔盐，为浅蓝绿色晶体，在空气中比一般亚铁盐稳定，暴露于空气中会逐渐风化及氧化，溶于水，几乎不溶于乙醇，低毒。硫酸亚铁铵是一种重要的化工原料，用途十分广泛。在无机化学工业中，它是制取其它铁化合物的原料，如用于制造氧化铁系颜料、磁性材料、黄血盐和其他铁盐等。在环保领域，它可以作净水剂。在印染工业中，它可作为媒染剂。制革工业中，可用于鞣革。木材工业中，可用作防腐剂。医药中，可用于治疗缺铁性贫血。农业中，可用于缺铁性土壤以改善土壤条件。畜牧业中，可用作饲料添加剂等。除此之外，它还可以与鞣酸、没食子酸等混合后配制蓝黑墨水。在电镀和印刷铅字版镀层工艺中，使用后有助于延长字版使用寿命。因其分子量大，性质相对稳定，分析化学中用以做基准物质来配制亚铁离子标准溶液。

莫尔盐是一种经典的复盐。除锂外，碱金属盐尤其是硫酸盐和卤化物具有形成复盐的能力。复盐的类型通常有卤化物形成的光卤石类和硫酸盐形成的莫尔盐和明矾类。复盐的溶解度比其他组分的溶解度要小。

本实验先将铁屑溶于稀硫酸中生成 $FeSO_4$ 溶液：

$$Fe + H_2SO_4 = FeSO_4 + H_2 \uparrow$$

由于铁屑来源于工厂车间碎屑，其成分复杂，因此生成的氢气中常含有其他有气味和毒性的气体，所以尾气要用碱吸收后再排放。

等物质的量的 $FeSO_4$ 和 $(NH_4)_2SO_4$ 混合则生成溶解度较小的硫酸亚铁铵复盐晶体。

$$FeSO_4 + (NH_4)_2SO_4 + 6H_2O = (NH_4)_2SO_4 \cdot FeSO_4 \cdot 6H_2O$$

该产品中有 SO_4^{2-}、Fe^{2+} 和 NH_4^+，还可能含有微量 Fe^{3+}。SO_4^{2-} 可用 $BaCl_2$ 检验其存在，Fe^{2+} 和 NH_4^+ 可用 NaOH 溶液检验，反应方程式如下：

$$Ba^{2+} + SO_4^{2-} \rightleftharpoons BaSO_4 \downarrow$$

$$Fe^{2+} + 2OH^- \rightleftharpoons Fe(OH)_2 \downarrow$$

$$4Fe(OH)_2 + O_2 + 2H_2O \xlongequal{\triangle} 4Fe(OH)_3 \downarrow$$

Fe^{3+}采用目视比色法检验其含量，Fe^{3+}与SCN^-生成的配离子显红色，红色越深说明Fe^{3+}的含量越高，可与标准浓度的样品比较，从而确定产品的纯度。

$$Fe^{3+} + nSCN^- \rightleftharpoons [Fe(SCN)_n]^{3-n}$$

【实验用品】

台秤，循环水真空泵，恒温水浴箱，电加热板，布氏漏斗，吸滤瓶，蒸发皿，锥形瓶（250 mL），量筒（10 mL，100 mL），比色管（25 mL），烧杯（100 mL），试管，pH 试纸。

H_2SO_4（3 mol·L^{-1}），$BaCl_2$（0.10 mol·L^{-1}），KSCN（1.0 mol·L^{-1}），NaOH（2 mol·L^{-1}），C_2H_5OH（无水），$(NH_4)_2SO_4$（s），Na_2CO_3（5%），铁屑。

【实验步骤】

一、硫酸亚铁的制备

1. 铁屑处理

用台秤称取 4.0 g 铁屑置于烧杯中，加约 20 mL 5%的Na_2CO_3溶液，小火加热几分钟以除去铁屑上的油污。用倾析法去掉碱液后，用水充分洗净铁屑。

2. 反应

向锥形瓶内加入约 30 mL 3 mol·L^{-1}硫酸，连好尾气吸收装置，小火加热，在反应过程中适当补充蒸发掉的水分。待反应基本完全（产生氢气泡很少）后，趁热减压过滤。将滤液分成 2 等份，备用。

二、硫酸亚铁铵的制备

称取$(NH_4)_2SO_4$固体 4.0 g，加到上述制备的一份$FeSO_4$滤液中，水浴加热，搅拌，待$(NH_4)_2SO_4$全部溶解后，停止搅拌。用 3 mol·L^{-1} H_2SO_4溶液调节至 pH 1～2。继续加热蒸发浓缩至表面出现少量晶膜或少量不溶物后，停止加热，不可过度蒸发。放置，使溶液慢慢冷却，得$FeSO_4 \cdot (NH_4)_2SO_4 \cdot 6H_2O$晶体。待冷却至室温后，减压过滤，并用少量无水乙醇洗涤晶体两次。取出晶体，继续晾置使之充分干燥，称重，计算产率。观察晶体的颜色并用显微镜观察其形貌。

实验注意事项如下：

（1）电加热板的升温速度要慢，出现晶膜后，应立即关掉加热板开关。

（2）不要触摸电加热板，以免烫伤。

三、产品检验

1. SO_4^{2-}、Fe^{2+}、NH_4^+的检验

称取 1.0 g 产品置于小烧杯中，加蒸馏水溶解，配制成 25.0 mL 溶液。量取 2.0 mL 上述试液于一试管中，加入 1 滴 0.10 mol·L^{-1}$BaCl_2$溶液。若有白色沉淀生成，说明产品中有SO_4^{2-}存在。

量取 5.0 mL 上述试液于另一试管中，加入 2.0 mol·L^{-1} NaOH 溶液 1.0 mL。若生成白色胶状沉淀，加热后沉淀转化为红棕色，并有氨气放出（使湿润的 pH 试纸变蓝），证明

产品中存在 Fe^{2+} 和 NH_4^+。

由以上结果说明复盐的性质。

2. Fe^{3+} 的痕量分析

称取 1.0 g 产品置于 25.00 mL 比色管中，用 15.0 mL 不含 O_2 的蒸馏水溶解（将去离子水事先用小火煮沸 10 min，除去所溶解的 O_2，盖好表面皿后冷却备用），加入 3 mol·L^{-1} H_2SO_4 溶液 2.0 mL 和 25% KSCN 溶液 1.0 mL，再加不含 O_2 的蒸馏水稀释至 25.0 mL，摇匀。与下列 Fe^{3+} 的标准溶液比较颜色，确定试样中 Fe^{3+} 含量符合哪一级试剂的规格，此法称目视比色法。

Ⅰ级试剂含 Fe^{3+} 0.05 mg·g^{-1}；Ⅱ级试剂含 Fe^{3+} 0.10 mg·g^{-1}；Ⅲ级试剂含 Fe^{3+} 0.20 mg·g^{-1}。

3. 结晶水含量分析

准确称取干燥的 2.0 g 左右的产品置于蒸发皿中，置于 110 ℃烘箱中 30 min，取出冷却后准确称量。由前后质量差计算结晶水含量。

【思考题】

1. 铁屑与硫酸反应，为何要进行尾气吸收？尾气吸收装置应如何搭建使装置稳定并充分吸收尾气？反应完毕碱液还有何作用？如何使用？
2. 制备硫酸亚铁时，为什么必须保持溶液呈酸性？
3. 硫酸亚铁与硫酸铵一起加热制备硫酸亚铁铵时，蒸发掉的水为什么不能过少也不能过多？若蒸发过度，会有什么后果？应如何继续处理以得到高质量的产品？
4. 在配制硫酸亚铁铵溶液时，为什么必须用除氧蒸馏水？
5. 查阅相关资料，将不同温度下硫酸亚铁、硫酸铵与莫尔盐溶解度列表，解释其制备原理。
6. 设计实验方案，利用分光光度计进行 Fe^{3+} 的含量分析。

【附注】

1. 三价铁标准溶液的配制

先配制浓度为 0.01 mg·mL^{-1} 的 Fe^{3+} 标准溶液。用移液管取 5 mL 0.01 mol·L^{-1} Fe^{3+} 标准溶液于比色管中，加 2 mL 3 mol·L^{-1} H_2SO_4 和 1 mL 25%的 KSCN 溶液，用除氧蒸馏水稀释至 25 mL，摇匀，得到一级试剂标准溶液，其中含 Fe^{3+} 0.05 mg。同样分别取 10 mL、20 mL Fe^{3+} 的标准溶液，可配制成二级和三级试剂标准溶液，其中含铁分别为 0.10 mg 和 0.20 mg。

2. 样品组成中 Fe^{2+} 的测定

样品中的 Fe^{2+} 可通过高锰酸钾（$KMnO_4$）法、重铬酸钾（$K_2Cr_2O_7$）法测定，也可使用络合滴定法。重铬酸钾（$K_2Cr_2O_7$）法测定简述如下：

准确称取 0.6～0.8 g（准确至 0.1 mg）所制得的$(NH_4)_2FeSO_4 \cdot 6H_2O$ 两份，分别放入 250 mL 锥形瓶中，各加 100 mL H_2O 及 20 mL 3mol·$L^{-1}$$H_2SO_4$，加 5 mL 85% H_3PO_4，滴加 6～8 滴二苯胺磺酸钠指示剂，用 $K_2Cr_2O_7$ 标准溶液滴定至溶液由深绿色变为紫色或蓝紫色即为终点。

实验十八 由回收铝制备明矾及其纯度测定

【实验目的】

1. 了解明矾的制备方法并能够选择适宜的方法利用可再生资源制备明矾。
2. 规范溶解、过滤、结晶以及沉淀的转移和洗涤等无机化合物制备的基本操作。
3. 掌握在溶液中制备大单晶的方法。

【实验原理】

硫酸铝钾的化学式为 $KAl(SO_4)_2 \cdot 12H_2O$ 或 $K_2SO_4 \cdot Al_2(SO_4)_3 \cdot 24H_2O$，俗称明矾、白矾、钾矾、钾铝矾、十二水硫酸铝钾，是一种典型的复盐，正八面体晶形，有玻璃光泽，密度 1.757 $g \cdot cm^{-3}$，熔点 92.5 ℃，有酸涩味，易溶于水，不溶于乙醇，受热时易失去结晶水而变成白色粉末。

明矾的制备方法多样，一般有铝矾石法、明矾石法和伊利石法等。明矾有着广泛的应用，可用于制备铝盐、油漆、鞣料、胶片的硬化剂、媒染剂、防水剂，可作净化浊水的助沉剂、染布用的澄清剂、造纸工业的松香胶沉降剂，感光工业的定影液和相纸的坚膜剂等。明矾也是传统的食品改良剂和膨松剂，常用作油条、粉丝、米粉等食品生产的添加剂。明矾还是一味中药，具有解毒杀虫、燥湿止痒、止血止泻、清热消痰的功效。

明矾溶于水后产生的 Al^{3+} 水解生成 $Al(OH)_3$ 胶体，该胶体粒子带有正电荷，与带负电荷的泥沙胶粒相遇结合，失去了电荷的胶粒很快就会聚结在一起，粒子变大形成沉淀沉入水底，使水澄清。所以，明矾常可用作净水剂。

易拉罐多以铝合金为表皮原料，再在罐的内壁涂上有机涂层，使饮料与铝合金隔离开来，以防人体摄入过量铝而影响健康。易拉罐含铝约 95%，还有少量镁、锰、硅、铁、铜等，易溶于酸，在碱中大部分能溶解。

本实验以易拉罐为原料，经表面处理、剪成碎屑后，溶于氢氧化钠溶液中得 $NaAlO_2$ 溶液（氢气遇明火爆炸，碱溶解易拉罐还会产生其他气体，必须在通风橱中进行）：

$$2Al + 2NaOH + 2H_2O \longrightarrow 2NaAlO_2 + 3H_2 \uparrow$$

用饱和碳酸氢铵溶液调节溶液的 pH，使溶液中的 $NaAlO_2$ 转化为 $Al(OH)_3$ 沉淀：

$$NaAlO_2 + NH_4HCO_3 + H_2O \longrightarrow Al(OH)_3 \downarrow + NH_3 + NaHCO_3$$

在加热的条件下将氢氧化铝溶于硫酸形成硫酸铝溶液，再加入等物质的量的 K_2SO_4 溶解后冷却、结晶过滤、烘干得到明矾晶体。不同温度下明矾、硫酸铝、硫酸钾的溶解度见表 3-18-1。

$$2Al(OH)_3 + 3H_2SO_4 \longrightarrow Al_2(SO_4)_3 + 6H_2O$$

$$Al_2(SO_4)_3 + K_2SO_4 + 24H_2O \longrightarrow K_2SO_4 \cdot Al_2(SO_4)_3 \cdot 24H_2O$$

表 3-18-1 不同温度下明矾、硫酸铝、硫酸钾的溶解度 [g/(100 g H_2O)]

温度 T/K	273	283	293	303	313	333	353	363
$KAl(SO_4)_2 \cdot 12H_2O$	3.00	3.99	5.90	8.39	11.7	24.8	71.0	109
$Al_2(SO_4)_3$	31.2	33.5	36.4	40.4	45.8	59.2	73.0	80.8
K_2SO_4	7.4	9.3	11.1	13.0	14.8	18.2	21.4	22.9

【实验用品】

台秤，电子天平，剪刀，烧杯，量筒，锥形瓶，容量瓶，移液管，酸式滴定管，表面皿，电热板，吸滤装置，蒸发皿，砂纸，广泛 pH 试纸（1～14）。

HAc（6 mol·L^{-1}），H_2SO_4（6 mol·L^{-1}），HCl（6 mol·L^{-1}）氨水（6 mol·L^{-1}），$BaCl_2$（1 mol·L^{-1}），$Na_3[Co(NO_2)_6]$（饱和），NH_4HCO_3（饱和），铝试剂，铝片（易拉罐），NaOH（s），K_2SO_4（s）。

【实验步骤】

一、由易拉罐制备 $NaAlO_2$ 溶液

1. 前处理

用砂纸将废易拉罐表层的污染物清除，洗净，干燥，用剪刀剪成细屑。

2. 由易拉罐制备 $NaAlO_2$ 溶液

将 2.0 g NaOH 固体和 20 mL 热水（60～80 ℃）置于 100 mL 的烧杯中，在通风橱内趁热分 2～3 次加入 1.0 g 处理过的易拉罐细屑，盖上表面皿，微热至反应结束（细屑消失或不再上下浮动、固体表面无微小气泡生成），期间适当补水，吸滤，保留滤液。

二、制备明矾

1. 制备 $Al(OH)_3$ 沉淀

将制得的 $NaAlO_2$ 滤液用沸水浴加热，在不断搅拌下加入 NH_4HCO_3 饱和溶液，使溶液的 pH 升为 8～9，静置冷却、吸滤，用蒸馏水充分洗涤沉淀至少 2～3 次，保留沉淀。

2. 制备 $Al_2(SO_4)_3$ 溶液

将 $Al(OH)_3$ 沉淀转移至 250 mL 烧杯中，在沸水浴加热搅拌条件下缓慢滴加 6 mol·L^{-1} H_2SO_4 至沉淀大部分溶解，pH 降为 1 左右。

3. 制备明矾

将制备的 $Al_2(SO_4)_3$ 溶液转移至蒸发皿，加入适量研细的 K_2SO_4 固体加热至完全溶解，水浴蒸发、浓缩。若洗涤、转移用水不多，则蒸发至原体积的一半左右；若用水多，则蒸发至液面有晶膜出现或体系中有少量不溶物出现即刻停止加热，室温静置冷却，过滤。晶体干燥后称量，计算产率。

4. 产品的定性检测

取少量产品溶于水配成饱和溶液。

（1）试管中加 1 mL 产品饱和溶液，加入 2 滴 6mol·L^{-1}HAc 使溶液呈微酸性，再加入几滴饱和 $Na_3[Co(NO_2)_6]$溶液，若试管中有黄色沉淀，表示有 K^+ 存在。

（2）试管中加 1 mL 产品饱和溶液，加入 2 滴 6 mol·L^{-1}HAc，使溶液呈微酸性，再加入几滴铝试剂，摇荡后，放置片刻，再加入几滴 6 mol·$L^{-1}$$NH_3·H_2O$，置于水浴上加热，如出现红色絮状沉淀，表示有 Al^{3+} 存在。

（3）试管中加 1 ml 饱和溶液，加入 2 滴 6 mol·L^{-1}HCl，再滴加 1 mol·$L^{-1}$$BaCl_2$，

若出现白色沉淀，表示有 SO_4^{2-}。

三、净水性质试验

取池塘浑浊污水或室外雨后的积水（一份作对比）。将研磨后的明矾按不同的量加入水样中，静置一段时间（数分钟至十几分钟不等），观察现象，试验明矾不同投放量时的净水效果。

四、明矾大单晶的培养

将剩余明矾置于烧杯中缓慢滴加纯水溶解，再滴加数滴稀硫酸，杯口放一滤纸以防止灰尘进入，将烧杯放置在干净且无振动的地方，静置一段时间（因气温、湿度不同而时间不等）。一般一天左右在烧杯底部会出现指甲盖大晶体，从中挑选晶型完美的做籽晶待用。将籽晶用细线系好，缠在玻璃棒上，悬吊于饱和明矾溶液正中，于干净、稳定、无尘处静置。数天后能得到晶莹剔透，晶型完整的大晶体。在晶体生长过程中，要随时观察，若籽晶上又长出小晶体，应及时去掉，若杯底有晶体析出也应及时滤掉，以免影响大单晶生长。

【思考题】

1. 调节溶液的 pH 为什么一般用稀酸、稀碱，而不用浓酸、浓碱？本次实验为什么用较浓的硫酸？

2. 本实验中，几次加热的目的分别是什么？为什么用水浴的加热方式？

3. 本实验能否采用 H_2SO_4 直接溶解铝片以制取 $Al_2(SO_4)_3$？为什么？

4. 设计方案，以 H_2SO_4 直接与制取的 $NaAlO_2$ 溶液反应制备 $Al(OH)_3$，应如何操作？如何判断反应终点？

5. 水浴蒸发、浓缩得产物明矾时，蒸发掉的水为何不能过多？否则会出现什么后果？如果蒸发过量，应如何处理？

【知识拓展】

1. 氧化铝具有硬度高、强度高、耐热和抗腐蚀性强等特性，被广泛应用于精细陶瓷、复合材料和催化剂等领域。α-Al_2O_3 是氧化铝的最终相，在形成最终相的过程中通常经历许多热力学上亚稳态的中间相，如 α、γ、β、θ、χ、η、δ、κ 相等。查阅相关文献了解各相的特点和用途，了解纳米 γ-Al_2O_3 的制备及其表征和性能测试。

2. 类质同象

类质同象（isomorphism，意即同形性）又称为类质同晶，指物质结晶时，结构中某种质点（原子、离子、配离子或分子）的位置被性质相似的质点所占据，这些质点间相对量的改变只引起晶格参数及物理、化学性质的规律变化，但不引起晶格类型（键性及结构形式）发生质变的现象，叫作类质同象，质点间的类质同象关系习惯上称为“代替”或“置换”。混合晶体中，代替某一元素的另外一些元素称为类质同象混入物，有类质同象混入物的晶体称为混合晶体，简称“混晶”。

根据两种组分能否在晶格中以任意地互相代替，将类质同象分为完全类质同象和不完全类质同象（或连续与不连续类质同象）。根据晶格中相互代替的离子电价是否相等，类质同象可分为等价类质同象和异价类质同象。

明矾 $KAl(SO_4)_2 \cdot 12H_2O$ 和铬钾矾 $KCr(SO_4)_2 \cdot 12H_2O$ 属于类质同象可以制备混合晶体。用明矾晶体作为晶种，吊在铬钾矾饱和溶液中，则在明矾晶体的各个晶面上均匀地长出铬钾矾的晶体，即在透明的晶种外面长上深紫色的铬钾矾的晶体；反之，也可以在深紫色的铬钾矾的晶种外面长出透明的明矾晶体。

3. 晶体生长方法分为从固相中生长晶体，从液相中生长晶体（降温法、流动法/温差法、蒸发法、凝胶法、水热/溶剂热法），熔体中生长晶体（提拉法、焰熔法、区熔法、弧熔法、坩埚下降法、泡生法），助溶剂法，气相法（分物理气相沉积如升华-凝结法、分子束外延法和阴极溅射法；化学气相沉积如化学传输法、气体分解法、气体合成法和 MOCVD 法等）。感兴趣的同学可查阅相关书籍和资料，进一步了解各方法的特点和用途。

实验十九 高锰酸钾的制备及纯度分析

【实验目的】

1. 了解碱熔法分解矿石及歧化法制备高锰酸钾的原理和操作方法。
2. 掌握锰主要价态之间的转化关系。
3. 巩固过滤、结晶和重结晶等基本操作。

【实验原理】

高锰酸钾又称灰锰氧，是一种黑紫色的晶体，可溶于水形成深紫红色的溶液，微溶于甲醇、丙酮和硫酸；加热至 240 ℃以上放出氧气；在酸性介质中常用作强氧化剂。

工业上是以软锰矿为原料制备高锰酸钾，软锰矿主要成分是 MnO_2。一般是先将软锰矿与碱和氧化剂共熔制取含 K_2MnO_4 的熔体，而后将 K_2MnO_4 氧化为 $KMnO_4$。

二氧化锰在氯酸钾氧化剂存在的条件下与氢氧化钾共熔，制备锰酸钾（绿色）。

$$3MnO_2 + KClO_3 + 6KOH \longequal 3K_2MnO_4 + KCl + 3H_2O$$

将 K_2MnO_4 氧化为 $KMnO_4$ 反应方案多样，常见的有歧化法（通 CO_2 或醋酸）、电解法、氧化法（通入 Cl_2）等。本实验可选择醋酸歧化法或电解法进行（选择其中一种方法）。

1. 歧化法

用水浸取熔体后制成 K_2MnO_4 溶液，加入 HAc 使锰酸钾歧化，得到高锰酸钾溶液。

$$3K_2MnO_4 + 4HAc \longequal 2KMnO_4 + MnO_2 + 4KAc + 2H_2O$$

2. 电解法

电解时，阳极生成 $KMnO_4$，阴极有 H_2 放出。电解反应为

$$2K_2MnO_4 + 2H_2O \longequal 2KMnO_4 + H_2\uparrow + 2KOH$$

将得到的高锰酸钾溶液蒸发浓缩（温度控制在 80 ℃）、结晶，得到高锰酸钾晶体。在酸性条件下，用已知浓度的标准草酸溶液滴定制得的产品，可测得产品的纯度。

$$2KMnO_4 + 5H_2C_2O_4 + 3H_2SO_4 \longequal K_2SO_4 + 2MnSO_4 + 10CO_2 + 8H_2O$$

【实验用品】

天平，真空泵，干燥箱，铁坩埚，酒精灯，坩埚钳，泥三角，石棉网，铁棒，玻璃棒，

烧杯，抽滤瓶，布氏漏斗，玻璃布，玻璃砂芯漏斗，滴定管，锥形瓶，蒸发皿。

HAc（6 mol·L^{-1}），$H_2C_2O_4$（0.1 mol·L^{-1}），标准草酸溶液（0.05 mol·L^{-1}），KOH（0.1 mol·L^{-1}，s），H_2SO_4（1 mol·L^{-1}），乙醇，MnO_2（s），$KClO_3$（s）。

【实验步骤】

一、锰酸钾的制备

将 6 g $KClO_3$ 和 12 g KOH 混匀，加入坩埚中，先小火加热，用坩埚钳夹住坩埚用铁棒搅拌。待混合物熔融后，将 4 g 经预先灼烧处理的 MnO_2 分次加入，随之熔融物黏度增大，当快要干涸时，要用力搅拌使成颗粒状，然后强热 5 min，得绿色熔融物。

熔融物冷却后，倒入烧杯中，加入 80 mL 水，加热。待熔融物溶解后，趁热用铺有玻璃布的布氏漏斗吸滤，滤液备用。

二、高锰酸钾的制备

1. 歧化法

向锰酸钾溶液中缓慢滴加 6 mol·L^{-1} 的醋酸，边滴加边用玻璃棒搅拌。同时用玻璃棒蘸取少量的溶液，涂在滤纸上，观察滤纸上溶液颜色的变化，如果滤纸上只有紫红色而没有墨绿色，即可认为锰酸钾已经歧化完全，有绿色则说明锰酸钾没有歧化完全，还需要继续滴加醋酸。记录最终加入醋酸的量并检测 pH。静置片刻后抽滤，得到高锰酸钾溶液。

将高锰酸钾溶液转移至蒸发皿中，水浴加热，蒸发浓缩（温度控制在 80 ℃，防止高锰酸钾分解）。直到溶液表面有晶膜形成时停止加热，静置使其自然冷却结晶。抽滤，干燥，称量，计算产率。

2. 电解法

将 K_2MnO_4 溶液转入 200 mL 的烧杯中，安装上电极。

阳极：镍片（5 cm×5 cm）两片浸在溶液中，电流密度为 10 mA·cm^{-2}。

阴极：铁片（1 cm×1 cm）三片浸在溶液中。电流密度为 100 mA·cm^{-2}。

通直流电，电压为 2.5～3 V，电解液起始温度约 60 ℃。电解时阴极有气体放出，随着电解的进行，溶液颜色逐渐由绿变为紫红色，此时电解基本完成，电解时间约 2 h。

停止电解后，用冷水冷却电解液，使其充分结晶，然后吸滤，得高锰酸钾晶体。

三、高锰酸钾的性质

在酸性溶液中，高锰酸钾是强氧化剂，不仅能与无机还原剂发生反应，亦能与有机物质反应。如将乙醇氧化为乙醛，甚至继续氧化为乙酸；将草酸氧化为二氧化碳；将纤维素在碱性溶液中氧化成草酸盐，若在酸性溶液中又能进一步氧化为二氧化碳。故制备中不能用滤纸过滤。

取几粒高锰酸钾固体加少量水溶解，进行下面实验。

1. 高锰酸钾和草酸的反应

取少量 0.1 mol·L^{-1} $H_2C_2O_4$ 溶液，加入几滴稀 H_2SO_4 溶液后，加 1 滴高锰酸钾溶液，注意观察高锰酸钾紫色褪去的快慢，再加第 2 滴，然后逐滴加入，观察反应速率有什么不同？为什么？

2. 高锰酸钾和乙醇的反应

向少量乙醇溶液中加入少量稀 H_2SO_4 溶液，然后逐滴加入高锰酸钾溶液，观察现象。

3. 高锰酸钾受热分解

取少量高锰酸钾晶体，用蒸气浴小心干燥后放入干燥的试管中，在煤气灯上加热，观察实验现象，写出反应方程式。

将分解产物分为两份，向一份产物中缓慢滴加水直至过量，观察现象，写出反应方程式；向另一份产物中加入 0.1 $mol \cdot L^{-1}$ KOH 溶液，摇匀，观察溶液和沉淀的颜色并试验其性质。

四、高锰酸钾纯度的测定

在分析天平上用差减法称取自制的 $KMnO_4$ 晶体 m_1（约 0.32 g），用少于 100 mL 的蒸馏水溶解、煮沸并保持微沸 1 h 后全部转移到 100 mL 容量瓶内，稀释到标线。

用移液管移取 25.00 mL 标准草酸溶液（约 0.05 $mol \cdot L^{-1}$）放入锥形瓶内，加入 25 mL 1 $mol \cdot L^{-1}$ H_2SO_4，混匀后在水浴中加热至 75～85 ℃，之后用 $KMnO_4$ 溶液滴定。

滴定开始时，溶液紫色褪去很慢，这时要等加入的第 1 滴 $KMnO_4$ 溶液褪色后，再加第 2 滴。之后，随着 Mn^{2+} 增多，反应加快，可以滴得快一些，当最后 1 滴溶液的紫色在 30 s 内不褪去，表示已达终点。注意，高锰酸钾溶液久置后，会与空气中的还原性物质起反应而褪色。所以滴定终了时，只要溶液的紫色在 30 s 内不褪去，即可认为已达终点。

重复滴定一次，取其平均值。

$$c_1(KMnO_4)=\frac{\frac{2}{5}c_2(H_2C_2O_4)V_2(H_2C_2O_4)}{V_1(KMnO_4)}$$

100 mL $KMnO_4$ 溶液中所含高锰酸钾的质量 m_2：

$$m_2(KMnO_4)=c_1(KMnO_4)\times100\times10^{-3}\times158$$

高锰酸钾的质量分数为：

$$w(KMnO_4)=\frac{m_2}{m_1}\times100\%$$

【思考题】

1. 由 MnO_2 制备 K_2MnO_4 时，为什么用铁坩埚而不用瓷坩埚？

2. 由 K_2MnO_4 制 $KMnO_4$，与歧化法相比，电解法有什么优点？

3. 用高锰酸钾溶液滴定草酸钠，溶液温度要控制在 75～85 ℃，不可过高，为什么？

4. 盛放锰酸钾溶液的容器放置久后，其壁上常有棕色沉淀物，是什么？应怎样洗涤除去此沉淀物？

【附注】

1. 必须在氯酸钾和氢氧化钾固体完全熔化后，才能加入二氧化锰，边加边快速搅拌，使固体物料能充分反应。随着熔融物黏度增大，一定要大力搅拌防止结块，同时必须用力夹紧铁坩埚。最后要强热 5 min 左右，并用铁棒将熔融物捣碎，熔融物应为墨绿色粉末，若为黑色，说明反应不充分，产率极低。反应有一定危险并且比较剧烈，要注意防护，严禁将其他试剂放置在周围。

2. 浸取熔融物时，浸取时间不能太短，浸取液的量要控制好。

3. 用高锰酸钾溶液滴定草酸钠，开始时滴定的速度不能太快，当第一滴高锰酸钾溶液的紫色缓慢褪去后，再滴第二滴，数滴后，速度可适当加快。高锰酸钾指示终点不太稳定，因为空气中还原性物质会使高锰酸钾褪色，所以以出现微红色并持续半分钟内不褪色判为终点。

实验二十　硝酸钾的制备与提纯

【实验目的】

1. 熟悉重结晶法提纯物质的基本原理。
2. 掌握合成硝酸钾晶体的方法。
3. 熟练掌握物质溶解、蒸发、浓缩、过滤、间接加热及重结晶等基本实验操作。

【实验原理】

硝酸钾为无色透明斜方晶体或白色粉末，易溶于水，不溶于无水乙醇和乙醚。有氧化性，与有机物接触、摩擦或撞击能引起燃烧或爆炸。硝酸钾可用作氧化剂、助熔剂，常用于合成钾盐、制造火药和火柴及生产玻璃，还可用于显像管生产及电镀行业等。自然界中氯化钾和硝酸钠相对丰富，因此工业上常利用这两种原料合成硝酸钾晶体，其反应如下：

$$NaNO_3 + KCl \xlongequal{} KNO_3 + NaCl$$

该反应是可逆的。当 KCl 和 $NaNO_3$ 溶液混合时，混合液中同时存在四种盐，在不同的温度下有不同的溶解度，利用 NaCl、KNO_3 的溶解度随温度变化而变化的差别，在高温阶段除去 NaCl，滤液冷却析出 KNO_3。

由表 3-20-1 中的数据可知，20 ℃时，除硝酸钠外，其他 3 种盐的溶解度相差不大，因此不易单独结晶析出。但是随着温度的升高，NaCl 的溶解度几乎没有多大改变，而 KCl、$NaNO_3$ 和 KNO_3 在高温时具有较大或很大的溶解度，而温度降低时 KCl、$NaNO_3$ 溶解度明显减小而 KNO_3 急剧下降。因此，将一定浓度的 $NaNO_3$ 和 KCl 混合液加热浓缩，100 ℃左右时，由于 KNO_3 溶解度增加很多，溶液没有饱和，不析出。而 NaCl 的溶解度变化不大，浓缩时随着水的蒸发，NaCl 析出。通过热过滤滤除 NaCl，将滤液冷却至室温，即有大量 KNO_3 析出，其他三种盐仅有少量析出，从而得到 KNO_3 粗产品。经初次结晶出的 KNO_3 产品中仍有少量的氯离子杂质，加入硝酸银溶液后产生白色沉淀。粗产品再经过重结晶提纯，可得到纯品。

表 3-20-1　四种盐在水中的溶解度（g/100g H_2O）

温度/℃	0	10	20	30	40	50	60	70	80	90	100
KNO_3	13.3	20.9	31.6	45.8	63.9	85.5	110.0	138.0	169.0	202.0	246.0
KCl	27.6	31.0	34.0	37.0	40.0	42.6	45.5	48.1	51.1	54.0	56.7
$NaNO_3$	73.0	80.0	88.0	96.0	104.0	114.0	124.0	—	148.0	—	180.0
NaCl	35.7	35.8	36.0	36.3	36.6	37.0	37.3	37.8	38.4	39.0	39.8

【实验用品】

烧杯，量筒，抽滤瓶，布氏漏斗，热滤漏斗，真空泵，电子天平。

$NaNO_3$(s)，KCl(s)，NaCl(s) $AgNO_3$ (0.1 mol·L^{-1})，HNO_3 (5 mol·L^{-1})。

【实验步骤】

一、KNO_3 粗产品的制备

称取 8.5 g $NaNO_3$ 和 7.5 g KCl 于 250 mL 烧杯中，加 15 mL 蒸馏水，加热、搅拌、溶解，用记号笔在液面处做标记。继续加热浓缩，使溶液蒸发至原有体积的 2/3，有白色粒状固体析出，趁热快速用热滤漏斗过滤。滤液稍冷后可观察到白色针状固体生成，加 7.5 mL 沸水到滤液中，固体溶解得无色溶液，小火加热保持微沸，浓缩到原体积的 3/4，依然为澄清无色溶液。冷却（注意，不要骤冷，以防结晶过于细小），观察晶体的形状。抽滤、干燥后称量，计算粗产率。

二、KNO_3 粗产品的提纯

保留少量（0.03 g）粗产品供纯度检验。

向剩余 KNO_3 粗产品中加入一定量的蒸馏水进行重结晶，KNO_3 与 H_2O 的比例是 2∶1（质量比），加热、搅拌，待晶体全部溶解后停止加热。若溶液沸腾时晶体还未全部溶解，可再加入少量蒸馏水使其溶解。溶液冷却至室温，有大量晶体析出，减压过滤，得到较高纯度的硝酸钾晶体。晾干，称重，计算产率。

三、KNO_3 纯度检验

1. 定性检验

分别取 0.03 g 粗产品和重结晶后得到的产品放入两支小试管中，各加入 3 mL 蒸馏水配成溶液。向两支试管中分别滴加 1 滴 5 mol·L^{-1} HNO_3 溶液和 2 滴 0.1 mol·L^{-1} $AgNO_3$ 溶液，对比观察，重结晶后的产品所配溶液应为澄清透明。

2. 根据试剂级的标准检验试样中总氯量

称取 1g 试样（称准至 0.01 g），加热至 400 ℃使其分解，于 700 ℃灼烧 15 min，冷却，加蒸馏水溶解，必要时过滤，转移至 25 mL 比色管中，加 2 mL 5 mol·L^{-1} HNO_3 溶液和 0.1 mol·L^{-1} $AgNO_3$ 溶液，稀释至刻度，摇匀，静置 10 min。

所呈浊度不得大于浊度标准③，即本实验要求重结晶后的硝酸钾晶体含氯量达化学纯为合格，否则应再次重结晶，直至合格。

最后称量，计算产率，并与前几次的结果进行比较。

【思考题】

1. 第一次加热浓缩时析出的晶体是什么？
2. 热过滤的目的是什么？应采取哪些措施使热过滤成功？
3. 热过滤后小烧杯中析出的晶体是什么？为什么？
4. 重结晶后的产品可用水浴快速烘干，为什么用水浴？

【注意事项】

1. 若溶液总体积已小于 2/3，过滤的准备工作还未做好，则不能过滤，可在烧杯中加水至 2/3 以上，再蒸发浓缩至 2/3 后趁热过滤。

2. 要控制浓缩程度，蒸发浓缩时，溶液一旦沸腾，要减小火焰保持溶液微沸腾。烧杯很烫时，需戴线手套或者用抹布隔开，之后迅速转移溶液。趁热过滤的操作一定要迅速、全部转移溶液与晶体，使烧杯中的残余物减到最少。

3. 若趁热过滤失败，不必从头做起。只要把滤液、漏斗中的固体全部倒回到原来的小烧杯中，加一定量的水至原记号处，再加热溶解、蒸发浓缩至 2/3，趁热过滤即可。承接滤液的烧杯应预先加少量热水，以防降温时氯化钠溶液达饱和而析出。若漏斗中的滤纸与固体分不开，也可将滤纸放回烧杯中，在趁热过滤时与 NaCl 一起除去。

4. NaCl 标准溶液的配制（1 mL 溶液中含 0.1 mg Cl^-）：称取 0.165 g 500～600 ℃灼烧至恒重后的 NaCl，溶于水后转入 1000 mL 容量瓶中，稀释定容。

5. 浊度标准是取下列数量的 Cl^- 配制成溶液：

①优级纯为 0.015 mg；②分析纯为 0.030 mg；③化学纯为 0.070 mg。准确取含氯盐用少量纯水溶解，转入 25 mL 的比色管中，之后各加 2 mL 5 $mol \cdot L^{-1}$ HNO_3 溶液和 0.1 $mol \cdot L^{-1}$ $AgNO_3$ 溶液，稀释至 25.00 mL 刻度，摇匀，静置 10 min。

实验二十一 热致变色示温材料

【实验目的】

1. 了解材料热致变色示温的原理及影响因素。
2. 了解在非水溶剂中制备无机材料的方法。

【实验原理】

在温度高于或低于某个特定温度区间会发生颜色变化的材料称为热致变色材料。颜色随温度连续变化的现象称为连续热致变色，而只在某一特定温度下发生颜色变化的现象称为不连续热致变色；能够随温度升降反复发生颜色变化的称为可逆热致变色，而随温度变化只能发生一次颜色变化的称为不可逆热致变色。热致变色材料已在工业和高新技术领域得到广泛应用，有些热致变色材料也用于儿童玩具和防伪技术中。

无机热致变色材料的变色机理比较多，常见的简述如下。

1. 晶型转变机理

结晶物质加热到一定温度，从一种晶型转变到另一种晶型，导致颜色改变，冷却到室温后，晶型复原，颜色也随之复原。大多数金属离子化合物热致变色都符合这一机理，例如 $CuHgI_4$ 和 Ag_2HgI_4 等。

2. 分子结构改变

如 $NiCl_2 \cdot 2C_6H_{12}N_4 \cdot 10H_2O$ 在常温下为绿色，在 110 ℃左右开始失水呈黄色，一旦吸水又变成原来的绿色。

3. 分子间发生反应

$PbCrO_4$ 在温度升高后，铬酸根的氧化能力增强，与 Pb^{2+} 发生氧化还原反应产生 Pb^{4+}，由黄色变成红色。冷却后，Pb^{4+} 变得不稳定，重新氧化铬酸根的还原产物，颜色复原。

4. 配体发生变化

$CoCl_2$ 的 HCl 水溶液中，在温度低于 20 ℃时 Co^{2+} 主要与 H_2O 配位形成 $[Co(H_2O)_6]^{2+}$，为紫红色，当温度高于 20 ℃后 Cl^- 取代水为配体，形成 $[CoCl_4]^{2-}$，为蓝色。

5. 配位几何构型变化

本实验中合成的铜离子配合物即属于这种类型。

无机热致变色材料大多数具有同质多晶现象，而晶型改变又分为重建型转变和位移型转变。破坏原子键合、改变次级配位使晶体结构完全改变的称为重建型转变。虽有次级配位的转变，但不破坏键合使结构发生畸变或晶格常数改变，这类转变称为位移型转变。位移型转变具有转变时能量低、转变迅速的特点。许多可逆热致变色材料属于这一转变，如钒酸盐、铬酸盐及它们的混合物等。在混合物中，随某元素含量改变，晶格常数也发生变化，导致颜色变化。无机热致变色材料最多的是铬酸盐及其混合物，如 $PbCrO_4$。晶型的可逆转变较困难，因此目前理想的可逆型无机变色材料较少，而不可逆示温的无机变色颜料种类繁多。

无机变色材料虽然有较好的耐热性，但是变色温度偏高，在低温领域使用受到限制。无机热致变色材料大多数为 Au、Cu、Hg、Co、Ni 和 Cr 等过渡金属的碘化物、氧化物、配合物、复盐等。目前低温无机变色材料（100 ℃以下）主要是带结晶水的钴、镍的无机盐，变色机理主要是结晶水的得失导致颜色变化。

有些金属配合物具有热致变色性能，如有机含氮配体与 Cu^{2+} 或 Ni^{2+} 的配合物，$[(C_2H_5)_2NH_2]_2CuCl_4$ 在 43 ℃下由绿色转变成黄色，$[(CH_3)_2CHNH_2]CuCl_3$ 在 52 ℃以上为橙色而在 52 ℃以下时为棕色，这是由于温度升高时 $CuCl_3^-$ 的几何构型发生改变。通式为 $[RNH_2]_2MX_4$ 的化合物具有层状类钙钛矿结构，因其独特的固-固相变引起的热致变色已被广泛研究。例如 $[(C_2H_5)_2NH_2]_2CuCl_4$ 和 $[(CH_3)_2CHNH_2]_2CuCl_4$ 在室温下化合物呈亮绿色，当加热到 43 ℃时变为黄色。其变色机理是在温度较低时，氯离子与二乙基铵离子中氢之间的氢键较强和晶体场稳定化作用，使其处于扭曲的平面正方形结构。随着温度升高，分子内振动加剧，其结构就从扭曲的平面正方形结构转变为扭曲的四面体结构，相应的，其颜色也就由亮绿色转变为黄色。可见配合物结构变化是引起颜色变化的重要因素之一。

本实验由二乙基胺盐酸盐与 $CuCl_2$ 反应制备 $[(C_2H_5)_2NH_2]_2CuCl_4$。

$$2(CH_3CH_2)_2NH_2Cl + CuCl_2 \cdot 2H_2O = [(CH_3CH_2)_2NH_2]_2CuCl_4 + 2H_2O$$

由于产物极易溶于水，为得到其结晶，反应必须在非水溶剂中进行，在干燥的冬季做此实验效果更好。

【实验用品】

天平，烘箱，恒温水浴锅，电热板，真空泵，吸滤瓶，布氏漏斗，橡皮筋，玻璃干燥器，毛细管，锥形瓶，温度计，烧杯，量筒，试管，玻璃棒。

$CuCl_2 \cdot 2H_2O$（s），二乙基胺盐酸盐（s），无水乙醇，HCl（浓），蒸馏水，$CuSO_4$（0.5 $mol \cdot L^{-1}$），Na_2CO_3（0.5 $mol \cdot L^{-1}$），经活化的 3A 或 4A 分子筛，凡士林，异丙醇，冰块。

【实验步骤】

一、$[(C_2H_5)_2NH_2]_2CuCl_4$ 制备

1. 方法一：在有机溶剂中反应制备

将 3.2 g 二乙基胺盐酸盐置于 50 mL 锥形瓶中，加入 15 mL 异丙醇。在另一个同样的锥形瓶中加入 1.7 g $CuCl_2 \cdot 2H_2O$ 和 3 mL 无水乙醇，微热使其全部溶解。然后将两者混合，摇匀。加入约 10 粒经活化的 3A 或 4A 分子筛，以促进晶体的形成。用冰水冷却，析出亮绿色针状结晶。迅速吸滤，并用少量异丙醇洗涤，将产物放入干燥器中保存（此操作要快，避免吸水）。

2. 方法二：研磨制备

室温下，将二乙胺盐酸盐和无水 $CuCl_2$ 按物质的量之比 2∶1 混合研磨 10 min 后，迅速转移至具塞锥形瓶中。水浴 60 ℃恒温 2.5 h 取出后冷却，用少量异丙醇洗涤，真空干燥后得产品。

3. 方法三：水溶液中反应制备

将 $CuCl_2 \cdot 2H_2O$ 和浓 HCl 按物质的量之比 1∶1 与乙二胺盐酸盐的水溶液混合，搅拌加热，室温冷却；待析出晶体后，抽滤，用无水乙醇重结晶两次；将产品放入真空干燥箱中，于 50 ℃干燥 6 h，得黄色片状样品。

二、热致变色性能试验

1. 取适量样品于试管中，用氯化钙冰盐浴冷却。观察产物在－16 ℃左右的颜色、离开冰盐浴后的颜色，观察颜色变化的快慢，反复试验多次可逆变色性能。

2. 取适量样品装入一端封口的毛细管中墩结实，用凡士林密封管口（防止管中样品吸潮）。用橡皮筋将此毛细管固定在温度计上，使样品部位靠近温度计下端水银泡。将带有毛细管的温度计一起放入装有约 100 mL 水的烧杯中，缓慢加热，当温度升高至 40～55 ℃时，注意观察变色现象，并记录变色温度范围。然后从热水中取出温度计，室温下观察随着温度降低样品颜色的变化，并记录变色温度范围。

【思考题】

1. 制备过程中加入 3A 分子筛的作用是什么？
2. 在制备四氯合铜二乙基铵盐时要注意什么？
3. 四氯合铜二乙基铵盐热致变色的原因是什么？

实验二十二　无机颜料铁黄的制备

【实验目的】

1. 掌握以亚铁盐为原料制备氧化铁黄的原理和方法。
2. 熟练操作恒温水浴加热、溶液 pH 调节、沉淀洗涤、减压过滤等基本实验技能。

3. 理解氧化反应条件（温度、pH、氧化剂选择）对产物形貌及纯度的影响。

【实验原理】

氧化铁颜料因其无毒性、化学稳定性及色彩多样性，广泛应用于各类工业产品中，且随着环保要求的提高，其重要性不断增加。氧化铁颜料是无机彩色颜料中生产量和消费量最大的一类，常见的类型包括氧化铁红、氧化铁黄和氧化铁黑。氧化铁黄，又称羟基氧铁，是一种黄色无机颜料，分子式为 α-FeO(OH)或 $Fe_2O_3 \cdot H_2O$。其呈粉末状，是一种碱性化合物，不溶于碱，微溶于酸，溶于热浓盐酸。铁黄的热稳定性较差，颜色随粒径变化而从柠檬色至橙色不等，粒径通常在 0.5～2 μm 之间。铁黄具有优异的耐光性、耐大气性及耐碱性，相比其他黄色颜料，其遮盖力和着色力均较强。它广泛应用于涂料、油漆、建筑墙面粉刷、橡胶及造纸等行业的着色剂，也可用于生产铁红、磁性氧化铁、铁黑等原料。同时，由于铁黄无毒，还可作为药片的糖衣着色剂和化妆品添加剂。

铁黄的制备方法众多，本实验采用将亚铁盐氧化来制备铁黄。实验步骤分为晶种的形成与氧化生长两部分。

1. 晶种的形成

由于铁黄为晶体，制备时需先形成晶核，晶核成长为晶种。如果没有晶种，将生成稀薄的色浆而非颜料。铁黄晶种的形成过程分为两步。

（1）生成氢氧化亚铁胶体

在一定温度下，将硫酸亚铁（或硫酸亚铁铵）溶液与氢氧化钠（或氨水）溶液混合，立即生成胶状氢氧化亚铁。反应式如下：

$$FeSO_4 + 2NaOH = Fe(OH)_2 \downarrow + Na_2SO_4$$

$Fe(OH)_2$ 的溶解度较小，且晶核生成速度较快，因此需在充分搅拌下进行反应，以得到均匀的细小晶种。资料显示，该步需保留半数以上的亚铁离子用于后面的晶粒生长。

（2）FeO(OH)晶核的形成

要生成铁黄晶种，需将氢氧化亚铁进一步氧化，反应如下：

$$4Fe(OH)_2 + O_2 = 4FeO(OH) + 2H_2O$$

此氧化过程俗称“发胶”，过程复杂，需严格控制反应温度和 pH。温度保持在 20 ℃左右，绝对不能超过 40 ℃；pH 控制在 4～4.5 之间。若 pH 接近中性或略偏碱性，产物呈棕黑色；若 pH＞9，生成铁红色晶种；pH＞12 时，可能形成其他过渡色的铁氧化物，影响晶种的形成，失去作为晶种的作用。

2. 铁黄的制备（氧化阶段）

氧化阶段的氧化剂主要为 $KClO_3$，空气中的氧气也参与氧化反应。氧化时必须升温，温度保持在 80～85 ℃，控制溶液的 pH 为 4～4.5。氧化过程的化学反应如下：

$$4FeSO_4 + O_2 + 6H_2O = 4FeO(OH) \downarrow + 4H_2SO_4$$

$$6FeSO_4 + KClO_3 + 9H_2O = 6FeO(OH) \downarrow + 6H_2SO_4 + KCl$$

在氧化过程中，沉淀的颜色从灰绿色逐渐转变为墨绿色、红棕色，最终变为淡黄色。

【实验用品】

恒温水浴锅，天平，真空泵，布氏漏斗，烧杯，量筒，精密 pH 试纸，滤纸。

NaOH（2 $mol \cdot L^{-1}$），$BaCl_2$（0.1 $mol \cdot L^{-1}$），硫酸亚铁铵（s），氯酸钾（s）。

【实验步骤】

一、晶种制备

称取 5.0 g $(NH_4)_2Fe(SO_4)_2 \cdot 6H_2O$ 于 100 mL 烧杯中，加 10 mL 纯水，加热、搅拌溶解。检验此时溶液的 pH，边搅拌边慢慢滴加 2 mol · L^{-1} NaOH。随着氧化反应的进行，溶液的 pH 为 4～4.5 时，停止加碱。观察反应过程中沉淀颜色的变化。

再取 0.2 g $KClO_3$ 倒入溶液中，搅拌溶解后查验溶液的 pH。

二、恒温氧化

将恒温水浴的温度升到 80～85 ℃时开始进行氧化，持续加热 90～120 min。期间滴加 2 mol · L^{-1} NaOH（约 6 mL），调节 pH 至 4～4.5。加碱至溶液 pH 值接近 4～4.5 时，每加入一滴碱液都要查验 pH。

三、沉淀洗涤与检验

反应结束后，用 60 ℃热水通过倾析法洗涤沉淀，直至洗涤液中无 SO_4^{2-}（以 $BaCl_2$ 溶液检验无白色沉淀生成）。减压抽滤，弃去母液，将黄色的颜料滤饼转至蒸发皿中，加热至干，冷却后称重，计算产率。

【思考题】

1. 为何选择氯酸钾和空气作为复合氧化剂？
2. pH 过高或过低对产物有何影响？
3. 干燥铁黄时为何温度不能太高？

【注意事项】

1. 安全操作

氯酸钾为强氧化剂，避免与有机物接触。加热时防止溶液暴沸，需持续搅拌。

2. 关键控制

pH 调节需精准，避免过量 NaOH 导致副反应。洗涤沉淀时需彻底去除 SO_4^{2-}，否则影响产物纯度。

3. 氧化剂筛选与优化

对比空气、H_2O_2、$KMnO_4$ 等不同氧化剂的效率及环保性。

实验二十三　硫代硫酸钠的制备

【实验目的】

1. 熟悉不同原料制备硫代硫酸钠的反应原理与反应条件。

2. 进一步训练气体发生、器皿连接、浓缩结晶、抽滤等无机合成基本操作。

3. 制备硫代硫酸钠并试验其性质。

【实验原理】

硫代硫酸钠（$Na_2S_2O_3 \cdot 5H_2O$）俗称海波，是无色透明晶体，易溶于水，不溶于乙醇，在中性或碱性介质中能稳定存在。将 $Na_2S_2O_3 \cdot 5H_2O$ 加热，温度超过 50 ℃时它会溶于自身的结晶水中，温度达到 100 ℃左右失去全部结晶水成为无水盐。

$Na_2S_2O_3 \cdot 5H_2O$ 具有较强的还原性和配位能力，是冲洗照相底片的定影剂、棉织物漂白后的脱氯剂、定量分析中的还原剂，在医药上用于抗过敏、氰化物及砷的解毒剂，是一种重要的化工产品。有关反应如下：

$$AgBr + 2Na_2S_2O_3 = Na_3[Ag(S_2O_3)_2] + NaBr\text{(定影)}$$

$$2Ag^+ + S_2O_3^{2-} = Ag_2S_2O_3 \downarrow$$

$$Ag_2S_2O_3 + H_2O = Ag_2S \downarrow + H_2SO_4\text{（鉴定 } S_2O_3^{2-}\text{）}$$

$$2S_2O_3^{2-} + I_2 = S_4O_6^{2-} + 2I^-$$

合成 $Na_2S_2O_3 \cdot 5H_2O$ 常见的方法有亚硫酸钠法和硫化钠中和法。

1. 亚硫酸钠法

在沸腾的条件下，饱和的亚硫酸钠溶液和硫粉化合，生成 $Na_2S_2O_3$。

$$Na_2SO_3 + S = Na_2S_2O_3$$

2. 硫化钠中和法

用硫化钠和纯碱按一定比例配成溶液，然后通入二氧化硫，生成 $Na_2S_2O_3$。

$$2Na_2S + Na_2CO_3 + 4SO_2 = 3Na_2S_2O_3 + CO_2$$

该反应由 4 个反应组成。

（1）硫化钠与二氧化硫反应，生成亚硫酸钠和硫化氢。

$$Na_2S + SO_2 + H_2O = Na_2SO_3 + H_2S$$

（2）纯碱和二氧化硫发生中和作用，生成亚硫酸钠和二氧化碳。

$$Na_2CO_3 + SO_2 = Na_2SO_3 + CO_2$$

（3）生成的 H_2S 与 SO_2 反应生成 S。

$$H_2S + SO_2 = 3S + 2H_2O$$

（4）Na_2SO_3 与 S 反应生成目标产物硫代硫酸钠。

$$Na_2SO_3 + S = Na_2S_2O_3$$

为了使生成的 S 尽可能地生成 $Na_2S_2O_3$，反应物中碳酸钠与硫化钠的物质的量之比以 1∶2 较为适宜；若碳酸钠的量过少，则中间产物亚硫酸钠的量少，生成的硫不能全部化合为硫代硫酸钠，仍有一部分硫处于游离状态，使硫代硫酸钠的产率下降。反应结束，过滤，除去不溶性杂质，所得硫代硫酸钠溶液经蒸发、浓缩、冷却，析出 $Na_2S_2O_3 \cdot 5H_2O$。

【实验用品】

电磁搅拌器，分液漏斗，蒸馏烧瓶，锥形瓶（250 mL，150mL），橡皮塞，打孔器，抽滤瓶，布氏漏斗，蒸发皿，酒精灯，容量瓶（100 mL），移液管（25 mL），酸式滴定管，pH 试纸，螺旋夹，橡胶管。

H_2SO_4（浓，6 mol·L^{-1}），NaOH（6 mol·L^{-1}），HAc-NaAc 缓冲溶液（pH＝5.0），甲醛，淀粉溶液，硫黄粉，乙醇，I_2 标准溶液（0.1000 mol·L^{-1}），Na_2S（s），$Na_2SO_3 \cdot 5H_2O$（s），Na_2CO_3（s）。

【实验步骤】

一、亚硫酸钠法制备 $Na_2S_2O_3$

称取 Na_2SO_3 12.3 g，置于烧杯中，加入蒸馏水 75 mL，盖上表面皿，加热、搅拌使其溶解，继续加热至近沸。

称取硫黄粉 6 g 放在小烧杯内，加溶剂 2～4 mL（水和乙醇各半）。将硫黄粉调成糊状，在搅拌下分次加入近沸的亚硫酸钠溶液中，继续加热保持沸腾状态 1～1.5 h。注意，在沸腾过程中要经常搅拌，并将烧杯壁上粘附的硫黄用少量水冲淋下来，同时也要补充因蒸发损失的水分。

反应完毕，趁热用布氏漏斗减压过滤，集中收集、保存未反应的硫黄粉。将滤液转入蒸发皿中，蒸发、浓缩至不少于 20 mL，冷却至室温。如无结晶析出，摩擦蒸发皿壁，并加几粒硫代硫酸钠晶种，搅拌，即有大量晶体析出。静置 20 min。抽滤，转入表面皿中晾干，称重，计算产率。

二、硫化钠中和法制备 $Na_2S_2O_3$

按图 3-23-1 所示安装制备硫代硫酸钠的装置。称取 15g $Na_2S \cdot 9H_2O$ 和 3.5g Na_2CO_3，转入 250 mL 锥形瓶中，再加入 100 mL 40 ℃的蒸馏水，使其溶解，再加入 3 mL 乙醇。在圆底烧瓶中加入 16 g Na_2SO_3 固体，分液漏斗中注入 30 mL 6 moL·L^{-1} H_2SO_4，在尾气吸收瓶中加入一定量 6 moL·L^{-1} NaOH 溶液吸收多余的 SO_2 气体。

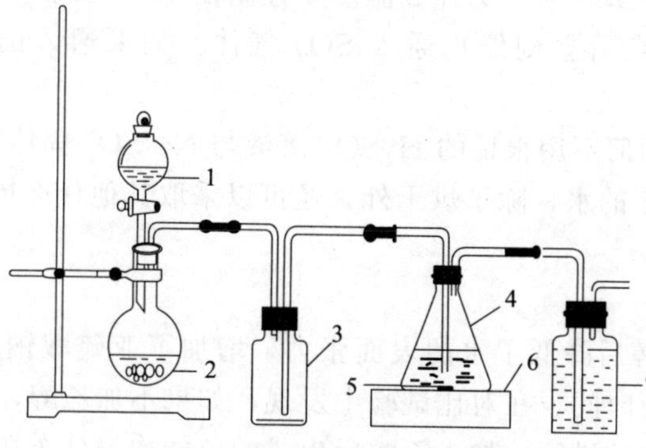

图 3-23-1　硫代硫酸钠制备实验装置

1—分液漏斗（内盛浓硫酸）；2—蒸馏烧瓶（内盛 Na_2SO_3 和水）；3—缓冲瓶；4—锥形瓶；5—磁子；6—恒温磁力搅拌器；7—碱吸收瓶

将电磁搅拌器设置为 40 ℃，开启分液漏斗，使硫酸逐滴滴下，使反应产生的 SO_2 气体均匀地通入 Na_2S 与 Na_2CO_3 的混合溶液中，同时开启电磁搅拌器搅动。随着 SO_2 的通入，溶液开始变浑浊最终析出大量浅黄色硫，反应一段时间后溶液由浑浊变澄清；继续通入二氧化硫气体后，溶液由澄清变为淡黄色浑浊，如此反复至析出的硫不再消失，溶液中的 pH 约为 7～8（注意不要小于 7），停止通入 SO_2 气体。趁热抽滤，滤液由水浴浓缩至溶液表面有晶膜或有大量小气泡出现，得到黏稠状溶液，体积约 25 mL，冷却，结晶，抽滤，并用 10 mL 无水乙醇洗涤产品。将产品放入烘箱中，在 40 ℃下干燥 40 min，得到无色透明的 $Na_2S_2O_3 \cdot 5H_2O$ 晶体。称量，根据 $Na_2S \cdot 9H_2O$ 计算产率。

三、性质检验

称取 0.3 g 产品，溶于 10 mL 水中，配成溶液，参考元素性质实验“氧、硫”（即实验二十四）中内容，进行性质实验，观察并记录实验现象。

四、硫代硫酸钠含量的测定

称取约 4 g 试样（精确至 0.0001 g）溶于水，转入 100 mL 容量瓶中，用水稀释至刻度，摇匀。用移液管移取 25.00 mL 于 250 mL 锥形瓶中，加入 50 mL 甲醛溶液，加入 10 mL HAc-NaAc 缓冲液，用淀粉作指示剂，用碘标准溶液滴定，近终点时，加 1～2 mL 淀粉指示剂，继续滴定至溶液呈蓝色，且 30 s 不褪色即为终点。

$Na_2S_2O_3 \cdot 5H_2O$ 的质量分数 ω 为：

$$\omega=\frac{\dfrac{c\times V\times 248.2}{1000}\times 2}{m\times\dfrac{25.00}{100}}=\frac{c\times V\times 0.4964}{0.2500\times m}$$

式中，c 为碘标准溶液的浓度，$moL \cdot L^{-1}$；V 为滴定所用碘标准溶液的体积，mL；m 为试样的质量，g。

【思考题】

1. 在对产品进行烘干处理时，为什么温度要控制在 45 ℃以下？

2. 为什么反应至终点后立刻停止通入 SO_2 气体？如果通入的 SO_2 气体过多，怎么调整？

3. SO_2 气体的制取为何不用很稀的 H_2SO_4 溶液与 Na_2SO_3 固体反应制得？

4. 除去产品中游离态的水，除了烘干外，还可以采取其他什么措施？

【附注】

1. 反应液中加入乙醇后降低了水的表面张力，增加了亚硫酸钠和硫的接触机会，加快了反应速率，缩短了反应时间。在对比试验中发现，如果不加乙醇，反应开始后生成的硫易形成较大颗粒不利于反应的进行，加入乙醇后生成的硫能均匀分布在溶液中，反应速率明显加快。

2. 硫代硫酸钠在洗相定影中的应用：在洗相过程中，相纸（感光材料）经过照相底板的感光，只能得到潜影。再经过显影液显影以后，看不见的潜影才被显现成可见的影像。

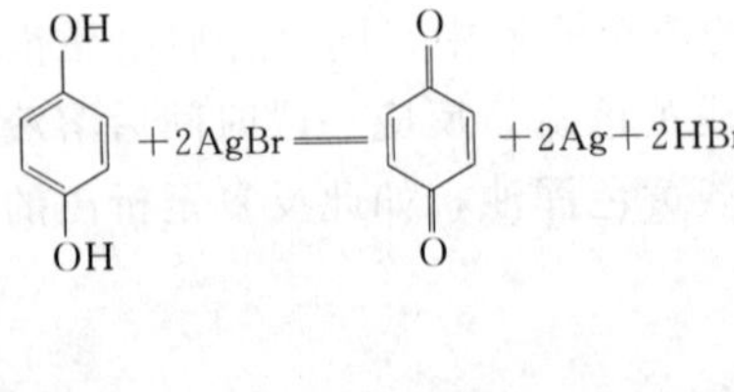

但相纸在乳剂层中还有大部分未感光的溴化银存在。由于它的存在，一方面，得不到透明的影像，另一方面，在保存过程中，这些溴化银受到光照时，将继续发生变化，影像不能稳定。因此显影后，必须经过定影过程。

$$AgBr + 2Na_2S_2O_3 = Na_3[Ag(S_2O_3)_2] + NaBr$$

显影液和定影液的配方举例如表 3-23-1 所示。

表 3-23-1　显影液和定影液的配方

D-72 型显影液	米吐尔	无水亚硫酸钠	对苯二酚	无水碳酸钠	溴化钾
	3 g	45 g	12 g	67.5 g	2 g
F-5 型定影液	海波	无水亚硫酸钠	醋酸(28%)	硼酸	钾矾
	240 g	15 g	47 mL	7.5 g	15 g

第四部分
元素性质实验

元素化学是无机化学课程的核心内容之一。元素性质实验不是简单的验证性实验，而是需要通过观察、分析实验现象，熟练掌握单质及其化合物的性质及其互相转化，加深对元素化学和元素周期律的理解，并掌握研究单质及其化合物性质的基本方法。

元素性质实验也称试管实验，一般都可以做微型实验。对于直接加热和化合物制备等不便进行微型实验的，可以按常量实验或半微量实验进行。要熟练掌握试管实验的操作技巧和试剂的用量，实验过程中要认真观察和分析实验过程中的颜色和状态变化（如气体的生成、沉淀的生成或溶解等），并注意试剂用量和加入的顺序、反应温度、介质条件以及催化剂等因素对反应的影响，总结经验，为后续的合成实验打下良好的基础。

本书对“少量”试剂作了明确规定（见本书第一部分化学试剂的取用）。要注意“滴加”和“加入”操作的区别，滴加是指每加 1 滴试剂后都必须摇匀、观察，然后再加下 1 滴试剂；“加入”是一次性加入一定量的试剂。

本书元素性质实验中溶液试剂未注明浓度的均为 $0.1\ mol \cdot L^{-1}$。

元素性质实验报告主要包括实验操作、实验现象、反应方程式及解释、总结与讨论等。

实验二十四 氧、硫、卤素

【实验目的】

1. 了解卤素单质的歧化反应，了解硫化氢和金属硫化物的性质。
2. 熟悉卤化氢的实验室制法和金属卤化物的性质。
3. 掌握过氧化氢、亚硫酸盐、硫代硫酸盐、过二硫酸盐的性质。
4. 掌握卤素单质和卤素含氧酸盐的氧化性、卤素离子的还原性。

【实验用品】

台秤，试管，量筒，烧杯，电磁搅拌器，减压过滤装置，蒸发皿，电热板，蒸馏瓶，分液漏斗，微型试管，煤气灯或酒精灯，玻璃片，刀片或铁钉，pH 试纸，淀粉-KI 试纸，醋酸铅试纸。

$AgNO_3$（0.1 mol·L^{-1}），$BaCl_2$，$Ca(NO_3)_2$，$FeCl_3$，H_2O_2（3%），KBr，$K_2Cr_2O_7$，KI，$KMnO_4$（0.01 mol·L^{-1}，0.1 mol·L^{-1}），$MnSO_4$（0.002 mol·L^{-1}），Na_2S，Na_2SO_3（0.2 mol·L^{-1}，s），NaClO，$Na_2S_2O_3$（0.1 mol·L^{-1}，s），$Pb(NO_3)_2$，$SbCl_3$（0.2 mol·L^{-1}），$SnCl_4$（0.2 mol·L^{-1}），H_2SO_4（0.1 mol·L^{-1}，1 mol·L^{-1}，3 mol·L^{-1}，6 mol·L^{-1}、浓），HCl（1 mol·L^{-1}，2 mol·L^{-1}，浓），NaOH（2 mol·L^{-1}，40%），氯水，溴水，碘水，硫代乙酰胺溶液，品红溶液，CCl_4，乙醚或丙酮，乙醇，淀粉溶液，CaF_2（s），I_2（s），KI（0.01 mol·L^{-1}，0.1 mol·L^{-1}s），$KClO_3$（s），KIO_3（0.1 mol·L^{-1}，s），$K_2S_2O_8$（s），MnO_2（s），NaCl（s），NaF（s），Na_2S（s），$NaHSO_4$（s），$(NH_4)_2S_2O_8$（s），硫粉，活性炭，石蜡。

【实验步骤】

一、过氧化氢的性质

1. 过氧化氢的酸性

向试管中加入 1 mL 3%的 H_2O_2 溶液，再加入 0.5 mL 40%的 NaOH 溶液和少量乙醇，振荡，并用冷水冷却，观察产物的颜色和状态。写出反应方程式。

2. 过氧化氢的氧化性

在试管中加入几滴 KI 溶液和 1 mol·L^{-1} H_2SO_4 溶液，然后滴加 H_2O_2 溶液，观察现象，写出反应方程式。

向另一个试管中加入 $Pb(NO_3)_2$ 溶液后，滴加硫代乙酰胺溶液和 1 滴 NaOH 溶液（硫代乙酰胺在碱中水解生成 S^{2-}），生成的沉淀洗净后，试验其同 H_2O_2 溶液的作用，沉淀颜色发生什么变化？写出反应方程式。

3. 过氧化氢的还原性

向试管中依次加入 3% H_2O_2 溶液和 1 mol·L^{-1} H_2SO_4 溶液各 0.5 mL，滴加 0.01 mol·L^{-1}

$KMnO_4$ 溶液，观察现象，写出反应方程式。

向另一试管中依次加入 3% H_2O_2 溶液和 2 mol·L^{-1}NaOH 溶液各 0.5 mL，加几滴 0.1 mol·L^{-1} $AgNO_3$ 溶液，观察现象，检查产生的气体，写出反应方程式。

4. 介质对过氧化氢氧化还原性的影响

向试管内加入少量 H_2O_2 溶液，滴加 2 mol·L^{-1}NaOH 溶液至碱性后，再滴加 $MnSO_4$ 溶液，有何现象？再用 H_2SO_4 酸化后，加入 H_2O_2 溶液又有什么变化？写出有关反应方程式。

5. 过氧链转移反应

向试管中加入 2 mL 3% H_2O_2 溶液，再加入 0.5 mL 乙醚并用 0.1 mol·L^{-1} H_2SO_4 溶液酸化，然后滴加 $K_2Cr_2O_7$ 溶液，观察生成 CrO_5 的颜色。此反应可鉴定 H_2O_2，也可以鉴定铬（Ⅵ）。

CrO_5 在酸性介质中不稳定，分解速度较快；被萃取到乙醚或丙酮中较稳定，分解速度慢。写出 CrO_5 生成和分解反应的方程式。

6. 过氧化氢的催化分解

向试管中加入少量 H_2O_2 溶液并微热，有什么现象？设法验证产物。再向试管中加入少量 MnO_2 固体又有什么现象？写出反应方程式。根据相关电极电势数据，说明哪些离子对 H_2O_2 分解起催化作用。

二、硫化氢与硫化物

1. 硫化氢的还原性

向试管中加入少量硫代乙酰胺溶液和 1 mol·L^{-1} H_2SO_4 溶液（硫代乙酰胺在酸中水解生成 H_2S），滴加 0.1 mol·L^{-1} $KMnO_4$ 溶液，观察实验现象，写出反应方程式。

用 $FeCl_3$、$K_2Cr_2O_7$ 溶液等代替 $KMnO_4$ 溶液重复上述实验，写出实验现象和化学反应方程式（氧化剂常将 H_2S 氧化为游离态硫，氧化剂过量时游离态硫被缓慢氧化为硫酸）。

2. 硫化物的生成和性质

分别向有少量 $MnSO_4$、$SbCl_3$、$SnCl_4$ 溶液的试管中加入几滴硫代乙酰胺溶液和 1 滴 NaOH 溶液，观察沉淀的生成和颜色。将沉淀洗净后，分别试验其在盐酸（在通风橱中进行）、NaOH 溶液、Na_2S 溶液中的溶解性，写出反应方程式。

3. 多硫化物的生成和性质

在试管中加入 0.1 mol·$L^{-1}$$Na_2S$ 溶液和少量硫粉，加热数分钟，观察溶液颜色的变化。吸取上清液于另一试管中，加入 2 mol·L^{-1}HCl 溶液，观察现象，并用湿润的醋酸铅试纸检查逸出的气体，写出有关反应方程式。

三、硫的氧化物和含氧酸盐的性质

1. 二氧化硫与亚硫酸盐

（1）二氧化硫的制备

利用图 1-3-37 装置（不用加热）制备二氧化硫。在蒸馏瓶内加 3～5 g 固体 Na_2SO_3，由分液漏斗滴加浓硫酸，即有 SO_2 气体产生。分别试验 SO_2 与下列试剂的作用：$KMnO_4$

溶液、H_2S 水溶液（硫代乙酰胺在酸中水解生成 H_2S）、品红溶液。

观察现象，写出反应方程式，总结二氧化硫的性质。

（2）亚硫酸盐的性质

取少量 $KMnO_4$ 溶液于试管中，加入几滴 H_2SO_4 溶液酸化，滴加 Na_2SO_3 溶液并振荡，观察溶液的颜色变化，写出反应方程式。

用碘水和 $K_2Cr_2O_7$ 溶液代替 $KMnO_4$ 溶液重复上述实验，写出实验现象和化学反应方程式。

2. 硫代硫酸钠的制备和性质

（1）硫代硫酸钠的制备

向小烧杯内加入 30 mL 水、2 g 硫粉、4 g Na_2SO_3 固体，搅拌下煮沸约 20 min，然后加入少量活性炭脱色。过滤后，将滤液转入蒸发皿中浓缩至表面有晶体析出，用水冷却，减压过滤，得 $Na_2S_2O_3 \cdot 5H_2O$ 晶体。产物用少量乙醇洗一次。取少量晶体，配成几毫升溶液做下面性质实验。注意：若硫粉颗粒大则活性低，生成硫代硫酸钠速率慢，最后得到产物可能很少。

（2）硫代硫酸钠的分解

取少量 $Na_2S_2O_3$ 溶液，滴加 1 $mol \cdot L^{-1}$ HCl 溶液，观察现象，写出反应方程式。

（3）硫代硫酸钠的还原性

取少量 $Na_2S_2O_3$ 溶液，分别与碘水、氯水作用，并用 $BaCl_2$ 溶液对产物进行鉴定。写出反应方程式，得出什么结论？

（4）硫代硫酸钠的配合性

在 0.5 mL $AgNO_3$ 溶液中，加几滴 $Na_2S_2O_3$ 溶液，观察反应及颜色的变化。若 $Na_2S_2O_3$ 不过量，白色的 $Ag_2S_2O_3$ 沉淀在水中立刻水解，颜色由白变黄变棕，最后至黑色的硫化银。

$$Ag_2S_2O_3 + H_2O \xlongequal{} Ag_2S + 2H^+ + SO_4^{2-}$$

在 0.5 mL $Na_2S_2O_3$ 溶液中加几滴 $AgNO_3$ 溶液，观察实验现象，写出反应式。硫代硫酸银溶于过量的 $Na_2S_2O_3$ 溶液中，形成$[Ag(S_2O_3)_2]^{3-}$配离子。

3. 过二硫酸盐的氧化性

向有几毫升蒸馏水的试管内加入几毫升 1 $mol \cdot L^{-1}$ H_2SO_4 溶液、2 滴 0.002 $mol \cdot L^{-1}$ $MnSO_4$ 溶液和少量$(NH_4)_2S_2O_8$ 固体。溶解后分成两份，其中一份加入 1 滴 $AgNO_3$ 溶液。然后将两份溶液同时进行水浴加热，观察两种溶液的颜色变化，比较两个反应的不同。

四、卤素单质和卤离子的性质

1. 卤素单质的溶解性

观察氯水、溴水、碘水的颜色，比较碘在水、CCl_4 以及 KI 水溶液中的溶解情况和颜色，对碘溶液颜色不同加以解释。

2. 卤素单质的氧化性

（1）比较卤素单质的氧化性

取几滴 KBr 溶液，加入少量 CCl_4，滴加氯水，仔细观察 CCl_4 层颜色的变化。

取几滴 KI 溶液，加入少量 CCl_4，滴加氯水，仔细观察 CCl_4 层颜色的变化。

取几滴 KI 溶液，加入少量 CCl_4，滴加溴水，仔细观察 CCl_4 层颜色的变化。

写出反应方程式，比较卤素单质的氧化性。

（2）氯水对 Br^-、I^- 混合溶液的氧化次序

取几滴 0.1 mol·L^{-1} KBr 溶液和 1 滴 0.01mol·L^{-1} KI 溶液，加入少量 CCl_4，然后缓慢滴加氯水并搅拌，仔细观察 CCl_4 层颜色的变化。用 pH 试纸检查在碘颜色刚消失时溶液的 pH。写出反应方程式，并根据电极电势数据和溶液的 pH 说明原因。

（3）碘的歧化反应

取少量碘水和 CCl_4 于试管中，滴加 2 mol·L^{-1} NaOH 溶液使其呈强碱性，观察 CCl_4 层颜色变化；再滴加 3 mol·L^{-1} H_2SO_4 溶液使其呈强酸性，观察 CCl_4 层颜色变化。写出反应方程式，并根据电极电势数据加以说明。

3. 卤素离子的还原性

（1）与浓硫酸反应

将少量 KI 固体装入干燥的试管中，加入约 1 mL 浓 H_2SO_4，观察现象，选择合适的试纸检查气体产物，写出反应方程式。

用 KBr、NaCl 代替 KI 重复实验，观察现象，写出反应方程式。

（2）与 MnO_2 反应

向少量 NaCl 固体和 MnO_2 混合物中加入约 0.5 mL 浓 H_2SO_4，微热，检查生成的气体，写出反应方程式。

由实验结果比较卤素离子还原性的强弱。

五、卤素含氧酸盐的氧化性

1. 次氯酸盐的氧化性

（1）取少量 NaClO 溶液两份，分别加入 $MnSO_4$ 溶液和品红溶液，观察现象，写出反应方程式。

（2）取少量 2 mol·L^{-1} HCl 溶液，滴加 NaClO 溶液，观察现象，检查气体产物，写出反应方程式。用 H_2SO_4 酸化的淀粉-KI 溶液代替 HCl 进行实验，结果如何？

根据以上实验和电极电势说明次氯酸盐的氧化性。

2. 氯酸钾的氧化性

（1）取少量 $KClO_3$ 晶体两份，分别加入 $MnSO_4$ 溶液和品红溶液并搅拌，观察现象。比较次氯酸盐和氯酸盐氧化性的强弱。

（2）取少量 $KClO_3$ 晶体，加入少量浓 HCl 溶液。选择合适的试纸检查气体产物，写出反应方程式。

（3）取少量 $KClO_3$ 晶体，加水溶解后，加少量 KI 溶液和 CCl_4，测 pH，观察 CCl_4 层有无变化；然后酸化，观察 CCl_4 层颜色变化。根据 pH 近似计算相关电对的电极电势，并说明 CCl_4 的颜色为什么不同。

3. 碘酸钾的氧化性

试验 KIO_3 与 Na_2SO_3 反应，溶液未酸化、酸化和试剂加入次序相反时反应现象是否相同？

给定试剂：0.1 mol·L^{-1} KIO_3 溶液，0.1 mol·L^{-1} Na_2SO_3 溶液，3 mol·L^{-1} H_2SO_4 溶液，淀粉溶液，pH 试纸。

观察实验现象，写出反应方程式。根据用 pH 试纸检验 KIO_3 与 Na_2SO_3 混合溶液的 pH 和相关标准电极电势数据，说明 KIO_3 氧化性与酸度的关系。

六、金属卤化物

1. 氟化氢的制备和性质

在涂有石蜡的玻璃片上，用铁钉或小刀刻下字迹（透过石蜡、露出玻璃），在塑料瓶盖上放入约 1 g 的 CaF_2 固体，加几滴水调成糊状后，再加入约 1 mL 浓 H_2SO_4，立即用刻字的玻璃片盖上。放置约 1 h，用水冲洗玻璃片并刮去石蜡，观察玻璃上字迹，解释现象，写出反应方程式。

2. 比较卤化物的溶解性

取少量 NaF、NaCl、KBr、KI 溶液各两份，分别滴加 $Ca(NO_3)_2$ 和 $AgNO_3$ 溶液，观察现象，写出反应方程式。根据结构理论说明氟化物与其他卤化物性质为什么不同。

七、设计实验

1. 现有五种盐：Na_2S、Na_2SO_3、$Na_2S_2O_3$、$NaHSO_4$、$K_2S_2O_8$ 固体。设计鉴别实验方案并进行实验。写出实验步骤、现象和相关反应方程式。

2. 有 Cl^-、Br^-、I^- 混合物溶液，试设计分离鉴定方案并进行实验。写出实验步骤、现象和相关反应方程式。

3. 有两种钾盐可能是 KI 和 $KClO_3$，也可能是 KI 和 KIO_3，试设计方案加以鉴定。写出实验步骤、现象和相关反应方程式。

【思考题】

1. 长时间放置的 H_2S、Na_2S、Na_2SO_3 溶液会发生什么变化？如何判断溶液是否失效？

2. $Na_2S_2O_3$ 溶液和 $AgNO_3$ 溶液反应，试剂的相对用量不同，产物有何不同？

3. 实验室为什么经常用过二硫酸盐固体而不预先配成溶液？过二硫酸盐在酸性介质中将 Mn^{2+} 氧化为 MnO_4^- 的反应条件是什么？

4. 用实验事实说明 NaClO 和 $KClO_3$ 氧化性的强弱。

5. 氯水与 KI 溶液反应时，如果氯水过量，CCl_4 层紫色消失；用 KIO_3 与 Na_2SO_3 溶液反应时，如果 Na_2SO_3 过量，淀粉的蓝色也会消失。这两个反应有什么不同？说明碘的什么性质？

【附注】

1. 氯气有毒和有刺激性，吸入后会刺激喉管，引起咳嗽、喘息，进行有氯气产生的实验必须在通风橱中操作，检验氯气时不能用鼻子闻而是采用化学法。

2. 溴蒸气对气管、肺、眼、鼻、喉有强烈的刺激作用。液体溴有很强的腐蚀性，能灼伤皮肤，严重时会使皮肤溃烂。取用时须戴橡皮手套。溴水的腐蚀性虽比液体溴弱，使用时也不能直接由瓶内倾注，而应用滴管取用。如果不慎溅在手上，可先用水冲洗，再用乙醇洗。

3. 氟化氢气体有剧毒和强腐蚀性，能灼伤皮肤，制备和使用时应在通风橱内进行。移取时要用塑料滴管，戴上塑胶手套。

4. 氯酸钾是强氧化剂，它与硫或磷混合后爆炸，因此不能把它们混合在一起。氯酸钾易爆炸，不宜用力研磨、烘干和烤干。如需烘干时，一定要严格控制温度，不能过高。使用氯酸钾的实验，应把反应后残物回收，不允许倾入酸液缸中。

实验二十五 硼、碳、硅、氮、磷

【实验目的】

1. 熟练掌握硼酸及其盐的性质，掌握硼砂珠实验。
2. 掌握活性炭的吸附作用，碳酸盐、硅酸盐的水解规律，了解硅酸凝胶的特性。
3. 掌握氨的制备方法及性质，亚硝酸及其盐、硝酸及其盐的氧化还原性和热稳定性。
4. 掌握磷酸盐的性质。
5. 掌握铵离子、亚硝酸盐、硝酸盐及磷酸盐的鉴定方法。

【实验用品】

台秤，玻璃管，试管，导管，胶塞，棉花，烧杯，蒸发皿，镍铬丝，煤气灯或酒精喷灯，酒精灯，冰块，pH 试纸。

$AgNO_3$，$BaCl_2$(0.2 mol·L^{-1})，$CaCl_2$(0.2 mol·L^{-1})，$CuSO_4$(0.2 mol·L^{-1})，$FeCl_3$(0.2 mol·L^{-1})，$FeSO_4$(0.5 mol·L^{-1})，$K_2Cr_2O_7$，KI，$KMnO_4$，$Na_2B_4O_7$(饱和)，Na_2CO_3(0.2 mol·L^{-1})，$NaNO_2$(0.2 mol·L^{-1}，饱和)，$NaNO_3$，Na_3PO_4，Na_2HPO_4，NaH_2PO_4，$Na_4P_2O_7$，$NaPO_3$，Na_2SiO_3(20%)，NH_4Cl(饱和)，$Pb(NO_3)_2$(0.01 mol·L^{-1})，HCl(6 mol·L^{-1}，浓)，H_2SO_4(0.1 mol·L^{-1}，2 mol·L^{-1}，浓)，HNO_3(2 mol·L^{-1}，浓)，HAc(6 mol·L^{-1})，$NH_3 \cdot H_2O$(2 mol·L^{-1}，浓)，乙醇，甲基橙指示剂，甘油，靛蓝溶液，品红溶液，奈斯勒试剂，蛋清溶液，硼砂(s)，硫粉，活性炭，$AgNO_3$(s)，$CaCl_2$(s)，$Ca(OH)_2$(s)，$CoCl_2$(s)，$Cu(NO_3)_2$(s)，$CuSO_4 \cdot 5H_2O$(s)，$FeSO_4$(s)，$FeCl_3$(s)，H_3BO_3(s)，KNO_3(s)，$MgCO_3$(s)，$MnSO_4$(s)，Na_2CO_3(s)，$NiSO_4$(s)，NH_4Cl(s)，$(NH_4)_2SO_4$(s)，$NiSO_4$(s)，$PbCO_3$(s)，$ZnSO_4$(s)，Zn 粒。

【实验步骤】

一、硼酸及其盐的性质

1. 硼酸的制备与鉴定

在试管中加 1 mL 饱和硼砂溶液，再加入 0.5 mL 浓 H_2SO_4，搅拌并用冰水冷却，观察产物的状态，写出反应方程式。

将反应生成的 H_3BO_3 固体转入蒸发皿中，加 1 mL 乙醇后混合，点燃，观察火焰的颜色，写出反应方程式。此反应可用于硼酸、硼砂等含硼化合物的鉴定。

2. 硼酸的酸性

在试管中加入少量 H_3BO_3 固体和水，微热溶解后，检查 pH。向溶液中加入 1 滴甲基橙指示剂，观察溶液颜色。把溶液分成两份，一份留作比较，另一份中加入几滴甘油（丙三醇），振荡后，观察溶液颜色变化并解释原因。

3. 硼酸盐的性质

（1）硼砂珠试验。硼砂脱水后生成 $Na_2B_4O_7$，其可看成 2 个 $NaBO_2$ 和 1 个 B_2O_3 的复合物。B_2O_3 是酸性氧化物，可与碱性的金属氧化物反应生成偏硼酸盐。许多偏硼酸盐具有特征的颜色。利用这类反应可鉴定某些金属离子，称为硼砂珠试验。

用镍铬丝圈蘸取一些硼砂固体，在氧化焰上烧成白色的圆珠，若有颜色，说明镍铬丝未处理干净，应蘸取少许 HCl 灼烧，反复进行几次以除净杂质。

用硼砂珠鉴定钴盐：将镍铬丝或白金丝弯出水滴状圈，烧热后蘸取硼砂，继续灼烧至蓬松爆米花状，滴上一滴含钴溶液（一定少加，以避免颜色太深），继续灼烧熔融至没有气泡，冷却，观察硼砂珠的颜色。写出反应方程式。试用同样的方法与铜盐、镍盐、铬盐、铁盐等进行反应（颜色浅的须将溶液换成固体），观察现象，写出反应方程式。

（2）硼砂溶液的缓冲作用。取饱和硼砂溶液，测其 pH，然后试验其缓冲作用，写出反应方程式，说明硼砂溶液具有缓冲作用的原因。

另取两份硼砂饱和溶液，分别加入浓 HCl 和饱和 NH_4Cl 溶液，观察现象，写出反应方程式。

二、活性炭的吸附作用

1. 对无机物的吸附

在一支细玻璃管中装入高度约 10 cm 的活性炭颗粒，上下都塞上棉花团（防止活性炭漏出，不可过紧），然后将 $0.001\ mol \cdot L^{-1}\ Pb(NO_3)_2$ 溶液加入管内。取几滴通过活性炭的 $Pb(NO_3)_2$ 溶液，向其中加 1 滴 $K_2Cr_2O_7$ 溶液，观察有无沉淀生成。再取同体积的 $Pb(NO_3)_2$ 溶液加 $K_2Cr_2O_7$ 溶液与之作比较，观察现象，做出结论。

2. 对有机物的吸附

在试管中加入少量靛蓝或品红溶液，再加少量的活性炭，观察颜色的变化，给出结论。

三、碳酸盐和硅酸盐的性质

1. 碳酸盐的水解和热分解

（1）碳酸盐的水解

分别试验 Na_2CO_3 溶液与 $BaCl_2$ 溶液、$FeCl_3$ 溶液、$CuSO_4$ 溶液的作用，观察沉淀的产生并检查沉淀中有无 CO_3^{2-}，说明原因。

（2）碳酸盐的热分解

取少量 Na_2CO_3、$MgCO_3$、$PbCO_3$ 固体分别放入干燥的试管中，用煤气灯或酒精喷灯加热。观察实验现象，检查有无 CO_2 产生，设法鉴定三种盐是否发生了分解反应。总结碳酸盐热分解的规律。

2. 硅酸盐的性质

（1）硅酸盐的水解

取少量水玻璃溶液或 20%的 Na_2SiO_3 溶液，先检查其 pH，然后加约 2 倍体积的饱和 NH_4Cl 溶液，观察沉淀的生成并检查产生的气体。

(2) 硅酸凝胶的生成

在少量水玻璃溶液中，通入 CO_2，观察现象，写出反应方程式。

在少量 Na_2SiO_3 溶液中，滴加 6 mol·L^{-1} HCl 溶液，观察现象（如无凝胶生成，可微热），写出反应方程式。

(3) 微溶性硅酸盐的生成——“水中花园”

在小烧杯中加入约 2/3 体积的水玻璃溶液或 20%的 Na_2SiO_3 溶液，用药匙撒一薄层粉状的 $CuSO_4 \cdot 5H_2O$ 固体，然后再向烧杯中各投一粒 $CaCl_2$、$ZnSO_4$、$CoCl_2$、$NiSO_4$、$MnSO_4$、$FeSO_4$ 和 $FeCl_3$ 固体。静置，观察各种微溶性硅酸盐的生成。尝试解释其机理。

根据实验内容，比较硼和硅性质的异同。

四、氨和铵盐的性质

1. 氨的生成和性质

将 1 g NH_4Cl 和 1 g $Ca(OH)_2$ 混匀，置于干燥的试管中，用带有导管的胶塞塞上，用酒精灯加热试管，将产生的氨气通入少量的 $CuSO_4$ 溶液，观察沉淀的生成和溶解。

2. 铵盐的性质与鉴定

(1) 铵盐的还原性

在试管中混合少量饱和 NH_4Cl 和 $NaNO_2$ 溶液，观察有无变化。然后将试管水浴加热、观察气体的生成，写出反应方程式。此反应也称消除反应，是实验室制备氮的常用方法。

(2) 铵盐的热分解

取约 1 g NH_4Cl 固体于试管中，并将其压实，在管口贴一小条湿润的 pH 试纸，然后将试管加热，观察试纸颜色的变化，继续加热又有什么变化？写出反应方程式。

取少量 $(NH_4)_2SO_4$ 固体，加热，检查产生的气体，写出反应方程式。

结合 NH_4NO_2、NH_4Cl、$(NH_4)_2SO_4$ 热分解，说明铵盐热分解的一般规律。

(3) 铵离子的鉴定

气室法：NH_4^+ 遇碱生成 NH_3，利用其挥发性和碱性进行鉴定。设计实验方案、选择合适的试剂进行鉴定。

奈氏法：奈斯勒试剂是碱性的四碘合汞酸钾溶液，即 K_2HgI_4 的 KOH 溶液，能与 NH_4^+ 生成红棕色沉淀。反应方程式为：

$$NH_4^+ + 2[HgI_4]^{2-} + 4OH^- \xlongequal{} [OHg_2NH_2]I \downarrow + 7I^- + 3H_2O$$

取 1 滴铵盐溶液，加 1 滴奈斯勒试剂，观察沉淀的生成和颜色。

五、亚硝酸和亚硝酸盐

1. 亚硝酸的生成和分解

向试管内加入少量饱和 $NaNO_2$ 溶液，用冰水冷却后再加入约同体积用冰水冷却的 0.1 mol·L^{-1} H_2SO_4 溶液，混匀，仔细观察溶液的颜色有什么变化。然后从冰水中取出试管，放置片刻又有什么变化？写出反应方程式，解释实验现象。

2. 亚硝酸的氧化还原性

（1）向试管内加入几滴 0.1 mol·L^{-1}KI 溶液和少量 2 mol·L^{-1} H_2SO_4 溶液，滴加 0.2 mol·$L^{-1}$$NaNO_2$ 溶液，观察实验现象，写出反应方程式。

（2）向试管内加入几滴 0.1 mol·$L^{-1}$$KMnO_4$ 溶液和少量 2 mol·L^{-1} H_2SO_4 溶液，滴加 0.2 mol·$L^{-1}$$NaNO_2$ 溶液，观察实验现象，写出反应方程式。

根据溶液的 pH 近似计算相关电对的电极电势，说明反应需酸化的原因。

3. 亚硝酸根的鉴定

向试管中加几滴 0.2 mol·$L^{-1}$$NaNO_2$ 溶液，滴加 $AgNO_3$ 溶液，观察沉淀的生成和颜色，写出反应方程式。

六、硝酸和硝酸盐

1. 硝酸的氧化性

向少量的硫粉中加入少量的浓 HNO_3 后，水浴加热，观察有何气体产生？冷却后检验产物。写出反应方程式。

向两支试管中各加一粒 Zn 粒，然后向其中一个试管内加入少量浓 HNO_3，向另一试管加少量的 2 mol·L^{-1} HNO_3，观察两支试管中的反应现象和反应速率有什么不同。

待反应进行一段时间后，鉴定 Zn 与 HNO_3 反应是否有 NH_4^+ 生成。写出反应方程式。

2. 硝酸盐的热分解

向干燥试管中加入少量固体 KNO_3，然后加热熔融分解，观察产物的颜色和状态，检查产生的气体和固体产物，写出反应方程式。

同样，加热 $Cu(NO_3)_2$ 和 $AgNO_3$，观察现象，写出反应方程式。总结硝酸盐热分解的规律。

3. 硝酸根的鉴定

向试管中加入 1 mL 0.5 mol·$L^{-1}$$FeSO_4$ 溶液和几滴 1 mol·$L^{-1}$$NaNO_3$ 溶液，摇匀。斜持试管并沿管壁缓慢加入 1 mL 浓 H_2SO_4，使其沉至管底，在浓硫酸和水溶液的界面处有棕色的$[Fe(NO)]^{2+}$生成，从试管的侧面可以观察到“棕色环”。

$$NO_3^- + 3Fe^{2+} + 4H^+ = NO + 3Fe^{3+} + 2H_2O$$

$$NO + Fe^{2+} = [Fe(NO)]^{2+}$$

NO_2^- 虽有类似的反应，但生成棕色溶液而不成环。

七、磷酸盐的性质

1. 向 3 支试管中分别加入几滴 Na_3PO_4、Na_2HPO_4 和 NaH_2PO_4 溶液，检查其 pH。然后各加入约 3 倍体积的 $AgNO_3$ 溶液。观察现象并检查 pH，写出反应方程式并加以解释。

2. 分别向 Na_3PO_4、Na_2HPO_4、NaH_2PO_4 溶液中加入 0.2 mol·$L^{-1}$$CaCl_2$ 溶液，观察有无沉淀产生。各滴加 $NH_3 \cdot H_2O$ 后有什么变化？再加 2 mol·L^{-1} HCl 溶液又有什么变化？

比较 $Ca_3(PO_4)_2$、$CaHPO_4$、$Ca(H_2PO_4)_2$ 的溶解度，说明它们之间的转化条件，写出

反应方程式。

3. 分别取 $NaPO_3$、Na_3PO_4、$Na_4P_2O_7$ 溶液，然后加入 $AgNO_3$ 溶液，观察沉淀的颜色，写出反应方程式。正磷酸盐也可以用钼酸铵的方法进行鉴定。

分别取 $NaPO_3$ 和 $Na_4P_2O_7$ 溶液于两支试管中，加少量 HAc 酸化，加入蛋清溶液，观察实验现象。

八、设计实验

1. PO_4^{3-} 溶液中混有少量的 Cl^- 和 SO_4^{2-}。设计方案鉴定这些离子并除去 Cl^- 和 SO_4^{2-}，写出实验步骤、现象和相关的化学反应方程式。

2. 设计实验，将 Na_2CO_3、$NaHCO_3$、NH_4NO_3 三者予以鉴别。

【思考题】

1. 硼酸为弱酸，为什么硼酸溶液加甘油后酸性会增强？
2. 为什么向 Na_2SiO_3 溶液中通入 CO_2 能生成硅酸？
3. 为什么不能用磨口玻璃瓶盛装碱溶液？
4. 在化学反应中，为什么一般不用 HNO_3 和 HCl 作为酸化试剂？
5. 铜、锌分别与浓 HNO_3、稀 HNO_3 反应，产物有什么不同？
6. 现有 $NaNO_3$ 和 $NaNO_2$ 溶液，试用三种方法加以区别。
7. 用最简单的方法鉴别下列失去标签的物质：Na_2CO_3、$NaHCO_3$、Na_3PO_4、NaH_2PO_4、Na_2HPO_4、$NaPO_3$ 和 $Na_4P_2O_7$。

【附注】

活性炭的吸附作用：活性炭是多孔物质，它的比表面积很大，1 g 活性炭的表面积可达 1000 m^2。它能吸附多种物质，1 g 活性炭可吸附氨 181 L，氯 235 L。因此它经常被用于分离物质和除去杂质，在某些反应中也起催化作用。活性炭的表面存在不饱和化学键，其表面与被吸附物质间产生范德华力，使得其具有强大的吸附能力。使用过的活性炭经过处理又可活化恢复吸附能力。

实验二十六 锡、铅、锑、铋

【实验目的】

1. 掌握锡、铅、锑、铋离子的鉴定，氢氧化物的酸碱性、硫化物的生成和性质。
2. 掌握二价铅难溶盐的生成和性质，锑盐和铋盐的水解性。
3. 掌握二价锡、三价锑和铋的还原性，四价铅、五价锑和铋的氧化性。

【实验用品】

离心机，台秤，电热板，烧杯，量筒，微型试管，试管，酒精灯，pH 试纸。

$Bi(NO_3)_3$（0.2 mol·L^{-1}），K_2CrO_4（0.2 mol·L^{-1}），$HgCl_2$（0.2 mol·L^{-1}），KI

(0.2 $mol \cdot L^{-1}$)，$MnSO_4$，NaClO(0.5 $mol \cdot L^{-1}$)，$NaHCO_3$，Na_2S(1 $mol \cdot L^{-1}$)，Na_2SO_4(0.2 $mol \cdot L^{-1}$)，$Pb(NO_3)_2$(0.2 $mol \cdot L^{-1}$)，$SbCl_3$(0.2 $mol \cdot L^{-1}$)，$SnCl_2$(0.2 $mol \cdot L^{-1}$)，$SnCl_4$(0.2 $mol \cdot L^{-1}$)，HNO_3(6 $mol \cdot L^{-1}$，浓)，NH_4Cl(饱和)，HAc(2 $mol \cdot L^{-1}$)，HCl(2 $mol \cdot L^{-1}$，6 $mol \cdot L^{-1}$，浓)，H_2SO_4(2 $mol \cdot L^{-1}$)，$NH_3 \cdot H_2O$(2 $mol \cdot L^{-1}$，6 $mol \cdot L^{-1}$)，NaOH(2 $mol \cdot L^{-1}$，6 $mol \cdot L^{-1}$)，硫代乙酰胺溶液，碘水，氯水，$Bi(NO_3)_3 \cdot 5H_2O(s)$，$NaBiO_3(s)$，$Pb(Ac)_2 \cdot 3H_2O(s)$，$PbO_2(s)$，$Pb_3O_4(s)$，$SbCl_3(s)$。

【实验步骤】

一、氢氧化物的生成和酸碱性

1. 锡和铅的氢氧化物

取 0.2 $mol \cdot L^{-1}$ $SnCl_2$ 溶液分盛于三支试管中，各加入少量 2 $mol \cdot L^{-1}$ $NH_3 \cdot H_2O$，观察沉淀 $Sn(OH)_2$ 的生成。离心分离后，分别向三支试管中加入稀 HCl、稀 NaOH 溶液、过量 6 $mol \cdot L^{-1}$ $NH_3 \cdot H_2O$，观察现象，写出反应方程式。

用 $Pb(NO_3)_2$ 溶液代替 $SnCl_2$ 溶液重复上述实验，写出反应方程式。

由以上实验总结锡、铅氢氧化物的共性。

2. 三价锑、铋的氢氧化物

(1) 配制 $SbCl_3$ 和 $Bi(NO_3)_3$ 溶液

锑盐和铋盐极易水解，配制溶液时应直接溶于酸中。

将 0.46 g $SbCl_3$ 和 0.96 g $Bi(NO_3)_3 \cdot 5H_2O$ 固体放在小烧杯中，分别用盐酸和硝酸配制 0.2 $mol \cdot L^{-1}$ $SbCl_3$ 和 0.2 $mol \cdot L^{-1}$ $Bi(NO_3)_3$ 溶液各 10 mL，供下面实验用。

(2) 锑、铋氢氧化物的生成和性质

向少量 $SbCl_3$ 溶液中滴加少量 2 $mol \cdot L^{-1}$ NaOH 溶液，观察白色沉淀的生成。然后分别试验沉淀是否溶于 6 $mol \cdot L^{-1}$ NaOH 和 6 $mol \cdot L^{-1}$ HCl 溶液。写出反应方程式。

用少量 $Bi(NO_3)_3$ 溶液代替 $SbCl_3$ 溶液重复上述实验。

由实验结果比较三价锑、铋氢氧化物的酸碱性及变化规律。

二、硫化物与难溶盐

1. 锡的硫化物的生成与性质

取少量 0.2 $mol \cdot L^{-1}$ $SnCl_2$ 溶液于试管中，加入几滴硫代乙酰胺溶液，微热，观察沉淀的颜色，离心分离，并用蒸馏水洗涤沉淀。分别试验沉淀与 6 $mol \cdot L^{-1}$ HCl（在通风橱中进行）、6 $mol \cdot L^{-1}$ NaOH、1 $mol \cdot L^{-1}$ Na_2S 溶液的反应，观察实验现象，写出反应方程式。

以 $SnCl_4$ 溶液代替 $SnCl_2$ 溶液进行实验，观察实验现象，写出反应方程式。通过实验能得出什么结论？

2. PbS 的生成和性质

取少量 0.2 $mol \cdot L^{-1}$ $Pb(NO_3)_2$ 溶液，加入几滴硫代乙酰胺溶液，微热，观察沉淀的颜色（若沉淀颜色与理论颜色不符，可加一滴 NaOH 溶液）。分别试验沉淀与 6 mol·L^{-1} HCl（在通风橱中进行）、6 mol·L^{-1} NaOH、1 mol·L^{-1} Na_2S、浓 HNO_3 的反应，写出反应方程式。

比较 SnS 和 PbS 性质有何不同。

3. 锑、铋硫化物的生成和性质

（1）硫化物的生成

分别在少量 $SbCl_3$、$Bi(NO_3)_3$ 溶液中滴加少量硫代乙酰胺溶液，水浴加热，观察沉淀的颜色。将沉淀洗涤后留作下面实验用。

（2）硫化物的性质

分别试验自制的 Sb_2S_3 和 Bi_2S_3 在 6 mol·L^{-1} HCl、6 mol·L^{-1} NaOH 溶液中的溶解情况，写出反应方程式。

取少量自制的 Sb_2S_3 和 Bi_2S_3，分别加入 1 mol·L^{-1} Na_2S 溶液，搅拌，观察硫化物是否溶解。若溶解，再加入 2 mol·L^{-1} HCl 溶液（在通风橱中进行），又有什么变化？写出反应方程式。

由实验结果比较锑、铋硫化物的酸、碱性，并总结锑、铋金属性在同族元素中的变化规律。

4. 铅的难溶盐

（1）氯化铅和碘化铅

在少量 0.2 mol·L^{-1} $Pb(NO_3)_2$ 溶液中滴加 2 mol·L^{-1} HCl 溶液，观察产物的颜色和状态。将试管加热，再冷却，有什么变化？说明 $PbCl_2$ 的溶解度与温度的关系。

用 KI 溶液代替 HCl 溶液重复上述实验。

（2）硫酸铅

向少量 0.2 mol·L^{-1} $Pb(NO_3)_2$ 溶液中滴加 0.2 mol·L^{-1} Na_2SO_4 溶液，观察沉淀的生成，并试验沉淀是否溶于 6 mol·L^{-1} HNO_3 溶液、浓 HNO_3、饱和 NH_4Cl 溶液中，写出反应方程式。

（3）铬酸铅

向少量 0.2 mol·L^{-1} $Pb(NO_3)_2$ 溶液中滴加 0.2 mol·L^{-1} K_2CrO_4 溶液，观察沉淀的颜色，并试验沉淀在 6 mol·L^{-1} HNO_3、2 mol·L^{-1} HAc 和 6 mol·L^{-1} NaOH 溶液中的溶解情况，写出反应方程式。

三、氧化还原性

1. 二价锡的还原性

（1）向少量 0.2 mol·L^{-1} $HgCl_2$ 溶液中缓慢滴加 $SnCl_2$ 溶液并搅拌，观察沉淀的生成和颜色变化，写出反应方程式。此反应可以鉴定 Sn^{2+} 和 Hg^{2+}。

（2）取少量 0.2 mol·L^{-1} $SnCl_2$ 溶液，滴加 NaOH 溶液至生成的沉淀溶解，然后滴加 0.2 mol·L^{-1} $Bi(NO_3)_3$ 溶液，立即有黑色的金属铋生成。此反应可用于鉴定 Bi^{3+}：

$$3[Sn(OH)_3]^- + 2Bi^{3+} + 9OH^- \longrightarrow 3[Sn(OH)_6]^{2-} + 2Bi\downarrow$$

2. 四价铅的氧化性

（1）二氧化铅的制备

取少量 $Pb(Ac)_2 \cdot 3H_2O$ 固体于试管中，加少许水溶解后加入 1 mL 0.5mol · L^{-1} NaClO 溶液，水浴加热一段时间，观察沉淀的生成和颜色，写出反应方程式。离心分离并以水洗净沉淀。

（2）四价铅的氧化性

取少量自制的 PbO_2 于试管中，加入 1 mL 2mol · L^{-1} H_2SO_4 和 2 滴 $MnSO_4$ 溶液，水浴加热，观察现象，写出反应方程式。

根据相关电对的电极电势数据说明上述几个反应为什么能进行。

3. 铅丹的组成

取少量 Pb_3O_4 固体于试管中，加入 3 mL 6 mol · L^{-1} HNO_3 溶液，水浴加热并搅拌一段时间，将沉淀和溶液分离。观察固态物质的颜色，并试验其与 Mn^{2+} 的反应，写出反应方程式。设计方案验证溶液中 Pb^{2+} 的存在，写出反应方程式。

4. 三价锑的还原性和五价锑的氧化性

取少量 $SbCl_3$ 溶液，滴加 NaOH 溶液调至近中性，再用 $NaHCO_3$ 溶液调 pH 至 8～9，加入碘水，观察实验现象，再用浓 HCl 溶液酸化，有何变化？写出反应方程式。

5. 五价铋的强氧化性

（1）Bi(Ⅴ)化合物的生成

在少量 $Bi(NO_3)_3$ 溶液中加入足量的 6 mol · L^{-1}NaOH 溶液，再滴加氯水并水浴加热，观察沉淀的颜色，写出反应方程式。

（2）Bi(Ⅴ)的强氧化性

在少量 $NaBiO_3$ 试管中加入稀 H_2SO_4 酸化后，加 1 滴 $MnSO_4$ 溶液，观察现象。根据实验现象判断所生成的产物，写出反应方程式。

根据相关电极电势数据对以上反应加以解释。

四、盐类的水解

1. $SbCl_3$ 的水解

取少量 $SbCl_3$ 固体于试管中，加入少量蒸馏水，观察白色沉淀的生成，检验溶液的 pH。滴加 6 mol · L^{-1} HCl 溶液至沉淀刚好溶解为止。再加水稀释又有什么变化？写出水解反应方程式。

2. $Bi(NO_3)_3$ 的水解

取少量 $Bi(NO_3)_3 \cdot 5H_2O$ 固体于试管中，加入蒸馏水，观察白色沉淀的生成。再滴加浓 HNO_3 并微热，至沉淀刚好溶解，再将其倒入盛水的小烧杯中，是否又有沉淀生成？写出反应方程式。

用平衡移动原理对水解反应加以解释。

五、设计实验

有 Ag^+、Pb^{2+}、Bi^{3+} 混合溶液，请利用下列试剂进行鉴定：6 mol · L^{-1}HCl、6 mol · L^{-1} HNO_3、2 mol · L^{-1} HAc、硫代乙酰胺水溶液、2 mol · L^{-1} $NH_3 \cdot H_2O$ 和 0.2 mol · L^{-1} $SnCl_2$ 溶液。

设计实验方案并进行实验，写出实验步骤、现象和相关化学反应方程式。

【思考题】

1. 实验室配制 $SnCl_2$ 溶液时，为什么既要加盐酸又要加锡粒？

2. 结合实验说明锡、铅氧化还原性不同的原因。

3. 用 PbO_2 将 Mn^{2+} 氧化为 MnO_4^- 时，溶液酸化可选用 HNO_3 和 H_2SO_4，哪个更好？为什么？

4. 根据 Sb_2S_3 和 Bi_2S_3 与 Na_2S 溶液、NaOH 溶液、酸作用的结果，总结二者酸碱性变化规律，并与三价锑、铋氧化物的酸碱性变化规律进行比较。

5. 设计实验方案对 $SbCl_3$ 和 $Bi(NO_3)_3$ 混合溶液进行分离和鉴定。

实验二十七 铜、银、锌、汞

【实验目的】

1. 试验铜、银、锌、汞的含氧化合物、配合物、硫化物的生成和性质。

2. 掌握铜和银化合物的氧化还原性。

3. 掌握一价铜和二价铜、一价汞和二价汞的相互转化。

4. 掌握铜、银、锌、汞离子的鉴定方法。

【实验用品】

离心机，电热板，煤气灯或酒精灯，烧杯，试管，量筒。

$AgNO_3$，$CoCl_2$($0.2\ mol \cdot L^{-1}$)，$CuCl_2$($2\ mol \cdot L^{-1}$)，$CuSO_4$($0.2\ mol \cdot L^{-1}$)，$HgCl_2$($0.2\ mol \cdot L^{-1}$)，$Hg(NO_3)_2$($0.2\ mol \cdot L^{-1}$)，$Hg_2(NO_3)_2$($0.2\ mol \cdot L^{-1}$)，KI($0.2\ mol \cdot L^{-1}$)，KSCN($0.5\ mol \cdot L^{-1}$)，$Na_2S_2O_3$($0.2\ mol \cdot L^{-1}$)，$NaHSO_3$($2\ mol \cdot L^{-1}$)，NaCl($3\ mol \cdot L^{-1}$，饱和)，$SnCl_2$($0.2mol \cdot L^{-1}$)，$ZnSO_4$($0.2\ mol \cdot L^{-1}$)，HCl($2\ mol \cdot L^{-1}$，$6\ mol \cdot L^{-1}$、浓)，HNO_3($6\ mol \cdot L^{-1}$，浓)，H_2SO_4($3\ mol \cdot L^{-1}$)，NaOH($2\ mol \cdot L^{-1}$，$6\ mol \cdot L^{-1}$)，$NH_3 \cdot H_2O$($2\ mol \cdot L^{-1}$)，KOH($6\ mol \cdot L^{-1}$)，NH_4Cl($0.2\ mol \cdot L^{-1}$)，NH_4NO_3-NH_3($4\ mol \cdot L^{-1}$)，葡萄糖溶液(10%)，硫代乙酰胺溶液，汞，铜屑。

【实验步骤】

一、含氧化合物的生成和性质

1. $Cu(OH)_2$ 和 CuO 的生成和性质

选择试剂：$0.2\ mol \cdot L^{-1}$ $CuSO_4$ 溶液、$6\ mol \cdot L^{-1}$ NaOH 溶液、浓盐酸。

(1) 试验 $Cu(OH)_2$ 的生成与两性，写出实验现象和反应方程式。

(2) 试验 CuO 的生成和其与浓盐酸的反应，写出实验现象和反应方程式。

2. Ag^+ 与 NaOH 的反应

试验 $AgNO_3$ 溶液与 2 mol·L^{-1}NaOH 溶液作用，观察沉淀的颜色，试验沉淀是否溶于过量的 NaOH 溶液。

3. $Zn(OH)_2$ 的生成与性质

在少量 0.2 mol·$L^{-1}$$ZnSO_4$ 溶液中滴加 2 mol·L^{-1}NaOH 溶液至过量，观察现象，写出反应方程式。

4. Hg^{2+} 与 NaOH 的反应

试验 0.2 mol·$L^{-1}$$Hg(NO_3)_2$ 溶液与 2 mol·L^{-1}NaOH 溶液作用，观察沉淀的颜色，试验沉淀是否溶于过量的 NaOH 溶液和 HCl 溶液。

5. Hg_2^{2+} 与 NaOH 反应

向少量 0.2 mol·$L^{-1}$$Hg_2(NO_3)_2$ 溶液中滴加少量的 2 mol·L^{-1}NaOH 溶液，观察沉淀的生成和颜色。向沉淀中缓慢滴加 HCl 溶液，观察现象，写出反应方程式。

二、配合物的生成与性质

1. 与氨形成的配合物

（1）在少量 0.2 mol·$L^{-1}$$CuSO_4$ 溶液中滴加适量 $NH_3 \cdot H_2O$，观察沉淀的生成和颜色。再滴加过量的 2 mol·$L^{-1}$$NH_3 \cdot H_2O$，观察沉淀的溶解和配合物的颜色。将溶液分成两份，一份加热，另一份缓慢滴加 2 mol·L^{-1}HCl 溶液。观察并解释实验现象，写出反应方程式。

再以 $AgNO_3$、$ZnSO_4$ 溶液代替 $CuSO_4$ 溶液重复实验。

（2）在少量 0.2 mol·$L^{-1}$$Hg(NO_3)_2$ 溶液中滴加 2 mol·$L^{-1}$$NH_3 \cdot H_2O$，观察沉淀的生成和颜色，再加入适量 4 mol·$L^{-1}$$NH_4NO_3$-$NH_3$ 混合溶液，观察沉淀的溶解。

在 NH_4NO_3-NH_3 混合溶液中加入 2 滴 $Hg(NO_3)_2$ 溶液，并无沉淀析出，说明在 NH_4^+ 存在下，Hg^{2+} 与氨生成了可溶性的配合物$[Hg(NH_3)_4]^{2+}$。

以 0.2 mol·$L^{-1}$$HgCl_2$ 代替 $Hg(NO_3)_2$ 进行实验，观察实验现象。

2. $[Ag(S_2O_3)_2]^{3-}$ 的生成和性质

在少量 $AgNO_3$ 溶液中滴加 $Na_2S_2O_3$ 溶液至过量，观察沉淀的生成、溶解，写出反应方程式。再向生成的无色溶液中滴加 3 mol·L^{-1} 硫酸，观察实验现象，写出反应方程式。

3. $[HgI_4]^{2-}$ 的生成和性质

在少量 0.2 mol·$L^{-1}$$Hg(NO_3)_2$ 溶液中滴加 KI 溶液，观察沉淀的生成和颜色，当 KI 过量时沉淀溶解生成配合物$[HgI_4]^{2-}$。

在$[HgI_4]^{2-}$溶液中滴加少量 6 mol·L^{-1}KOH 溶液至微黄色而又无明显的沉淀析出，即得奈斯勒试剂，可用来检验 NH_4^+ 或 NH_3。向该奈斯勒试剂中加 1 滴 NH_4Cl（或稀 $NH_3 \cdot H_2O$），观察沉淀的颜色，写出反应方程式。

4. $[Hg(SCN)_4]^{2-}$ 的生成与性质

在少量 0.2 mol·$L^{-1}$$Hg(NO_3)_2$ 溶液中滴加 0.5 mol·L^{-1}KSCN 溶液，观察白色沉淀

的生成，KSCN 过量时沉淀溶解生成$[Hg(SCN)_4]^{2-}$。

在$[Hg(SCN)_4]^{2-}$溶液中滴加 $ZnSO_4$ 溶液，观察白色 $Zn[Hg(SCN)_4]$沉淀的生成，此反应可用来鉴定 Zn^{2+}。

在$[Hg(SCN)_4]^{2-}$溶液中滴加 $CoCl_2$ 溶液，观察蓝色 $Co[Hg(SCN)_4]$沉淀的缓慢生成(若反应慢可微热)，此反应可用来鉴定 Co^{2+}。

三、硫化物的生成和性质

反应在通风橱中进行。分别在 $CuSO_4$、$AgNO_3$、$ZnSO_4$ 和 $Hg(NO_3)_2$ 溶液中滴加少量硫代乙酰胺溶液（或饱和 H_2S 溶液），观察沉淀的颜色（若沉淀生成较慢可微热）。试验沉淀与 6 $mol \cdot L^{-1}$ HCl 溶液的作用，不溶的分别与浓 HNO_3（若不溶可加热）、王水作用。写出反应方程式，用溶度积原理加以解释。

四、氧化还原性

1. CuCl 的生成和性质

(1) 以单质铜为还原剂制 CuCl

在试管中加入 1 mL 2 $mol \cdot L^{-1}$ $CuCl_2$ 溶液，2 mL 2 $mol \cdot L^{-1}$ HCl 溶液，1 mL 饱和 NaCl 溶液和少量铜屑。水浴加热，溶液先变为棕色，后又变浅直至近无色。取 1 滴该溶液滴在除氧的蒸馏水中，如有白色沉淀生成，则将溶液全部倒入除氧蒸馏水中，得白色 CuCl。写出反应方程式。

(2) 由亚硫酸盐为还原剂制 CuCl

在试管中加入 1 mL 2 $mol \cdot L^{-1}$ $CuCl_2$ 溶液，滴加 2 $mol \cdot L^{-1}$ $NaHSO_3$ 溶液至溶液显黄绿色。水浴加热，冷却后观察白色沉淀的生成和溶液的颜色变化。

(3) CuCl 的性质

取少量洗净的 CuCl 暴露于空气中，稍后观察其颜色变化，写出反应方程式。

分别试验 CuCl 与稀 H_2SO_4 溶液和 $NH_3 \cdot H_2O$ 反应，观察实验现象，写出反应方程式，并加以解释。

2. CuI 的生成

取少量 $CuSO_4$ 溶液和 KI 溶液作用，观察产物的颜色和状态。加入合适的还原剂（Na_2SO_3、$Na_2S_2O_3$、$SnCl_2$ 等）除去 I_2，得到的沉淀是什么颜色？写出方程式并说明原因。

3. Cu_2O 的生成和性质

在少量 $CuSO_4$ 溶液中加入过量 NaOH 溶液，再滴加 10%的葡萄糖溶液，水浴加热，观察现象，写出反应方程式。离心分离后分别使沉淀与浓 HCl 和稀 H_2SO_4 溶液作用，观察实验现象，写出反应方程式。

4. 银镜的制作

在试管中加约 1 mL $AgNO_3$ 溶液，滴加 2 $mol \cdot L^{-1}$ $NH_3 \cdot H_2O$ 至生成的沉淀刚好溶解为止。加入几滴 10%的葡萄糖溶液，水浴加热，观察试管壁上“银镜”的生成：

$$2[Ag(NH_3)_2]^+ + C_5H_{11}O_5CHO + 2OH^- = 2Ag + C_5H_{11}O_5COO^- + NH_4^+ + 3NH_3 + H_2O$$

5. 一价汞与二价汞的互相转化

(1) Hg_2^{2+} 的歧化

在少量 0.2 mol·L^{-1} $Hg_2(NO_3)_2$ 溶液中滴加 2 mol·L^{-1} $NH_3 \cdot H_2O$，观察现象，写出反应方程式。

(2) Hg^{2+} 转化为 Hg_2^{2+}

在 $Hg(NO_3)_2$ 溶液中加 1 滴金属汞，搅拌。取上层清液分别与 NaCl 溶液和 $NH_3 \cdot H_2O$ 作用，以鉴定 Hg_2^{2+} 的生成。写出反应方程式。

(3) $HgCl_2$ 与 $SnCl_2$ 反应

在少量 $HgCl_2$ 溶液中逐滴加入 0.2 mol·L^{-1} $SnCl_2$ 溶液，观察实验现象，写出反应方程式。

五、设计实验

1. 现有一混合物含有 AgCl、$CuCl_2$、$PbCl_2$ 和 $SnCl_2$，设计一个分离方案并进行实验验证。写出反应步骤、现象和反应方程式。

2. 设计对 Zn^{2+}、Hg^{2+}、Cu^{2+} 和 Ag^+ 混合溶液进行分离和鉴定的实验方案，并用实验验证。写出反应步骤、现象和反应方程式。

【思考题】

1. 在制银镜时，为何把 Ag^+ 转化成 $[Ag(NH_3)_2]^+$？镀在试管上的银镜如何清洗掉？
2. 在 $CuCl_2$ 和 NaCl 混合溶液中滴加 Na_2SO_3 或 $NaHSO_3$ 溶液能否析出 CuCl 沉淀？
3. 锌盐、汞盐生成氨配合物的条件有何不同？
4. 锌盐与汞盐与 NaOH 溶液反应产物有什么不同？

实验二十八 钛、钒、铬、锰

【实验目的】

1. 了解钛、钒的氧化物和含氧酸盐的生成与性质。
2. 了解钒酸根的聚合反应。
3. 掌握铬和锰化合物的氧化还原性及各种氧化态间的相互转化及条件。
4. 掌握各种离子的鉴定反应。

【实验用品】

离心机，电热板，煤气灯或酒精灯，瓷坩埚，坩埚钳，蒸发皿，烧杯，试管，量筒，pH 试纸，淀粉-KI 试纸，醋酸铅试纸。

$AgNO_3$，$BaCl_2$，$CrCl_3$，$Cr_2(SO_4)_3$(饱和)，$CuCl_2$(0.2 mol·L^{-1})，$FeCl_3$(0.1 mol·L^{-1}、0.2 mol·L^{-1})，$FeSO_4$，Na_2S(0.2 mol·L^{-1}，0.5 mol·L^{-1})，Na_2CO_3，$Pb(NO_3)_2$，$MnSO_4$，Na_2SO_3，NH_4VO_3(饱和)，$TiOSO_4$(0.5 mol·L^{-1})，$K_2Cr_2O_7$(0.1 mol·L^{-1}，2 mol·L^{-1})，

K_2CrO_4（0.5 mol·L^{-1}，饱和），KI（0.1 mol·L^{-1}），KBr，$KMnO_4$（0.01 mol·L^{-1}），H_2O_2（6%），HCl（6 mol·L^{-1}，浓），HNO_3（6 mol·L^{-1}），H_2SO_4（3 mol·L^{-1}，6 mol·L^{-1}、浓），NaOH（6 mol·L^{-1}，40%），$NH_3·H_2O$（6 mol·L^{-1}），H_2O_2（6%），NH_4Cl-NH_3（4 mol·L^{-1}），乙醇，戊醇或乙醚，CCl_4，$CrCl_3$(s)，$KClO_3$(s)，$KMnO_4$(s)，KOH(s)，K_2SO_4(s)，MnO_2(s)，$NaBiO_3$(s)，NH_4VO_3(s)，$(NH_4)_2Cr_2O_7$(s)，$(NH_4)_2S_2O_8$(s)，V_2O_5(s)，PbO_2(s)，TiO_2(s)，Zn 粒。

【实验步骤】

一、二氧化钛和钛的含氧酸盐

1. TiO_2 的性质

在两支试管中各加少量 TiO_2 固体，向其中一个试管中加 1 mL 浓 H_2SO_4 溶液，小心加热，向另一试管中加 1 mL 40% NaOH 溶液，水浴加热。观察 TiO_2 是否溶解，写出反应方程式。

2. TiO^{2+} 的水解

试管中加入少量 $TiOSO_4$ 溶液，再加少量蒸馏水，水浴加热，观察现象。反应方程式为：

$$TiOSO_4 + 2H_2O \xlongequal{} TiO_2 + H_2SO_4$$

加水稀释、加碱中和、加热有利于 TiO^{2+} 的水解。

向冷的 $TiOSO_4$ 溶液中加入碱或 $NH_3·H_2O$ 时，生成 α-钛酸（H_4TiO_4），它在常温下可溶于酸或碱。把 α-钛酸长时间煮沸，则生成 β-钛酸，它不溶于酸和碱。

3. Ti（Ⅲ）的生成和还原性

在少量 $TiOSO_4$ 溶液中加入锌粒，放置几分钟并注意观察颜色的变化。然后将清液分成两份，再分别滴加 0.1 mol·L^{-1} $FeCl_3$ 和 0.2 mol·L^{-1} $CuCl_2$ 溶液，观察现象并写出反应方程式。

4. 过氧钛酸根的生成

在少量 $TiOSO_4$ 溶液中滴加 6% H_2O_2 溶液，观察溶液的颜色变化。写出反应方程式。该实验可用于 Ti(Ⅳ) 的鉴定和比色分析。

向上述溶液中滴 6 mol·L^{-1} 的 $NH_3·H_2O$ 直至出现沉淀，观察沉淀的颜色，写出反应方程式。

二、五氧化二钒和钒的含氧酸盐

1. V_2O_5 的生成

取少量 NH_4VO_3 固体于小瓷坩埚中，小火加热（不要熔融，以免生成的 V_2O_5 成块状）并不断搅拌，观察固体的颜色变化。写出 NH_4VO_3 的分解反应方程式。

2. V_2O_5 的性质

将 NH_4VO_3 分解得到的产物分成四份，分别进行如下实验：

(1) 加入适量浓 H_2SO_4，观察 V_2O_5 溶解情况。反应方程式为：

$$V_2O_5+2H^+ = 2VO_2^+ + H_2O$$

再取上层清液于水中稀释，观察稀释前后的颜色变化。

（2）加入约 1 mL 6 mol·L^{-1} NaOH 溶液并水浴加热，观察 V_2O_5 的溶解情况及溶液的颜色。

$$V_2O_5+2NaOH = 2NaVO_3+H_2O$$

（3）加入少量蒸馏水并煮沸，观察 V_2O_5 是否溶解，冷却后检查溶液的 pH。

（4）加入 1 mL 6 mol·L^{-1} H_2SO_4 溶液、1 mL KBr 溶液、1 mL CCl_4，摇动试管，观察 V_2O_5 的溶解情况和 CCl_4 层的颜色有何变化。

$$V_2O_5+2Br^-+6H^+ = 2VO_2^+ + Br_2+3H_2O$$

3. 钒酸根的聚合反应

取半个黄豆粒大小的 V_2O_5 固体于试管中，加入 2 mL 6 mol·L^{-1} NaOH 溶液，水浴加热至 V_2O_5 全部溶解后冷却，再滴加 6 mol·L^{-1} HCl 溶液，观察溶液的颜色变化。

另取 10 mL 饱和 NH_4VO_3 溶液，搅拌下逐滴加入 6 mol·L^{-1} HCl 溶液，观察溶液的颜色变化。当出现沉淀时，试验溶液的 pH，继续滴加盐酸溶液并观察沉淀的溶解和溶液的颜色变化。解释实验现象。

4. 过氧钒酸根的生成

在少量饱和 NH_4VO_3 溶液中滴加 6% H_2O_2 溶液，观察产物的颜色变化，再用 6 mol·L^{-1} H_2SO_4 酸化，溶液的颜色有何变化？再滴加 6 mol·L^{-1} $NH_3·H_2O$，观察产物的颜色与状态。写出反应方程式。

三、钒的常见氧化态及颜色

在 10 mL 饱和 NH_4VO_3 溶液中加 2 mL 6 mol·L^{-1} H_2SO_4 溶液，加入锌粒，观察溶液的颜色变化，至溶液变成紫色后，取出锌粒。反应方程式为：

$$2VO_2^+ + Zn+4H^+ = 2VO^{2+} + Zn^{2+} + 2H_2O$$

$$2VO^{2+} + Zn+4H^+ = 2V^{3+} + Zn^{2+} + 2H_2O$$

$$2V^{3+} + Zn = 2V^{2+} + Zn^{2+}$$

在紫色 V^{2+} 溶液中逐滴加入 0.01 mol·L^{-1} $KMnO_4$ 溶液，观察溶液的颜色变化，写出反应方程式并予以解释。

四、三价铬化合物

1. $Cr(OH)_3$的生成和性质

在少量 $CrCl_3$ 溶液中滴加 6 mol·L^{-1} NaOH 溶液，观察沉淀的生成；将沉淀离心分离并洗净，观察沉淀的颜色。在沉淀中滴加 NaOH 溶液至沉淀全部溶解，观察溶液的颜色。写出反应方程式。

2. 盐的水解

用少量的 $CrCl_3$ 溶液分别与 Na_2S 溶液、Na_2CO_3 溶液作用，观察产物的颜色与状态（必要时可离心分离），设法证明产物是 $Cr(OH)_3$ 而不是 Cr_2S_3 和 $Cr_2(CO_3)_3$。

3. 铬钾矾的制备

在试管中加入 3 mL $Cr_2(SO_4)_3$ 饱和溶液，再按制备 3 mL 饱和 K_2SO_4 溶液所需量加入固体 K_2SO_4，水浴加热后，放置冷却，观察铬钾矾的生成和颜色，写出反应方程式。

4. 三价铬的还原性

在少量 $CrCl_3$ 溶液中滴加 6 mol·L^{-1}NaOH 溶液至生成的沉淀全部溶解，滴加少量 6% H_2O_2 溶液，观察实验现象，写出反应方程式。

5. 三价铬的配合物

（1）氨的配合物

在少量 $CrCl_3$ 溶液中加入过量的 4 mol·$L^{-1}$$NH_4Cl$-$NH_3$ 混合溶液，观察沉淀的生成与颜色，将试管水浴加热，观察沉淀的溶解（或部分溶解），溶液上部生成紫红色的 $[Cr(NH_3)_2(H_2O)_4]^{3+}$ 溶液。

（2）三价铬的水合异构现象

在试管中加入少量 $CrCl_3$ 固体，加入 3 mL 蒸馏水使之溶解，将试管水浴加热约 20 min 后冷却，观察溶液的颜色变化，解释原因。

五、六价铬化合物

1. 氧化性

（1）$(NH_4)_2Cr_2O_7$ 热分解

在一干燥试管中加入少量 $(NH_4)_2Cr_2O_7$ 固体，加热使其分解，观察实验现象及产物的颜色。写出反应方程式。

（2）$K_2Cr_2O_7$ 的氧化性

在硫酸酸化条件下，分别使 $K_2Cr_2O_7$ 溶液与 KI、Na_2SO_3 和 $FeSO_4$ 等溶液作用，观察实验现象，写出反应方程式。

2. CrO_5 的生成与不稳定性

在两支试管中加入 5 滴 $K_2Cr_2O_7$ 溶液、2 滴 3 mol·L^{-1} H_2SO_4 溶液、5 滴 6% H_2O_2 溶液后，向其中一支试管中加入约 0.5 mL 戊醇，振荡。观察两支试管中实验现象是否相同？戊醇层和溶液中的颜色有什么差别？再滴加过量 H_2SO_4 溶液，又会有什么现象出现？

$$Cr_2O_7^{2-}+4H_2O_2+2H^+ = 2CrO_5+5H_2O$$

蓝色的 CrO_5 在水溶液中稳定性差，萃取到乙醚或戊醇中后分解较慢。H_2SO_4 的浓度较大时，CrO_5 分解更快。若 $K_2Cr_2O_7$ 和 H_2SO_4 浓度都较大，则戊醇层为深蓝色，水层逐渐变为绿色（Cr^{3+} 浓度较大）。

3. CrO_4^{2-} 与 $Cr_2O_7^{2-}$ 的互相转化和 CrO_3 的生成

选择试剂：0.5 mol·$L^{-1}$$K_2CrO_4$ 溶液、6 mol·$L^{-1}$$H_2SO_4$ 溶液、2 mol·$L^{-1}$$K_2Cr_2O_7$ 溶液。试验 CrO_4^{2-} 和 $Cr_2O_7^{2-}$ 的互相转化，写出颜色变化和平衡关系式。

在 K_2CrO_4 饱和溶液中滴加浓 H_2SO_4，观察 CrO_3 红色晶体的析出。写出反应方程式。取上层清液缓慢、逐滴加入乙醇，观察实验现象。

4. 难溶盐

分别试验 K_2CrO_4 与 $AgNO_3$、$BaCl_2$、$Pb(NO_3)_2$ 溶液的反应，观察沉淀的颜色。试验

沉淀与 6 mol·L^{-1}NaOH 溶液、6 mol·$L^{-1}$$HNO_3$ 溶液和 6 mol·L^{-1}HCl 溶液的反应。观察实验现象并写出反应方程式。

六、二价锰化合物

1. $Mn(OH)_2$ 的生成和性质

在少量 $MnSO_4$ 溶液中滴加 6 mol·L^{-1}NaOH 溶液，观察沉淀的生成和颜色，将沉淀暴露在空气中，观察颜色变化。写出反应方程式，根据电极电势数据说明在空气中 Mn^{2+} 能稳定存在而 $Mn(OH)_2$ 易被氧化的原因。

2. 二价锰的还原性

取 1 滴 $MnSO_4$ 溶液加几滴 H_2SO_4 酸化，再加入少量 $NaBiO_3$ 固体，观察 MnO_4^- 的生成，写出反应方程式。此反应可用来鉴定 Mn^{2+}。

若以 PbO_2、$(NH_4)_2S_2O_8$ 为氧化剂鉴定 Mn^{2+}，应如何选择实验条件？并通过实验进行验证。

七、二氧化锰的性质

1. 氧化性

（1）在试管中加入少量 MnO_2 粉末，再加入少量浓 HCl，搅拌一段时间，待分层后观察上层溶液的颜色。将试管加热，检验所生成的气体。

$MnCl_4$ 不稳定，受热时分解：

$$MnO_2 + 4HCl \longrightarrow MnCl_4 + 2H_2O$$

$$MnCl_4 \longrightarrow MnCl_2 + Cl_2\uparrow$$

（2）取少量 MnO_2 于干燥的试管中，加入约 1 mL 浓 H_2SO_4，水浴加热一段时间。冷却并静止一段时间后观察溶液的颜色，写出反应方程式。

2. 还原性

在干燥试管中加入少量 MnO_2、$KClO_3$ 和 KOH 固体（MnO_2 相对量要更少些），混匀后小心加热至熔融，观察颜色变化。室温下缓慢冷却后加少量水浸取，观察绿色的 K_2MnO_4。

试验 K_2MnO_4 在加水稀释和酸性条件下的不稳定性（歧化和强氧化性）。

八、高锰酸钾的性质

1. 热分解

取少量 $KMnO_4$ 固体于干燥的试管中，小心加热，观察现象，检查产生的气体。设法验证分解后的固体产物。写出反应方程式。

2. 介质对还原产物的影响

分别试验 $KMnO_4$ 溶液在酸性（H_2SO_4 酸化）、碱性（过量 NaOH 溶液）和中性介质中与 Na_2SO_3 溶液的反应，观察产物的颜色与状态，写出反应方程式。

【思考题】

1. 比较 TiO_2 和 V_2O_5 在酸中的溶解性。

2. 如何区分 TiO^{2+} 和 VO_2^+？

3. 总结四价钛化合物的性质，说明不存在 $Ti(CO_3)_2$ 的原因。

4. 结合实验讨论 Cr^{3+} 与 $Cr_2O_7^{2-}$ 互相转化的条件，并说明在转化过程中用 H_2O_2 作为氧化剂时应注意什么？

5. 设计方案将 Mn^{2+}、Cr^{3+}、Al^{3+} 混合溶液鉴定并分离。写出实验方案、实验现象和反应方程式。

实验二十九 铁、钴、镍

【实验目的】

1. 试验并掌握铁、钴、镍二价化合物的还原性和三价化合物的氧化性。
2. 试验并掌握铁、钴、镍配合物的生成及性质。
3. 掌握铁、钴、镍离子的鉴定方法。

【实验用品】

离心机，电热板，烧杯，量筒，试管，离心试管，淀粉-KI 试纸。

$CoCl_2$（0.2 mol·L^{-1}，2 mol·L^{-1}），$CoSO_4$（0.2 mol·L^{-1}），$FeCl_3$（0.2 mol·L^{-1}，s），$FeSO_4$（0.2 mol·L^{-1}），$K_4[Fe(CN)_6]$，$K_3[Fe(CN)_6]$，KI，KNO_2（饱和），KSCN（0.5 mol·L^{-1}，饱和），$NaNO_3$（1 mol·L^{-1}），NH_4F（0.5 mol·L^{-1}），$NiSO_4$（0.5 mol·L^{-1}），H_2O_2（3%），HCl（浓），H_2SO_4（0.2 mol·L^{-1}，2 mol·L^{-1}，浓），HAc(6 mol·L^{-1})，$NH_3 \cdot H_2O$(1∶1、浓)，NaOH(2 mol·L^{-1}，6 mol·L^{-1})，丁二酮肟溶液，丙酮或戊醇，CCl_4，溴水，$AgNO_3$(s)，$CuCl_2$(s)，NaF(s)，$(NH_4)_2SO_4 \cdot FeSO_4 \cdot 6H_2O$(s)，$NaNO_2$(s)，$NH_4Cl$(s)。

【实验步骤】

一、二价化合物的还原性

1. 酸性介质

在装有少量 $FeSO_4$、$CoSO_4$、$NiSO_4$ 溶液的试管中分别滴加溴水，用 CCl_4 萃取法证明反应是否发生，并根据标准电极电势数据加以说明，写出反应方程式。

2. 碱性介质

向试管中加入约 2 mL 蒸馏水和几滴 0.2 mol·L^{-1} H_2SO_4，煮沸以赶尽其中的氧气，然后加入少量的 $(NH_4)_2Fe(SO_4)_2 \cdot 6H_2O$ 晶体；向另一试管中加入约 1 mL 6 mol·L^{-1} NaOH 溶液，煮沸赶尽空气，冷却。用滴管吸取该 NaOH 溶液，插入 $(NH_4)_2Fe(SO_4)_2$ 溶液内至试管底部并慢慢放出 NaOH 溶液，观察生成物的颜色和状态。振荡放置后又有什么变化？写出反应方程式。

向 0.2 mol·L^{-1} $CoCl_2$ 溶液中分别滴加 NaOH 溶液，观察沉淀的生成和颜色变化。倾去上层清液，将沉淀暴露在空气中一段时间，颜色有什么变化（若变化慢可加热）？写出反应方程式。

以 $NiSO_4$ 溶液代替 $CoCl_2$ 溶液进行实验，观察实验现象，写出反应方程式。

由实验事实比较二价铁、钴、镍还原性的强弱。

二、三价化合物的氧化性

1. 三价氢氧化物的生成

在少量 $FeSO_4$ 和 $CoSO_4$ 溶液中各加入适量 NaOH 溶液，滴加少量 3% H_2O_2 溶液，离心分离，分别得 $Fe(OH)_3$ 和 $Co(OH)_3$（或水合 Co_2O_3）沉淀。写出相关的反应方程式。

在少量 $NiSO_4$ 溶液中加入适量 NaOH 溶液，滴加少量溴水，离心分离，得 $Ni(OH)_3$ 或 NiO(OH) 沉淀。写出反应方程式。

2. 氧化性

（1）Fe(Ⅲ）的氧化性

将 $Fe(OH)_3$ 分成两份，向其中一份加入浓盐酸，检查是否有 Cl_2 生成。向另一份 $Fe(OH)_3$ 中加入 2 $mol \cdot L^{-1}$ H_2SO_4 溶液至沉淀溶解后，加入 1 滴 KI 溶液并检验是否有 I_2 生成。观察实验现象并写出反应方程式。

（2）Co(Ⅲ）和 Ni(Ⅲ）的氧化性

在通风橱中，分别将洗净的 $Co(OH)_3$ 和 $Ni(OH)_3$ 与少量浓 HCl 溶液作用，观察实验现象，检验是否有 Cl_2 生成。加少量水稀释后有什么现象发生？写出相关的反应方程式。

三、配合物的生成与离子鉴定

1. Fe（Ⅱ）配合物

（1）Fe^{2+} 与 $K_3[Fe(CN)_6]$反应

取少量$(NH_4)_2SO_4 \cdot FeSO_4 \cdot 6H_2O$ 溶解后加 1 滴 $K_3[Fe(CN)_6]$溶液，观察产物的颜色和状态，该反应可证明二价铁的存在：

$$Fe^{2+} + K^{+} + [Fe(CN)_6]^{3-} = K[FeFe(CN)_6]\text{(蓝)}$$

（2）与 NO 生成配合物

向试管内加入 1 mL 0.5 $mol \cdot L^{-1}$ $FeSO_4$ 溶液和几滴 1 $mol \cdot L^{-1}$ $NaNO_3$ 溶液，摇匀，斜持试管沿管壁缓慢加入 1 mL 浓 H_2SO_4，使浓 H_2SO_4 沉至管底，在浓 H_2SO_4 和水溶液界面处生成棕色亚硝基合铁离子，侧面看形成“棕色环”。反应方程式为：

$$NO_3^{-} + 3Fe^{2+} + 4H^{+} = NO + 3Fe^{3+} + 2H_2O$$

$$NO + Fe^{2+} = [Fe(NO)]^{2+}$$

$[Fe(NO)]^{2+}$可以写成$[Fe(NO)(H_2O)_5]^{2+}$。

2. Fe（Ⅲ）的配合物

（1）与 $K_4[Fe(CN)_6]$反应

在少量 $FeCl_3$ 溶液试管中滴加 1 滴 $K_4[Fe(CN)_6]$溶液，观察产物的颜色，该反应可鉴定 Fe^{3+}：

$$Fe^{3+} + K^{+} + [Fe(CN)_6]^{4-} = K[FeFe(CN)_6]\text{(蓝)}$$

（2）与 SCN^- 生成配合物及其稳定性

取 1 滴 0.2 mol·L^{-1} $FeCl_3$ 溶液加少量水稀释后滴加 1 滴 0.5 mol·L^{-1} KSCN 溶液，观察溶液的颜色变化。再加入少量 0.5 mol·L^{-1} NH_4F 溶液，观察溶液的颜色变化。根据 $K^{\ominus}_{稳}$ 求新的平衡常数，说明变化的原因。

3. 钴的配合物

（1）氨配合物

向少量 0.2 mol·L^{-1} $CoCl_2$ 溶液中滴加 1∶1 $NH_3 \cdot H_2O$，观察沉淀的生成和颜色，放置后颜色有无变化？再滴加 $NH_3 \cdot H_2O$ 至沉淀溶解，观察配合物的颜色，放置后溶液的颜色有何变化？

$$2CoCl_2 + 2NH_3 + 2H_2O = Co(OH)_2 \cdot CoCl_2 \downarrow + 2NH_4Cl$$

$$Co(OH)_2 \cdot CoCl_2 + 12NH_3 = 2[Co(NH_3)_6]^{2+} + 2OH^- + 2Cl^-$$

$$2[Co(NH_3)_6]^{2+} + O_2 + 2H_2O = 2[Co(NH_3)_6]^{3+} + 4OH^-$$

$CoCl_2$ 溶液与 $NH_3 \cdot H_2O$ 反应生成沉淀的颜色不同于与 NaOH 溶液反应生成沉淀的颜色，两种沉淀的化学式可能不同，前者可能为 $Co(OH)_2 \cdot CoCl_2$。

（2）$[Co(SCN)_4]^{2-}$ 的生成与性质

向少量 0.2 mol·L^{-1} $CoCl_2$ 溶液中加入少量丙酮（或戊醇），再滴加饱和 KSCN 溶液，观察蓝色 $[Co(SCN)_4]^{2-}$ 的生成。再滴加浓 $NH_3 \cdot H_2O$，观察颜色有何变化。根据 $K^{\ominus}_{稳}$ 求新的平衡常数，解释变化的原因。

（3）$[CoCl_4]^{2-}$ 的生成和性质

向少量 2 mol·L^{-1} $CoCl_2$ 溶液中滴加浓盐酸，观察蓝色 $[CoCl_4]^{2-}$ 的生成，再加入水稀释时，溶液的颜色又有什么变化？解释观察到的实验现象。

在试管中加入 2 mol·L^{-1} $CoCl_2$，将试管小火加热，观察溶液的颜色变化，解释实验现象。

（4）$K_3[Co(NO_2)_6]$ 的生成

在少量 $CoCl_2$ 溶液中加入 6 mol·L^{-1} HAc 酸化，再加入饱和 KNO_2 溶液，微热有黄色的 $K_3[Co(NO_2)_6]$ 析出，此反应可鉴定 Co^{2+} 和 K^+。

4. 镍的配合物

（1）氨的配合物

在少量 0.5 mol·L^{-1} $NiSO_4$ 溶液中滴加 1∶1 $NH_3 \cdot H_2O$，观察沉淀的颜色，继续滴加 $NH_3 \cdot H_2O$ 使沉淀溶解，观察配合物的颜色。

将溶液分成三份，一份滴加 2 mol·L^{-1} NaOH 溶液，一份滴加 2 mol·L^{-1} H_2SO_4 溶液，一份加热，各有什么变化？

（2）Ni^{2+} 的鉴定

在 1 滴 0.5 mol·L^{-1} $NiSO_4$ 溶液中加 1 滴 1∶1 $NH_3 \cdot H_2O$，然后加几滴丁二酮肟（镍试剂）的酒精溶液，观察二丁二酮肟合镍（Ⅱ）沉淀的生成颜色，写出反应方程式。

此反应可用于鉴定 Ni^{2+}。

四、设计实验

1. 有 Fe^{2+}、Co^{2+}、Zn^{2+}、Cr^{3+} 和 Al^{3+} 混合溶液，选择试剂分离后进行鉴定。设计实

验方案进行实验，写出实验步骤、现象和反应方程式。

2. 有一固体混合物可能含有 $FeCl_3$、$NaNO_2$、$AgNO_3$、NaF、$CuCl_2$ 和 NH_4Cl。设计实验方案进行鉴定，写出实验步骤、现象和反应方程式。

【思考题】

1. 在碱性介质中，氯水能把二价钴氧化成三价。而在酸性介质中，三价钴能把氯离子氧化成氯气，二者是否矛盾？为什么？

2. 为什么 Fe^{3+} 能把 I^- 氧化成 I_2，而 $[Fe(CN)_6]^{3-}$ 却不能？

3. 为什么 $[Fe(CN)_6]^{4-}$ 能把 I_2 还原为 I^-，而 Fe^{2+} 却不能？

实验三十 茶叶中微量元素的鉴定与定量测定

【实验目的】

1. 了解并掌握从植物中分离、检验某些元素的方法。
2. 学习配位滴定法测茶叶中钙、镁含量的方法和原理。
3. 掌握分光光度法测茶叶中微量铁的方法。

【实验原理】

茶叶产地不同，所含微量元素不同，但多数含有 Fe、Al、Ca、Mg 等微量金属元素。本实验的目的是从茶叶中定性鉴定 Fe、Al、Ca、Mg 等元素，并对 Fe、Ca、Mg 进行定量测定。

茶叶需先进行“干灰化”。“干灰化”是指试样在空气中置于敞口的蒸发皿或者坩埚中加热，将有机物充分燃烧，残留灰烬。之后，干灰经酸溶解转移到溶液中即可对无机成分进行分离、鉴定或者进行定量分析。这一方法常用于生物和食品的无机成分检测。

混合液中 Fe^{3+} 对 Al^{3+} 的鉴定有干扰。利用 Al^{3+} 的两性，加入过量的碱，使 Al^{3+} 转化为 $[Al(OH)_4]^-$ 留在溶液中，Fe^{3+} 则生成 $Fe(OH)_3$ 沉淀，经分离后除去。

钙镁混合液中，Ca^{2+} 和 Mg^{2+} 的鉴定互不干扰，可直接鉴定，不必分离。

铁、铝、钙、镁各自的特征反应式如下：

$$Fe^{3+} + n\text{KSCN(饱和)} \longrightarrow [Fe(SCN)_n]^{3-n} + nK^+$$

$$Al^{3+} + \text{铝试剂} + OH^- \longrightarrow \text{絮状沉淀(红色)}$$

$$Mg^{3+} + \text{镁试剂} + OH^- \longrightarrow \text{沉淀(天蓝色)}$$

$$Ca^{2+} + C_2O_4^{2-} \xrightarrow{\text{HAc 介质}} CaC_2O_4\text{(白色沉淀)}$$

根据上述特征反应的实验现象，可分别鉴定出 Fe、Al、Ca、Mg 元素。

钙、镁含量的测定，可采用配位滴定法。在 pH=10 的条件下，以铬黑 T 为指示剂，EDTA 为标准溶液。直接滴定可测得 Ca、Mg 总量。若欲测 Ca、Mg 各自的含量，可在 pH>12.5 时，使 Mg^{2+} 生成氢氧化物沉淀，以钙指示剂、EDTA 标准溶液滴定 Ca^{2+}，然后用差减法求得 Mg^{2+} 的含量。

Fe^{3+}、Al^{3+} 的存在会干扰 Ca^{2+}、Mg^{2+} 的测定，分析时，可用三乙醇胺掩蔽 Fe^{3+}

与 Al^{3+}。

茶叶中铁含量较低，可用分光光度法定量测定。在 pH=2～9 的条件下，Fe^{2+} 与邻菲罗啉能生成稳定的橙红色的配合物。在显色前，用盐酸羟胺把 Fe^{3+} 还原成 Fe^{2+}。显色时，溶液的酸度过高（pH<2），反应进行较慢；若酸度太低，则 Fe^{2+} 水解，影响显色。

【实验用品】

电子天平，煤气灯（或酒精喷灯），研钵，蒸发皿，称量瓶，天平，中速定量滤纸，布氏漏斗，吸滤瓶，真空泵，烧杯（150 mL），容量瓶（50 mL，250 mL），锥形瓶（250 mL），酸式滴定管（50 mL），比色皿（1 mL），吸量管（5 mL，10 mL），722 型分光光度计。

茶叶，铬黑 T 指示剂（1%），HCl(6 mol·L^{-1})，HAc(2mol·L^{-1}，6 mol·L^{-1})，NaOH(6 mol·L^{-1})，$(NH_4)_2C_2O_4$（0.25 mol·L^{-1}），$NH_3·H_2O$(6 mol·L^{-1})，EDTA 标准溶液（约 0.01 mol·L^{-1}，准确浓度已标定），KSCN（饱和），Fe^{2+} 标准溶液（约 0.010mg·L^{-1}，准确浓度已标定），铝试剂，镁试剂，三乙醇胺（25%），$NH_3·H_2O$-NH_4Cl 缓冲溶液（pH=10），HAc-NaAc 缓冲溶液（pH=4.6），邻菲罗啉水溶液（0.1%），盐酸羟胺（0.1%）。

【实验步骤】

一、茶叶的灰化与试液准备

取在 100～105℃下烘干的茶叶 7～8 g 于研钵中捣成细末，转移至称量瓶中，称量，记录称量瓶和茶叶的质量，然后将茶叶末全部倒入蒸发皿中，再称空称量瓶的质量，利用差减法即可得到蒸发皿中的茶叶的准确质量。

用酒精喷灯先小火将盛有茶叶粉末的蒸发皿加热，使茶叶灰化（在通风橱中进行），然后升高温度，使其完全灰化，冷却后，加 10 mL 6 mol·L^{-1}HCl 于蒸发皿中，搅拌溶解（可能有少量不溶物），将溶液完全转移至 150 mL 烧杯中，加水 20 mL，再加 6 mol·$L^{-1}$$NH_3·H_2O$ 适量控制溶液 pH 为 6～7，生成沉淀。并置于沸水浴加热 30 min，抽滤。滤液转入 250 mL 容量瓶，稀释至刻度，摇匀，贴上标签，记为 1# 试液（Ca^{2+}、Mg^{2+} 试液），备用。

用 6 mol·L^{-1}HCl 10 mL 溶解滤纸上的沉淀，并少量多次地洗涤滤纸。滤液转入 250 mL 容量瓶，稀释，定容，贴上标签，记为 2# 试液（Fe^{3+} 试液），备用。

二、Fe、Al、Ca、Mg 元素的检出

1. 从 1# 试液的容量瓶中取试液 1 mL 于一洁净的试管中，滴加 1 滴镁试剂再加 2 滴 6 mol·L^{-1}NaOH，振荡，观察现象，作出判断。

2. 从上述试管中再取试液 2～3 滴于另一试管中，加入 1～2 滴 2 mol·L^{-1}HAc 酸化，再加 2 滴 0.25 mol·$L^{-1}$$(NH_4)_2C_2O_4$ 溶液，振荡，观察现象，作出判断。

3. 从 2# 试液的容量瓶中取出试液 1 mL 于一洁净试管中，加 1 滴饱和 KSCN，振荡，观察现象，作出判断。

4. 取 1# 试液、2# 试液各 2 mL，加 6 mol·L^{-1}NaOH 直至白色沉淀溶解为止，离心

分离，取上层清液于另一试管中，加 6 mol·L^{-1}HAc 酸化，加铝试剂 3～4 滴，放置片刻后，加 6 mol·$L^{-1}$$NH_3 \cdot H_2O$，振荡摇匀，在水浴中加热，观察实验现象，作出判断。

三、Ca、 Mg、 Fe、 Al 的定量分析

1. 茶叶中 Ca、Mg 总量的测定

从 1＃容量瓶中移取 25 mL 试液于 250 mL 锥形瓶中，加入 5 mL 三乙醇胺，再加入 10 mL $NH_3 \cdot H_2O$-NH_4Cl 缓冲溶液，摇匀，最后加入铬黑 T 指示剂少许，用 0.01 mol·L^{-1}EDTA 标准溶液滴定至溶液由红紫色恰变纯蓝色，即达终点，根据 EDTA 的消耗量，计算茶叶中 Ca、Mg 的总量，并以 MgO 的质量分数表示。

2. 茶叶中 Fe 含量的测定

（1）邻菲罗啉亚铁吸收曲线的绘制

用吸量管吸取铁标准溶液 0、2.0 mL、4.0 mL 分别注入 50 mL 容量瓶中，各加入 5 mL 盐酸羟胺溶液，摇匀，再加入 5 mL HAc-NaAc 缓冲溶液和 5 mL 邻菲罗啉溶液，用蒸馏水稀释至刻度，摇匀。放置 10 min，以试剂空白溶液为参比溶液，在 722 型分光光度计中，从波长 420～600 nm 间分别测定其光密度，以波长为横坐标，光密度为纵坐标，绘制邻菲啰啉亚铁的吸收曲线，并确定最大吸收峰的波长，以此为测量波长。

（2）标准曲线的绘制

用吸量管分别吸取铁的标准溶液 0、1.0 mL、2.0 mL、3.0 mL、4.0 mL、5.0 mL、6.0 mL 于 7 支 50 mL 容量瓶中，依次分别加入 5.0 mL 盐酸羟胺、5.0 mL HAc-NaAc 缓冲溶液、5.0 mL 邻菲罗啉，用蒸馏水稀释至刻度，摇匀，放置 10 min。用 3 cm 比色皿，以空白溶液为参比溶液，用分光光度计分别测其光密度。以 50 mL 溶液中铁含量为横坐标，相应的光密度为纵坐标，绘制邻菲罗啉亚铁的标准曲线。

（3）茶叶中 Fe 含量的测定

用吸量管从 2＃容量瓶中吸取试液 2.5 mL 于 50 mL 容量瓶中，依次加入 5.0 mL 盐酸羟胺、5.0mL HAc-NaAc 缓冲溶液、5.0 mL 邻菲罗啉，用蒸馏水稀释至刻度，摇匀，放置 10 min。以空白溶液为参比溶液，在同一波长处测其光密度，并从标准曲线上求出 50 mL 容量瓶中 Fe 的含量，并换算出茶叶中 Fe 的含量，以 Fe_2O_3 质量数表示。

【注意事项】

1. 茶叶尽量捣碎，利于灰化。
2. 灰化应彻底，若酸溶后发现有未灰化物，应定量过滤，将未灰化的重新灰化。
3. 茶叶灰化后，酸溶解速度较慢时可小火略加热。

【思考题】

1. 为什么 pH＝6～7 时，能将 Fe^{3+}、Al^{3+} 与 Ca^{2+}、Mg^{2+} 分离完全？
2. 测定钙镁含量时加入三乙醇胺的作用是什么？
3. 邻菲罗啉分光光度法测铁是何原理？用该法测得的铁含量是否为茶叶中亚铁含量？为什么？
4. 如何确定邻菲罗啉的用量？

实验三十一 常见阳离子的分离和鉴定

【实验目的】

1. 了解常见阳离子的性质。
2. 掌握常见阳离子分离与鉴定的原理和方法。

【实验原理】

阳离子分析时要确定阳离子的组成，当多种离子共存时，容易发生相互干扰，故阳离子分析常先分离，再鉴定。常采用沉淀分离法分离，采用特征反应鉴定。

选择性反应：某种试剂只与为数不多的几种离子发生反应，得到相似的反应现象，这种试剂称为选择性试剂，相应的反应称为选择性反应。与试剂发生反应的离子越少，选择性越好。提高反应选择性的主要方法：控制溶液的酸度；掩蔽干扰离子；分离干扰离子。

特效反应：若某种试剂只与一种离子反应，那么该反应称为该离子的特效反应。这种试剂称为该离子的特效试剂。

分别分析：在多种离子共存时，不需要经过分离，直接检查出待检离子的方法。理想的分别分析法需要采用特效试剂或创立特效条件，在此条件下，所采用的试剂仅和一种离子发生作用。

系统分析：当多种离子共存时，容易发生相互干扰，因此常利用它们的某些共性，按照一定顺序加入若干种试剂，将离子一组一组地分批沉淀出来，分成若干组。凡能使一组阳离子在适当的条件下生成沉淀而与其它组阳离子分离的试剂称为组试剂。利用不同的组试剂将阳离子逐组分离，然后在各组内再根据它们的差异性进行进一步的分离和鉴定的方法，叫作阳离子的系统分析。组试剂一般是沉淀剂，采用组试剂将反应相似的离子整组分出，可以使复杂的分析任务大为简化。

阳离子的系统分析方案中最为经典且应用比较广泛的是硫化氢系统分析法和两酸两碱系统分析法。硫化氢系统分组方案依据的主要是各离子硫化物以及它们的氯化物、碳酸盐和氢氧化物的溶解度的不同，采用不同的组试剂将阳离子分成五个组，然后在各组内根据它们的差异性进一步分离和鉴定。两酸两碱系统是以最常用的两酸（盐酸、硫酸）、两碱（氨水、氢氧化钠）作组试剂，根据各离子氯化物、硫酸盐、氢氧化物的溶解度不同，将阳离子分为五个组，然后在各组内根据它们的差异性进一步分离和鉴定。

上述系统的分离方法属于分析化学教学内容，在此不做介绍。本实验只介绍元素的检出方法，并给出几组阳离子由同学设计方案进行分离和鉴定。

【实验用品】

离心机，试管，离心试管，点滴板，搅拌棒。

$AgNO_3$（0.2 mol·L^{-1}），K_2CrO_4（10%），$Pb(NO_3)_2$（0.2 mol·L^{-1}），$Bi(NO_3)_3$（0.2 mol·L^{-1}），NH_4F（0.2 mol·L^{-1}），$CuSO_4$（0.2 mol·L^{-1}），KI（0.2 mol·L^{-1}），$Ba(NO_3)_2$（0.2 mol·L^{-1}），$NH_3\cdot H_2O$（2 mol·L^{-1}），$CdCl_2$（0.2 mol·L^{-1}），$FeCl_3$

(0.2 mol·L^{-1})，$K_4[Fe(CN)_6]$(10%)，NH_4SCN(2%)，$K_3[Fe(CN)_6]$(10%)，邻二氮菲(2%)，$MnSO_4$(0.2 mol·L^{-1})，$NaBiO_3$(s)，$Hg(NO_3)_2$(0.2 mol·L^{-1})，$SnCl_2$(5%)，KI-Na_2SO_3(各 0.2 mol·L^{-1})，$AlCl_3$(0.2 mol·L^{-1})，铝试剂(0.1%)，$CoSO_4$(0.2 mol·L^{-1})，NH_4SCN(饱和)，$Cr_2(SO_4)_3$(0.2 mol·L^{-1})，双硫腙(0.1%)，$ZnSO_4$(0.2 mol·L^{-1})，$Na_3[Co(NO_2)_6]$(8%)，KCl(0.2 mol·L^{-1})，NaCl(0.2 mol·L^{-1})，醋酸铀酰锌(0.1%)，奈斯勒（Nessler）试剂{$K_2[HgI_4]$0.2 mol·L^{-1}}，NaOH 2 mol·L^{-1})，硫脲(0.2 mol·L^{-1})，HAc(2 mol·L^{-1}，6 mol·L^{-1})，HAc-NaAc 缓冲溶液(1 mol·L^{-1})，NH_4Ac(2 mol·L^{-1})，HNO_3(1 mol·L^{-1}，6 mol·L^{-1})，HCl(2 mol·L^{-1}，浓)，NaOH(2 mol·L^{-1}，6 mol·L^{-1})，KOH(2 mol·L^{-1})，H_2SO_4(1 mol·L^{-1})，Na_2S(0.5 mol·L^{-1})，H_2O_2(3%)，1,5-二苯硫代卡巴腙(0.2 mol·L^{-1} 戊醇溶液)，对硝基苯偶氮间苯二酚(0.5%)，玫瑰红酸钠(0.5%)，CCl_4，苯胺，戊醇。

【实验步骤】

一、常见金属阳离子的鉴定反应

1. Ag^+ 的鉴定

铬酸钾法：取 1 滴 Ag^+ 试液于滤纸上，加 1 滴 2 mol·L^{-1} HAc 和 1 滴质量分数为 10% 的 K_2CrO_4，有砖红色斑点产生，表示有 Ag^+ 存在。

2. Pb^{2+} 的鉴定

（1）铬酸钾法

取 1 滴 Pb^{2+} 试液于点滴板上，加 1 滴 2mol·L^{-1} HAc 和 1 滴质量分数为 10% 的 K_2CrO_4，有黄色沉淀生成，表示有 Pb^{2+} 存在。

（2）双硫腙法

双硫腙又叫 1,5-二苯硫代卡巴腙，它能在中性或弱碱性溶液中与 Pb^{2+} 生成红色的螯合物，溶于 CCl_4 中，使 CCl_4 层呈红色。

3. Bi^{3+} 的鉴定

（1）与硫脲（tu）反应

硫脲与 Bi^{3+} 在 0.4～1.2 mol·L^{-1} HNO_3 介质中反应生成鲜黄色配合物。常见离子在含量不太高时，一般不干扰反应。锑的干扰可通过加 NH_4F 使其生成 SbF_5^{2-} 而被掩蔽。取 1 滴试液于点滴板上，加硫脲和 1 mol·L^{-1} HNO_3 溶液各 1 滴，溶液呈黄色，表示有 Bi^{3+}。

（2）与硫脲、$CuSO_4$ 和 KI 反应

在酸性介质中硫脲、$CuSO_4$ 和 KI 与 Bi^{3+} 反应生成红橙色或橙色[$Bi(tu)_3I_3 \cdot Cu(tu)_3I$]配合物沉淀。大多数阳离子和阴离子对此反应无干扰，因而这是鉴定 Bi^{3+} 的选择性较好的反应。取 1 滴试液于点滴板上，加 1～2 滴 25 g·L^{-1} 的硫脲和 1 滴 0.2 mol·L^{-1} $CuSO_4$ 溶液，搅拌（如加 $CuSO_4$ 后有沉淀生成，应再加 2 滴硫脲），再加入 1～2 滴 0.2 mol·L^{-1} KI 溶液，生成红橙色或橙色沉淀，表示有 Bi^{3+}。

4. Mg^{2+} 的鉴定

镁试剂法：镁试剂（对硝基苯偶氮间苯二酚）在酸性溶液中呈黄色，在碱性溶液中呈紫

红色，被 $Mg(OH)_2$ 沉淀吸附后显天蓝色。

取 1 滴 Mg^{2+} 试液于点滴板上，加 1 滴 6 mol·L^{-1} NaOH，再加 1 滴质量分数为 0.5% 的碱性镁试剂，有天蓝色沉淀生成，表示有 Mg^{2+}。

5. Ba^{2+} 的鉴定

(1) 铬酸钾法

取 2 滴 Ba^{2+} 试液于离心管中，加 3 滴 1 mol·L^{-1} HAc-NaAc 缓冲溶液，再加 2 滴质量分数为 10% 的 K_2CrO_4，有黄色沉淀生成，表示有 Ba^{2+} 存在。$BaCrO_4$ 沉淀不溶于 HAc（与 $SrCrO_4$ 区别），不溶于 NaOH（与 $PbCrO_4$ 区别），不溶于 NH_3（与 Ag_2CrO_4 区别）。

(2) 玫瑰红酸钠法

Ba^{2+} 在中性或微酸性溶液中与玫瑰红酸钠反应，生成红棕色沉淀。

取 1 滴中性或微酸性的 Ba^{2+} 试液于滤纸上，加 1 滴质量分数为 0.5% 的玫瑰红酸钠，有红棕色斑点产生，表示有 Ba^{2+}。

6. Cd^{2+} 的鉴定

与硫化钠反应

Cd^{2+} 在氨性、中性及稀酸性溶液中遇 S^{2-} 生成黄色硫化镉沉淀，硫化镉不溶于稀 HCl、NaOH 和硫化钠（与 SnS_2 和 As_2S_3 不同）中，不溶于氰化钾（与铜不同），但溶于浓 HCl 及热的稀酸（与铜不同）。硫化镉也溶于热的稀硝酸中，S^{2-} 被氧化为硫单质。

取试液 1 滴，加于 3 滴 Na_2S 溶液中，黄色 CdS 沉淀，表示有 Cd^{2+}。

7. Fe^{3+} 的鉴定

(1) 亚铁氰化钾法

取 1 滴酸性的 Fe^{3+} 试液于点滴板上，加 1 滴质量分数为 10% 的 $K_4[Fe(CN)_6]$，有深蓝色沉淀生成，表示有 Fe^{3+}。

(2) 硫氰酸铵法

取 1 滴酸性的 Fe^{3+} 试液于点滴板上，加 2 滴质量分数为 2% 的 NH_4SCN，溶液呈深红色，表示有 Fe^{3+}。

8. Fe^{2+} 的鉴定

(1) 铁氰化钾法

$$3Fe^{2+}+2[Fe(CN)_6]^{3-} = Fe_3[Fe(CN)_6]_2\text{（深蓝色）}$$

取 1 滴酸性的 Fe^{2+} 试液于点滴板上，加 1 滴质量分数为 10% 的 $K_3[Fe(CN)_6]$，有深蓝色沉淀生成，表示有 Fe^{2+}。

(2) 邻二氮菲法

Fe^{2+} 与邻二氮菲在酸性溶液中反应，生成橘红色的螯合物。

取 1 滴酸性的 Fe^{2+} 试液于点滴板上，加 2 滴质量分数为 2% 的邻二氮菲，溶液呈橘红色，表示有 Fe^{2+}。

9. Mn^{2+} 的鉴定

铋酸钠法：Mn^{2+} 在 HNO_3 溶液中被 BiO_3^- 氧化成 MnO_4^-，使溶液呈紫红色。

取 1 滴 Mn^{2+} 试液于离心管中，加 1 滴 6 mol·L^{-1} HNO_3，再加少许固体铋酸钠，搅拌溶解后，溶液呈紫红色，表示有 Mn^{2+}。

10. Hg^{2+} 的鉴定

（1）氯化亚锡法

取 1 滴微酸性的 Hg^{2+} 试液于滤纸上，加 1 滴质量分数为 5％的 $SnCl_2$ 和 1 滴苯胺，有黑色斑点产生，表示有 Hg^{2+}。

（2）碘化亚铜法

Hg^{2+} 与过量 I^- 反应生成 HgI_4^{2-}，Cu^{2+} 与 I^- 反应生成 CuI 沉淀，然后 HgI_4^{2-} 与 CuI 反应生成橙红色的 $Cu_2[HgI_4]$沉淀。取 1 滴 KI-Na_2SO_3 溶液于点滴板上，加 1 滴 0.2 $mol \cdot L^{-1}$ $CuSO_4$，再加 1 滴 Hg^{2+} 试液，有橙红色沉淀生成，表示有 Hg^{2+}。

11. Al^{3+} 的鉴定

铝试剂法

Al^{3+} 与铝试剂（金黄色素三羧酸铵）在微酸性溶液中反应，生成红色螯合物。加氨水碱化后，得到红色的絮状沉淀。

取 2 滴微酸性的 Al^{3+} 试液于离心管中，加 2 滴 2 $mol \cdot L^{-1}$ NH_4Ac 和 2 滴质量分数为 0.1％的铝试剂，摇匀，再滴加 2 $mol \cdot L^{-1}$ 氨水至呈微碱性，在水浴中加热片刻，有红色絮状沉淀生成，表示有 Al^{3+}。

12. Co^{2+} 的鉴定

硫氰酸铵法

Co^{2+} 与 SCN^- 在稀酸溶液中反应，生成蓝色的$[Co(SCN)_4]^{2-}$配合物。配合物在水中易解离，可加入戊醇，使配合物萃取到戊醇或乙醚中。取 2 滴 Co^{2+} 试液于离心管中，加 2 滴饱和 NH_4SCN 溶液，再加 3 滴戊醇，充分摇动，戊醇层显蓝色，表示有 Co^{2+}。

13. Cu^{2+} 的鉴定

亚铁氰化钾法

Cu^{2+} 与$[Fe(CN)_6]^{4-}$ 在酸性溶液中反应，生成红棕色沉淀。

$$2Cu^{2+} + [Fe(CN)_6]^{4-} = Cu_2[Fe(CN)_6] \text{（红棕色）}$$

取 1 滴 Cu^{2+} 试液于点滴板上，加 1 滴 1 $mol \cdot L^{-1}$ HAc，再加 1 滴质量分数为 10％的 $K_4[Fe(CN)_6]$，有红棕色沉淀生成，表示有 Cu^{2+}。

14. Cr（Ⅲ、Ⅵ）的鉴定

（1）生成过氧化物的反应

Cr^{3+} 在碱性介质中可被 H_2O_2 或 Na_2O_2 氧化为 CrO_4^{2-}。用 H_2SO_4 酸化至 pH 为 2～3，这时 CrO_4^{2-} 转变成 $Cr_2O_7^{2-}$。然后 $Cr_2O_7^{2-}$ 与 H_2O_2 作用，生成蓝色的过氧化物 CrO_5。

首先将 Cr^{3+} 氧化为 CrO_4^{2-}，取试液（或沉淀）于离心管中加 10 滴 6 $mol \cdot L^{-1}$ NaOH 及 6 滴 3％的 H_2O_2，充分搅拌。在另一个离心管中放入 1 滴 1 $mol \cdot L^{-1}$ H_2SO_4，加 2 滴 6％ H_2O_2、3 滴戊醇、1～2 滴前一试管中的 CrO_4^{2-} 试液，振荡，戊醇层显蓝色，表示有 Cr^{3-}。

（2）生成 $PbCrO_4$ 的反应

铅盐与铬酸盐或重铬酸盐溶液生成溶解度很小的黄色铬酸铅（$PbCrO_4$）沉淀。沉淀能溶于强酸，亦溶于苛性碱，但不溶于醋酸。

取 2 滴 Cr^{3+} 试液滴入离心管中，加 2 滴 6 mol·L^{-1}NaOH 和数滴 6% H_2O_2，煮沸，使过量的 H_2O_2 分解，溶液变黄，可能有 Cr^{3+} 存在。取此溶液 2 滴，用 6 mol·L^{-1}HAc 酸化，加 2 滴 Pb^{2+} 试液，生成黄色沉淀，表示有 Cr^{3+}。

15. Zn^{2+} 的鉴定

双硫腙法：Zn^{2+} 与双硫腙在微酸性溶液中生成紫红色螯合物并溶于 CCl_4 中，使 CCl_4 层呈紫红色。

取 1 滴 Zn^{2+} 试液于离心管中，加 1 滴 2 mol L^{-1} HAc，再加 2 滴质量分数为 0.1%的双硫腙的 CCl_4 溶液，振荡后，在 CCl_4 层中，试剂从绿色变成紫红色，表示有 Zn^{2+}。

16. K^+ 的鉴定

钴亚硝酸钠法：K^+ 与 $Na_3[Co(NO_2)_6]$在中性或微酸性溶液中反应，生成黄色晶形沉淀。

取 2 滴 K^+ 试液于离心管中，加 1 滴 2 mol·L^{-1}HAc，再加 1 滴质量分数为 8%的 $Na_3[Co(NO_2)_6]$，搅拌后，有黄色沉淀生成，表示有 K^+。

17. Na^+ 的鉴定

醋酸铀酰锌试剂法：Na^+ 与醋酸铀酰锌试剂在中性或 HAc 溶液中反应，生成浅黄色晶形沉淀。

$$Na^+ + Zn(UO_2)_3(Ac)_8 + HAc + 9H_2O = NaZn(UO_2)_3(Ac)_9 \cdot 9H_2O(\text{浅黄}) + H^+$$

取 2 滴中性或微酸性的 Na^+ 试液于离心管中，加 8 滴醋酸铀酰锌试剂，用玻璃棒摩擦管壁，有浅黄色沉淀生成，表示有 Na^+。

18. NH_4^+ 的鉴定

奈斯勒（Nessler）试剂法：$K_2[HgI_4]$的 NaOH 溶液称为奈斯勒试剂，与 NH_3 反应生成红棕色沉淀。

取 1 滴 6 mol·L^{-1}NaOH 于滤纸上，加 2 滴 NH_4^+ 试液和 1 滴奈斯勒试剂，出现红棕色斑点，表示有 NH_4^+。

二、设计方案分离鉴定下列各组阳离子混合液

1. Ag^+、Pb^{2+}、Fe^{3+}、Ni^{2+}
2. Ba^{2+}、Fe^{3+}、Co^{2+}、Al^{3+}
3. NH_4^+、Cu^{2+}、Zn^{2+}、Hg^{2+}
4. NH_4^+、Co^{2+}、Na^{2+}、Fe^{3+}

三、配制下列各组试液并进行分离鉴定

1. Mg^{2+}、Ba^{2+}、Al^{3+}、Zn^{2+}
2. Pb^{2+}、Ag^+、Hg^{2+}、Cu^{2+}
3. Fe^{3+}、Ni^{2+}、Cr^{3+}、Zn^{2+}
4. Al^{3+}、Cr^{3+}、Fe^{3+}、Mn^{2+}

实验三十二 常见阴离子的分离和鉴定

【实验目的】

1. 熟悉常见阴离子的有关性质并掌握它们的鉴别反应。
2. 了解阴离子分离与鉴定的一般原则。
3. 掌握常见阴离子分离与鉴定的原理和方法。

【实验原理】

阴离子是带负电荷的离子，可以是由一种元素形成的简单离子，如 F^-、Cl^-、Br^-、I^-、S^{2-} 等；也可以是由两种或两种以上元素构成的复杂离子，如 CN^-、CO_3^{2-}、NO_2^-、NO_3^-、SO_3^{2-}、$S_2O_3^{2-}$、SO_4^{2-}、SCN^-、PO_3^-、PO_4^{3-} 等；许多金属元素也可以形成复杂阴离子，如 VO_3^-、VO_4^{3-}、CrO_4^{2-}、$Cr_2O_7^{2-}$、MnO_4^- 等。这里主要介绍它们的分离与鉴定的一般方法。

阴离子的分析有以下两个特点：①阴离子在分析过程中容易发生变化，不易于进行多步的系统分析；②阴离子彼此共存的机会少，且可利用的特效反应较多，可进行分别分析。所以，在阴离子的分析中主要采用分别分析方法，只有在某些阴离子发生相互干扰的情况下才适当采取分离手段。根据溶液中离子共存情况，可先通过初步试验或进行分组：可产生气体的试验，酸碱性，各种阴离子的沉淀性质，氧化还原性质，进行初步检验，排除肯定不存在的阴离子，然后对可能存在的阴离子逐个加以确定。

许多阴离子只在碱性溶液中存在或共存，一旦溶液被酸化，它们就会分解或相互间发生反应。酸性条件下易分解的有 NO_2^-、SO_3^{2-}、$S_2O_3^{2-}$、S^{2-}、CO_3^{2-}；酸性条件下有氧化性的离子 NO_3^-、NO_2^-、SO_3^{2-}，可与还原性离子 I^-、SO_3^{2-}、$S_2O_3^{2-}$、S^{2-} 发生氧化还原反应。还有些离子易被空气氧化，例如 NO_2^-、SO_3^{2-}、S^{2-} 等，分析不当也容易造成错误。

【实验用品】

离心机，酒精灯，试管，点滴板，玻璃棒，水浴锅，胶头滴管，pH 试纸，醋酸铅试纸。

HCl(2 mol·L^{-1}，6 mol·L^{-1})，H_2SO_4(3 mol·L^{-1}，浓)，$Na_2[Fe(CN)_5NO]\cdot 2H_2O$(s)，碳酸氢钠(2 mol·$L^{-1}$)，$ZnSO_4$(饱和)，品红，酚酞，$CO_2$(气体)，$K_4[Fe(CN)_6]$(10%)，$AgNO_3$(1 mol·$L^{-1}$)，$FeCl_3$(0.2 mol·$L^{-1}$)，$K_2CrO_7$(10%，s)，$BaCl_2$(1 mol·$L^{-1}$)，玫瑰红酸钠(0.5%)，$NaNO_2$(0.2 mol·$L^{-1}$)，HAc(6 mol·$L^{-1}$)，对氨基苯磺酸(0.5%)，$\alpha$-萘胺(0.5%)，硫脲(0.2 mol·$L^{-1}$)，$FeSO_4$(0.5 mol·$L^{-1}$)，$BaCl_2$(1 mol·$L^{-1}$)，氯化 N-(2,4-二硝基苯基)吡啶盐(s)，$(NH_4)_2MoO_4$(0.2 mol·L^{-1})，$NaHSO_3$(s)，$CdCO_3$(s)，亚硝酰铁氰化钠(0.2 mol·L^{-1})，$SrCl_2$(0.2 mol·L^{-1})，$Sr(NO_3)_2$(0.2 mol·L^{-1})，氨水(2 mol·L^{-1})，CCl_4，氯水，$Na_2S_2O_3$(0.2 mol·L^{-1})，Na_2SO_3(0.2 mol·L^{-1})。

【实验步骤】

一、常见阴离子的鉴定

1. S^{2-}

取 1 mL 试液于试管中，滴加 3 滴 6 mol·L^{-1} HCl 溶液，试管口放置湿润的醋酸铅试纸，若试纸变黑，表示有 S^{2-}。

另取几滴试液，加 1 滴新配制的 $Na_2[Fe(CN)_5NO]\cdot 2H_2O$（亚硝基铁氰化钠）溶液，溶液变成紫色，表示有 S^{2-}。此反应必须在碱性或氨性介质中进行。SO_3^{2-} 有类似反应，但生成物为玫瑰红色。SO_3^{2-}、$S_2O_3^{2-}$ 浓度不大于 S^{2-} 浓度的 100 倍时对该鉴定无干扰。

2. SO_3^{2-}

取 1 mL 试液，加 2 滴 3 mol·L^{-1} HCl 溶液后加 1 滴品红试剂，如很快褪色，表示有 SO_3^{2-}。

此反应必须在中性溶液中进行，如为酸性溶液，则须预先用碳酸氢钠中和，如为碱性溶液，则须加 1 滴酚酞并通入 CO_2 至溶液由红变为无色时为止。S^{2-} 也能使品红褪色，须预先加入 $CdCO_3$ 以除去 S^{2-}。

另取 2 滴中性试液，加 1 滴新配制的 $Na_2[Fe(CN)_5NO]\cdot 2H_2O$ 溶液，溶液呈玫瑰红色，再加 1 滴饱和 $ZnSO_4$ 溶液，使颜色加深，加 1 滴 $K_4[Fe(CN)_6]$溶液，生成红色沉淀，表示有 SO_3^{2-}。S^{2-} 干扰反应，$S_2O_3^{2-}$ 不呈现上述反应。

3. $S_2O_3^{2-}$

取 1 mL 试液，加 2 滴 0.1 mol·L^{-1} $AgNO_3$ 溶液，观察有无沉淀及沉淀的颜色变化。

另取 1 滴 $FeCl_3$ 溶液于点滴板上，加 2 滴试液，如溶液变深紫色，且在 1～2 min 内褪色，表示有 $S_2O_3^{2-}$。

Fe^{3+} 与其他还原剂反应亦能生成 Fe^{2+}，但如果呈现暗紫色，则为 $S_2O_3^{2-}$ 的特征。CN^-、F^-、PO_4^{3-} 对此鉴定反应有干扰。

另取 2 滴试液于离心管中，加 2 滴 2 mol·L^{-1} HCl 溶液，微热，同时管口盖上用 1 滴 K_2CrO_7 溶液润湿过的滤纸，滤纸上的斑点变绿且离心管中有硫黄析出，表示有 $S_2O_3^{2-}$。

4. SO_4^{2-}

取 1 mL 试液，加 2 滴 1 mol·L^{-1} $BaCl_2$ 溶液，再加 3 滴 2 mol·L^{-1} HCl 溶液，观察，若有沉淀生成，表示有 SO_4^{2-}。

另，在滤纸上加 1 滴玫瑰红酸钠溶液，生成红棕色玫瑰红酸钡斑点，在斑点上加 1 滴试液，则斑点变为白色，表示有 SO_4^{2-}。

5. NO_2^-

向试管中加 1 滴 0.2 mol·L^{-1} $NaNO_2$ 溶液、几滴蒸馏水和几滴 6 mol·L^{-1} HAc 溶液，然后加 1 滴对氨基苯磺酸和 1 滴 α-萘胺，溶液呈粉红色。当 NO_2^- 浓度大时，粉红色很快褪去，生成黄色溶液或褐色沉淀。

取 1 滴醋酸酸化的试液，加 2 滴硫脲，再加 2 滴 2 mol·L^{-1} HCl 及 1 滴 $FeCl_3$ 溶液，溶液变为深红色，表示有 NO_2^-。

SCN^-、I^-干扰反应，可事先加 Ag_2SO_4 或稀 $AgNO_3$ 除去。

6. NO_3^-

向试管内加入 1 mL 0.5 mol·L^{-1} $FeSO_4$ 溶液和几滴试液，摇匀。将试管斜持，沿管壁加入 1 mL 浓 H_2SO_4 沉至管底，分为两层，在界面处生成棕色亚硝酰合铁离子，侧面看形成所谓的“棕色环”，表示有 NO_3^-。

另，向试管中加入几滴试液，加 1 滴 α-萘胺和几滴浓 H_2SO_4，溶液中生成淡红紫色则说明有 NO_3^-。这是一个很灵敏的鉴别硝酸盐的反应。

7. CO_3^{2-}

取 1 mL 试液，加 2 滴 1 mol·L^{-1} $BaCl_2$ 溶液，观察，有白色沉淀，离心洗涤沉底后，在沉淀上加 1 滴 3 mol·L^{-1} HCl 溶液，观察，如有气泡放出，表示有 CO_3^{2-}。

另，取 2 滴试液于试管管中，调节 pH 为 8～9，加入少许氯化 *N*-(2,4-二硝基苯基)吡啶盐固体，生成橙红色沉淀，表示有 CO_3^{2-}，可离心后观察试管底部。PO_4^{3-} 干扰鉴定。S^{2-}、SO_3^{2-} 也有干扰，可将其氧化至 SO_4^{2-} 消除。

8. PO_4^{3-}

取几滴试液，加 2 滴 3 mol·L^{-1} H_2SO_4 酸化试液，再加 1 滴 $(NH_4)_2MoO_4$ 溶液，生成黄色$(NH_4)_2H[P(Mo_3O_{10})_4]$沉淀。再滴加 1 滴 1 mol·$L^{-1}$ $SnCl_2$ 溶液，如果显蓝色，表示有 PO_4^{3-}。

9. Cl^-

取 1 滴试液于离心管中，加 1 滴 $AgNO_3$ 溶液，生成白色 AgCl 沉淀，离心分离。用水洗涤沉淀 1～2 次，加 2～3 滴 2 mol·L^{-1} 氨水溶液，沉淀溶解，再加入盐酸，有白色沉淀生成，表示有 Cl^-。

10. Br^-

取 2 滴试液于离心管中，加 4 滴 CCl_4，滴加 2 滴氯水，搅拌后 CCl_4 层显红棕色。再加过量氯水，CCl_4 层颜色由于生成 BrCl 变浅黄或生成 BrO^-、BrO_3^- 变为无色，表示有 Br^-。SO_3^{2-}、$S_2O_3^{2-}$ 对反应有干扰。

另，在离心管中加 2 滴试液，加少许研细的固体 $K_2Cr_2O_7$ 及 2 滴浓 H_2SO_4，混匀。将一片预先被 $NaHSO_3$ 褪色的品红溶液浸过的滤纸放在管口上方，离心管放入水浴微热，析出的 Br_2 使滤纸呈紫红色，表示有 Br^-。

11. I^-

取 1 滴试液于离心管中，加 1 滴 3 mol·L^{-1} H_2SO_4 酸化，再加几滴 CCl_4，然后逐滴滴入氯水，用力振荡，每加 1 滴氯水，都要注意观察 CCl_4 层中的颜色。若 CCl_4 层中显红色至紫红色时，表示有 I^-。如果 I^- 存在，则 CCl_4 层因有 I_2 而呈紫色，继续加氯水，I_2 被氧化成 IO_3^-，这时 CCl_4 层 I_2 的紫色消失。所以氯水过量时，颜色将退去。

二、已知阴离子混合液的分析

1. S^{2-}、SO_3^{2-}、$S_2O_3^{2-}$ 混合物的分析步骤

(1) 取 1 滴碱性试液加亚硝酰铁氰化钠，溶液变成紫色，表示有 S^{2-}。

（2）在 5 滴试液中加少量固体 $CdCO_3$，搅拌，离心沉降。取 1 滴离心液用亚硝酰铁氰化钠实验沉淀是否完全，必要时再加固体 $CdCO_3$ 并重新进行搅拌。沉淀完全后将含 CdS 及过量 $CdCO_3$ 的沉淀离心沉降。弃去沉淀，离心液按步骤 3 鉴定 $S_2O_3^{2-}$，按步骤 2 鉴定 SO_3^{2-}。

（3）在 2 滴离心液中加 3～4 滴 2 $mol \cdot L^{-1}$ HCl 溶液，加热。生成白色或淡黄色浑浊，表示有 $S_2O_3^{2-}$。

（4）在鉴定 $S_2O_3^{2-}$ 后剩余的溶液中加入 $SrCl_2$ 或 $Sr(NO_3)_2$ 溶液至沉淀完全。放置 10 min，将可能含 $SrSO_4$ 的沉淀离心沉降，仔细洗涤 2～3 次除去 $S_2O_3^{2-}$。弃去离心液，用 2 $mol \cdot L^{-1}$ HCl 溶液处理沉淀，用 SO_3^{2-} 的特殊反应（生成 SO_2，使 I_2 或品红溶液褪色等）检出 SO_3^{2-}。

2. 设计出合理的分离鉴定方案，分离鉴定下列各组混合溶液中的阴离子

（1）CO_3^{2-}、S^{2-}、SO_3^{2-}、$S_2O_3^{2-}$ 的检出

（2）Cl^-、Br^-、I^-、NO_3^- 的检出。

（3）Cl^-、CO_3^{2-}、SO_4^{2-}、PO_4^{3-} 的检出。

第五部分 综合和设计实验

实验是培养学生综合能力和创新意识最有效的途径，综合实验和设计实验是学生在已经掌握基本实验技能和基础理论知识基础上，进一步提升独立实验能力和创新意识的重要环节。

综合化学实验内容可以是由多个实验串联起来的学科内综合实验，也可以是跨学科实验即含两个及两个以上二级学科知识内容的实验。本教材的综合实验多数以无机化合物合成为基础，进一步对合成的产物进行组成分析、性能测定等。

设计实验是给定题目或学生自带题目，在充分查阅参考资料的基础上，学生独立设计实验方案和步骤、提出所用仪器设备和实验材料并自主完成实验。学生可以根据自己的兴趣选择、寻找实验题目开展设计实验，可以调动学生主动参与的积极性，通过实验过程与结果分析还可以培养学生综合能力。

本部分包括 9 个综合实验和 2 个设计实验，教师可根据教学计划安排及学生兴趣合理选做其中几个实验，学生也可以自己寻找其他感兴趣的实验题目进行实验。本部分实验中准确称取指精确到 0.1 mg，标准溶液浓度精确到 4 位有效数字。

实验三十三 过氧化钙的制备及含量的分析

【实验目的】

1. 熟练掌握无机化合物制备实验的各项基本操作。
2. 了解过氧化钙的制备原理和条件。
3. 测定产物中过氧化钙的含量。

【实验原理】

过氧化钙（CaO_2）常温下为无色或淡黄色粉末，无臭、无毒、几乎无味，极微溶于水，不溶于乙醇、乙醚、丙酮等溶剂，与稀酸反应生成过氧化氢。过氧化钙是一种比较稳定的金属过氧化物，它可在室温干燥条件下长期保存而不分解。过氧化钙有效氧含量 22.2%，加热至 375 ℃则开始分解，400～425 ℃完全分解成 O_2 和 CaO。在湿空气或吸水过程中逐渐分解放出氧气。

CaO_2 的氧化反应较缓和，属于安全无毒的化学品，可应用于医药、农业、水产、环保、食品及化学工业。农业方面，由于过氧化钙在潮湿空气中可长期缓慢地释放氧气，因此可作为水稻种子包衣，不仅促进种子发芽率，还可促增产，同时具有改良土壤、杀虫灭菌、促进植物新陈代谢等多种功效。在水产养殖中，复合过氧化钙可提高水中溶解氧，降低水的化学耗氧量、降低氨氮、调节 pH 和硬度，并且可以改善水质和环境，是良好的供氧剂。环保方面，利用过氧化钙的碱性及氧化性，对工业废水和印染有机废水中的 Cd、Pb、Cu、Mn 等重金属离子的去除率高，没有二次污染，是一种有效、安全、无毒的环境友好型绿色水处理剂，还可利用其氧化性将其应用于纸浆、毛、布的漂白等。在生活中，过氧化钙可用于果蔬保鲜、面团改良、食品消毒等，还可加入牙膏、口香糖和化妆品中，具有高度美白效果。

目前，过氧化钙的生产方法主要有氯化钙法、氢氧化钙法、喷雾干燥法、空气阴极法。其中氯化钙法和氢氧化钙法过程和设备较简单，技术较成熟，适合小规模生产。由于过氧化氢分解速度随温度升高而迅速加快，因此，一般在 0～5 ℃的低温下合成。本实验以大理石为原料（大理石的主要成分是碳酸钙，还含有其它金属离子及不溶性杂质），先经溶解除去杂质，制得纯的碳酸钙固体。再将碳酸钙溶于适量的盐酸中，在低温碱性条件下与过氧化氢反应生成过氧化钙。水溶液中析出的过氧化钙含有结晶水，颜色近乎白色。其结晶水的含量随制备方法及反应温度的不同而有所变化，最高可达 8 个结晶水。含结晶水的过氧化钙在加热后逐渐脱水，100 ℃以上完全失水，生成米黄色的无水过氧化钙。加热至 350 ℃左右，过氧化钙迅速分解生成氧化钙并放出氧气：

$$2CaO_2 = 2CaO + O_2\uparrow$$

实验中测定过氧化钙含量的方法是用量气法测量放出氧气的体积。根据反应方程式和理想气体状态方程式，计算产品中过氧化钙的含量。

【实验用品】

台秤，电子天平，电热板，煤气灯（或酒精灯），烘箱，pH 计，滤纸，淀粉-KI 试纸，布氏漏斗，吸滤瓶，量气管，水准管，试管，烧杯，玻璃漏斗，量筒。

大理石，HNO_3(6mol·L^{-1})，氨水(1∶1，浓)，$(NH_4)_2CO_3$(s)，盐酸(1 mol·L^{-1}，2 mol·L^{-1}，6 mol·L^{-1})，$MnSO_4$(0.05 mol·L^{-1})，$KMnO_4$ 标准溶液(0.02 mol·L^{-1})，H_2O_2(6%)，冰（自来水，蒸馏水）。

【实验步骤】

一、制取纯的 $CaCO_3$

称取 5 g 大理石，溶于 25 mL 6 mol·L^{-1} 的 HNO_3 溶液中，可微热加快反应进度。反应完全后，将溶液加热至沸腾。然后，加水稀释并用 1∶1 氨水调节溶液的 pH 至呈弱碱性。再将溶液煮沸 20 分钟以上，趁热过滤，弃去沉淀。另取 8 g $(NH_4)_2CO_3$ 固体溶于 35 mL 水中，在不断搅拌下将其缓慢地加到上述热的 $Ca(NO_3)_2$ 滤液中，再加 5 mL 浓氨水。搅拌后静置片刻，减压过滤，用热水洗涤沉淀数次除净杂质离子，将沉淀抽干，得 $CaCO_3$ 固体。

二、过氧化钙的制备与性质

1. CaO_2 的制备

将新制的 $CaCO_3$ 置于烧杯中，逐滴加入 6 mol·L^{-1}HCl，直至烧杯中仅剩余极少量的 $CaCO_3$ 固体为止（烧杯底部还有少量残留，或者体系呈浑浊）。将溶液加热煮沸，趁热过滤以除去未溶的 $CaCO_3$。另量取 30 mL 6%的 H_2O_2 溶液，加入 15 mL 1∶1 氨水中。将所得的 $CaCl_2$ 溶液和 NH_3-H_2O_2 溶液都置于冰水浴中冷却。

待溶液充分冷却后，在剧烈连续搅拌下，将 $CaCl_2$ 溶液逐滴加到 NH_3-H_2O 溶液中（滴加时溶液仍置于冰水浴中冷却）。滴加完毕后继续在冰水浴内静置 30 min 左右，然后减压过滤，用少量冰水（蒸馏水）洗涤晶体 2～3 次。晶体抽至近干后，加 5 mL 乙醇浸泡。减压过滤，取出产品晾干，称重，记录。将产品转入 150 ℃的烘箱中加热 20 分钟左右，取出，冷却，称重，计算产率和结晶水含量。

2. CaO_2 的性质

在试管中放入少许 CaO_2 固体，缓慢加入水，观察固体的溶解情况。取出一滴溶液，用淀粉-KI 试纸试验。在原试管中滴入少许稀盐酸，观察固体的溶解情况，从中再取出一滴溶液，用淀粉-KI 试纸试验。写出相关的反应方程式。

三、产品中过氧化钙含量的测定

按图 5-33-1 将量气管与水准管用橡胶管连接。从漏斗加水，检查系统是否漏气。如果漏气，就要检查接口处是否严密，直到装置不漏气为止。

准确称取 0.2500～0.2800 g 所制无水过氧化钙产品加入试管中。转动试管使 CaO_2 在试管内均匀地铺成薄层。把试管连接到量气管上，塞紧橡胶塞。把水准管的液面与量气管的液面调至同一水平面，记下量气管液面的初读数。

用小火缓缓加热试管，CaO_2 逐渐分解放出氧气，量气管内的液面随即下降。为了避免系统内外压差太大，水准管也应相应地向下移动，保持与量气管的液面持平。待 CaO_2 大部分分解后，加大火焰使之完全分解。然后停止加热。当试管完全冷却后，保持量气管与水准管的液面在同一水平面上，记下量气管内液面的读数，并记录实验时的温度和大气压。

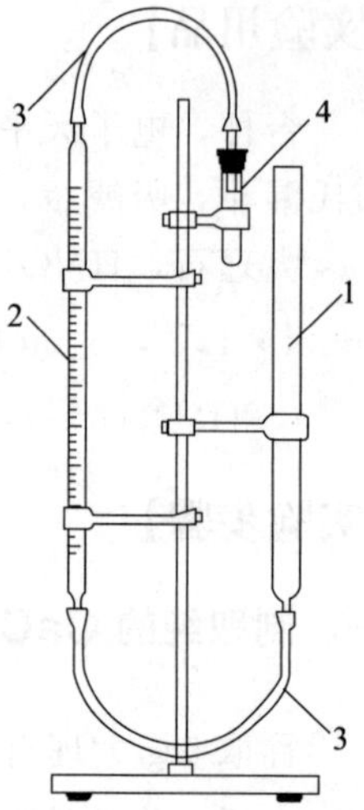

图 5-33-1 过氧化钙含量测定装置

1—水准管；2—量气管；3—橡胶管；4—试管

【数据记录与结果处理】

1. CaO_2 的产量__________ g。

2. CaO_2 的产率__________%。

3. CaO_2 的含量分析。

分解的样品质量 m/g：

量气管液面初读数 V_1/mL：

量气管液面终读数 V_2/mL：

氧气体积 V/mL：

温度 T/K：

大气压 p/Pa：

T(K) 时水的饱和蒸气压 $p(H_2O)$/Pa：

产品中 CaO_2 的质量分数：

【思考题】

1. 大理石中一般都含有少量铁，如果不提纯，对制备过氧化钙有何影响？
2. 在碳酸钙纯化过程中，前后两次将溶液加热煮沸，其目的分别是什么？
3. 为何将 $CaCl_2$ 溶液逐滴滴入 NH_3-H_2O 溶液中而不是反向滴加？
4. 写出由测得的实验数据计算过氧化钙含量的计算式。

【知识拓展】

1. 氧化滴定法分析过氧化钙含量。

准确称取 0.1 g 左右 CaO_2 两份，分别置于 250 mL 烧杯中，各加入 30 mL 蒸馏水和 10 mL 2 mol・L^{-1}HCl 溶液使其溶解，再加入 1 mL 的 0.05mol・L^{-1} $MnSO_4$ 溶液，用 0.02mol・L^{-1} 的 $KMnO_4$ 标准溶液滴定至溶液呈微红色，30 s 内不褪色即为终点。平行测定两份，计算 CaO_2 的质量分数。$KMnO_4$ 是氧化还原滴定中最常用的氧化剂之一，该滴定通常在酸性溶液中进行，一般常用 H_2SO_4 稀溶液。本实验用稀 HCl 溶液代替稀 H_2SO_4 溶液，对测定结果有无影响？查阅资料，了解采用间接碘量法进行过氧化钙含量分析。试分析比较这几种方案。

2. 查阅资料，了解过氧化钙处理废水的机理及方案。

3. 查阅资料，了解其他过氧链转移反应案例。

4. 查阅资料，了解其他合成过氧化钙的机理及方案，试分析各方案优缺点。

实验三十四 三氯化六氨合钴(Ⅲ) 的制备、性质和组成

【实验目的】

1. 了解三氯化六氨合钴（Ⅲ）的制备和组成的测定方法。
2. 掌握含钴化合物的性质和含钴废液回收的方法。
3. 通过分裂能 Δ 的测定判断配合物中心离子 d 电子的排布情况和配合物的类型。

【实验原理】

根据标准电极电势可知，三价钴的简单盐不如二价钴盐稳定；相反，在生成稳定配合物后，三价钴又比二价钴稳定。因此，常采用空气或 H_2O_2 氧化二价钴配合物的方法来制备三价钴的配合物。

氯化钴（Ⅲ）的氨配合物有多种，主要是三氯化六氨合钴(Ⅲ)$[Co(NH_3)_6]Cl_3$，橙黄色晶体；三氯化五氨·水合钴(Ⅲ)$[Co(NH_3)_5(H_2O)]Cl_3$，砖红色晶体；二氯化氯·五氨合钴(Ⅲ)$[Co(NH_3)_5Cl]Cl_2$，紫红色晶体。它们的制备条件各不相同。在有活性炭为催化剂时，主要生成三氯化六氨合钴（Ⅲ）；在没有活性炭存在时，主要生成二氯化氯·五氨合钴（Ⅲ）。

本实验以活性炭为催化剂，用过氧化氢氧化有氨和氯化铵存在的氯化钴溶液制备三氯化六氨合钴（Ⅲ）。其反应方程式为：

$$2CoCl_2+2NH_4Cl+10NH_3+H_2O_2 \xlongequal{\text{活性炭}} 2[Co(NH_3)_6]Cl_3+2H_2O$$

三氯化六氨合钴（Ⅲ）是橙黄色单斜晶体，20 ℃时在水中的溶解度为 0.26 mol·L^{-1}。将粗产品溶于稀 HCl 溶液后，通过过滤将活性炭除去，然后在高浓度的 HCl 溶液中析出结晶：

$$[Co(NH_4)_6]^{3+}+3Cl^- \xlongequal{} [Co(NH_3)_6]Cl_3$$

配离子$[Co(NH_3)_6]^{3+}$很稳定，常温时遇强酸和强碱也基本不分解。但强碱条件下煮沸时分解放出氨：

$$2[Co(NH_3)_6]Cl_3+6NaOH \xlongequal{\triangle} 2Co(OH)_3+12NH_3+6NaCl$$

挥发出的氨用过量盐酸标准溶液吸收，再用标准碱滴定过量的盐酸，可测定配体氨的个数（配位数）。

将配合物溶于水，用电导率仪测定离子个数，可确定外界 Cl^- 的个数，从而确定配合物的组成。

配离子$[Co(NH_3)_6]^{3+}$中心离子有 6 个 d 电子，通过配离子的分裂能 Δ 的测定并与其成对能 P（21000 cm^{-1}）相比较，可以确定 6 个 d 电子在八面体场中属于低自旋排布还是高自旋排布。在可见光区由配离子的 A-λ（吸光度-波长）曲线上能量最低的吸收峰所对应的波长 λ 可求得分裂能 Δ（cm^{-1}）：

$$\Delta=\frac{1}{\lambda\times10^{-7}}$$

式中，λ 为波长，nm。

含钴废液与 NaOH 溶液作用后将三价钴以氢氧化物的形式沉淀下来，经洗涤后再用 HCl 还原成二价钴，经蒸发浓缩后可回收氯化钴。

【实验用品】

台秤，电子天平，电热板，温度计，恒温水浴锅，烘箱，分光光度计，电导率仪，蒸馏装置，碱式滴定管，锥形瓶，量筒，吸滤瓶，布氏漏斗，碘量瓶，玻璃珠，烧杯。

HCl（浓，0.5 $mol \cdot L^{-1}$ 标准溶液），NaOH（10%，20%，0.5 $mol \cdot L^{-1}$ 标准溶液），H_2O_2（6%），$NH_3 \cdot H_2O$（浓），NH_4Cl（s），$CoCl_2 \cdot 6H_2O$（s），KI（20%），$Na_2S_2O_3$（0.1 $mol \cdot L^{-1}$），$AgNO_3$ 标准溶液（0.1 $mol \cdot L^{-1}$），淀粉溶液（0.5%），K_2CrO_4（5%），活性炭，甲基红指示剂。

【实验步骤】

一、三氯化六氨合钴（Ⅲ）的制备

将 1.5 g $CoCl_2 \cdot 6H_2O$ 和 2 g NH_4Cl 加入锥形瓶中，加入 5 mL 水，微热溶解，加入 2 g 活性炭和 7 mL 浓氨水，用水冷却至 10 ℃以下，慢慢加入 10 mL 新配制的 6% 的 H_2O_2 溶液。水浴加热至 55～65 ℃，恒温 30 分钟左右。用冰水冷却 5 分钟以上，减压过滤（不能洗涤!）。将沉淀转入含有 2 mL 浓 HCl 的 25 mL 沸水中，趁热减压过滤。滤液转入锥形瓶中，加入 4 mL 浓 HCl，再用冰水充分冷却，待大量结晶析出后，减压过滤。产品于烘箱中在 105 ℃烘干 20 min。滤液回收。

二、三氯化六氨合钴（Ⅲ）分裂能的测定

取约 0.2 g $[Co(NH_3)_6]Cl_3$ 溶于 40 mL 蒸馏水，以水作参比，波长 λ 在 400～550 nm 范围测定配合物的最大吸光度 A，每隔 10 nm 波长（在吸收峰最大值附近波长间隔可适当减小）测定一次。作 A-λ 曲线，求出配合物的分裂能 Δ 并与成对能比较，判断配合物中心离子 d 电子的排布和自旋情况。确定配合物类型。

三、三氯化六氨合钴（Ⅲ）组成的确定

1. 配体氨的测定

用天平准确称取约 0.2g（准确至 0.1 mg）产品放入锥形瓶中，加约 50 mL 水和 5 mL 20% NaOH 溶液。在另一个锥形瓶中加入 30 mL 0.5 $mol \cdot L^{-1}$ HCl 标准溶液，以吸收蒸馏出的氨。按图 5-34-1 连接装置，冷凝管通入冷水，开始加热，保持沸腾状态。蒸馏至黏稠（约 10 min），断开冷凝管和锥形瓶的连接处，移开热源。用少量水冲洗冷凝管和下端的玻璃管，将冲洗液一并转入接收锥形瓶中。

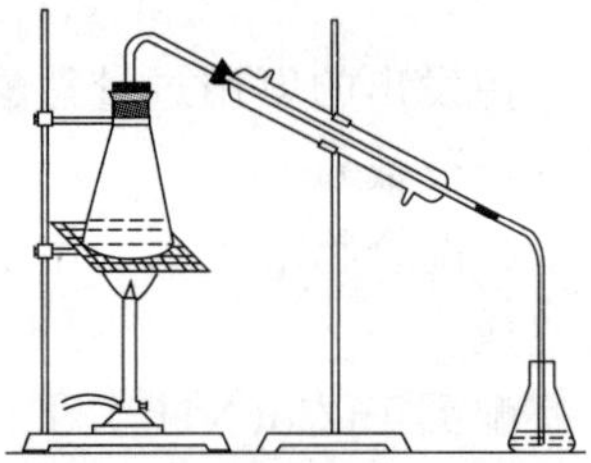

图 5-34-1　氨的蒸馏装置
（可改用其他加热方式）

以甲基红为指示剂，用 0.5 $mol \cdot L^{-1}$ NaOH 标准溶液滴定吸收瓶中的 HCl 溶液，溶液变浅黄色即为终点。计算氨的含量，确定配体 NH_3 的个数。

2. 钴的测定

准确称取约 0.5 g 产品于碘量瓶中，加 40 mL 水溶解，再加入 40 mL 10% NaOH，加热煮沸（加一个玻璃珠作沸石），至产生黑色沉淀，赶尽氨气。冷却，加入 5 mL 20% KI 溶液，立即盖上瓶盖，振荡 1 min，再加入 15 mL 浓 HCl，在暗处放置 15 min。然后加入 100 mL 蒸馏水，用 0.1 $mol \cdot L^{-1}$ $Na_2S_2O_3$ 标准溶液滴定至溶液呈橙黄色时，加入 8 滴 0.5%淀粉溶液，继续滴定至蓝色褪去为终点。平行测定 3 次，计算钴的含量。

3. 氯的测定

准确称取 0.18～0.19 g 产品于锥形瓶中，加 20 mL 水溶解，加入 1 mL 5%的 K_2CrO_4 溶液为指示剂，用 0.1 $mol \cdot L^{-1}$ $AgNO_3$ 标准溶液滴定至出现淡红棕色沉淀不再消失为终点。平行测定 3 次，计算氯的含量。

4. 电导法测离子电荷

称取产品 0.02 g 配成 50 mL 溶液，在电导率仪上测定溶液的电导率，根据公式求出电导值，确定离子个数和外界 Cl^- 的个数。含不同离子数配合物的电导值 Λ_M 如下：

离子数	2	3	4	5
Λ_M	118～131	235～273	408～435	～560

由以上 1～4 实验步骤中分析得到的氨、钴、氯的结果，配离子的配位数和外界 Cl^- 数，可以给出配合物的实验式。

5. 分裂能测定

取 0.01 g 左右的产品，溶解于 10 mL 的水中，配制成溶液，用分光光度计，波长范围 400～580 nm，测吸光度，根据吸收峰的波长计算配合物的分裂能并对其进行解释。

四、二氯化钴的回收

1. 设计回收二氯化钴的实验方案

（1）写出实验的基本原理和反应方程式。

（2）根据回收液中钴的含量（按制备配合物时所用氯化钴的量算），近似计算沉淀和还原所需 NaOH 和浓 HCl 的量。

（3）写出实验操作步骤、仪器和注意事项。

2. 回收二氯化钴

按设计的实验方案进行实验，回收二氯化钴，称量回收产品的质量。

【思考题】

1. 实验中为什么向溶液中加 H_2O_2 溶液后要在 60 ℃左右恒温一段时间？

2. 实验中几次加入浓 HCl 的作用是什么？

3. 从实验事实和有关数据说明三氯化六氨合钴（Ⅲ）的稳定性。

4. 根据三氯化六氨合钴（Ⅲ）分裂能的测定结果，确定配合物的类型，画出 d 电子排布能级图并计算晶体场稳定化能。

5. 用蒸馏后的黑色产物可测配合物中钴的含量，试写出用碘量法测定钴的含量的反应方程式和操作步骤。

【附注】

1. 实验室中若没有合适的冷凝管，在蒸馏氨的装置中可用玻璃管与橡胶管代替冷凝管，但接收瓶及其中的标准 HCl 溶液必须用冰水浴冷却，并确保 HCl 不挥发。

2. 配合物的外界氯的个数也可由 $AgNO_3$ 标准溶液滴定来确定。

实验三十五 铜的系列化合物

【实验目的】

1. 进一步掌握溶解、沉淀、吸滤、蒸发、浓缩等基本操作。
2. 掌握无机盐之间转化的基本原理及实验操作。
3. 制备甲酸铜、甘氨酸合铜和二草酸根合铜（Ⅱ）酸钾晶体。
4. 制备甘氨酸合铜顺反异构体。
5. 确定二草酸根合铜（Ⅱ）酸钾的组成。

【实验原理】

铜为不活泼金属，不能用非氧化性酸直接反应制备其盐。实验室经常由废铜屑与硫酸、硝酸混合溶液反应或废铜屑与硫酸、双氧水和混合溶液反应制备硫酸铜。

水合硫酸铜的制备见实验九。本实验以硫酸铜为原料，制备铜的系列有机酸做配体的配合物。

由一种盐转化为另一种盐，需先转化为易溶于酸的沉淀，如：

$$2CuSO_4+2Na_2CO_3+H_2O = Cu_2(OH)_2CO_3\downarrow+2Na_2SO_4+CO_2\uparrow$$

$$CuSO_4+2NaOH = Cu(OH)_2\downarrow+Na_2SO_4$$

$$Cu(OH)_2 = CuO+H_2O$$

再将沉淀溶于相应的酸即得到转化产物：

$$Cu_2(OH)_2CO_3+4HCOOH+5H_2O = 2Cu(HCOO)_2\cdot 4H_2O+CO_2\uparrow$$

$$Cu(OH)_2+2HCl = CuCl_2\cdot 2H_2O$$

$$2KHC_2O_4+CuO = K_2[Cu(C_2O_4)_2]+H_2O$$

$$Cu(OH)_2+2H_2NCH_2COOH \xlongequal{65\sim70\ ℃} Cu(gly)_2\cdot xH_2O$$

1. 甘氨酸合铜

甘氨酸合铜又名氨基醋酸铜、氨基乙酸铜、双甘氨酸铜，由铜盐与甘氨酸作用而得，加热至 130 ℃脱水，228 ℃分解。甘氨酸合铜可用于医药、电镀等。其中顺式甘氨酸合铜不溶于烃类、醚类和酮类，微溶于乙醇，溶于水。由于氨基酸微量元素配合物在无水乙醇等有机溶剂中的溶解度极小，而游离金属离子和氨基酸均能溶于无水乙醇等有机溶剂中，利用该特性，采用加入一定量的乙醇来分离提纯水溶性的顺式甘氨酸合铜，而反式甘氨酸合铜不溶于水。

2. 二草酸根合铜（Ⅱ）酸钾

二草酸根合铜（Ⅱ）酸钾的制备方法很多，可以由硫酸铜与草酸钾直接混合来制备，也可以由氢氧化铜或氧化铜与草酸氢钾反应制备。本实验由自制的氧化铜与草酸氢钾反应间接制备，其优点是产物纯度高。

二草酸根合铜（Ⅱ）酸钾在水中的溶解度很小，但可加入适量的氨水，使 Cu^{2+} 形成铜氨离子而溶解（pH≈10），亦可采用 2 mol·L^{-1} NH_4Cl 和 1 mol·L^{-1} 氨水等体积混合组成的缓冲溶液溶解。

PAR 指示剂属于吡啶基偶氮化合物，即 4-(2-吡啶基偶氮)间苯二酚。结构式为：

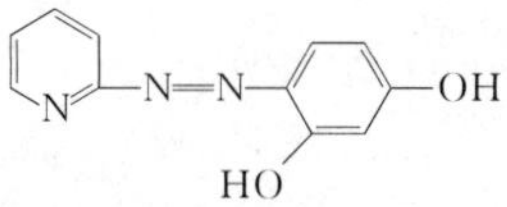

由于它在结构上比 PAN 多些亲水基团，使染料及其螯合物溶水性强。在 pH＝5～7 对 Cu^{2+} 的滴定有更明显的终点。指示剂本身在滴定条件下显黄色，而 Cu^{2+} 与 EDTA 显蓝色，终点为黄绿色。

有条件的实验室可用热分析法对 $K_2[Cu(C_2O_4)_2]\cdot 2H_2O$ 晶体进行热重-差热分析研究，其热分析谱图见图 5-35-1。由热分析谱图可以确定配合物中结晶水个数、草酸根含量、热分解产物、热稳定性等信息。

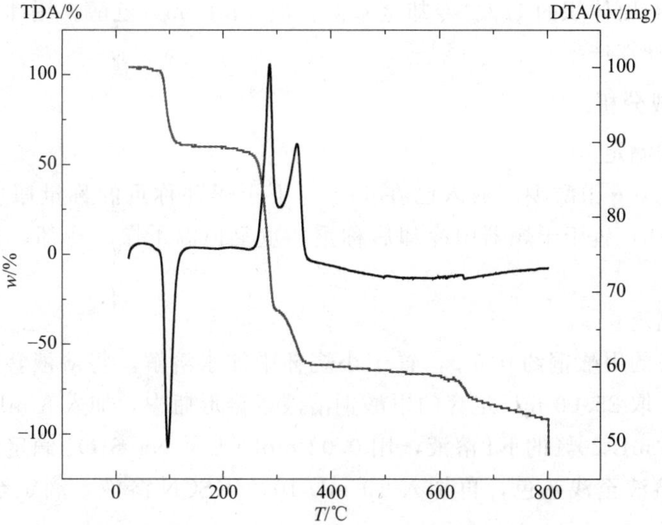

图 5-35-1　$K_2[Cu(C_2O_4)_2]\cdot 2H_2O$ 热分析谱图

【实验用品】

台秤，电子天平，电热板，烘箱，干燥器，恒温水浴锅，差热-热重分析仪，煤气灯（或酒精喷灯），三脚架，石棉网，量筒，称量瓶，烧杯，温度计，吸滤装置，容量瓶，蒸发皿，移液管，酸式滴定管，锥形瓶。

$CuSO_4$（0.5 mol·L^{-1}），Na_2CO_3（0.5 mol·L^{-1}），甲酸，乙醇（1∶3，95%），冰块，HAc 溶液（1∶1），NaOH（2 mol·L^{-1}，4 mol·L^{-1}），HCl（2 mol·L^{-1}，6 mol·L^{-1}），H_2SO_4（1 mol·L^{-1}，3 mol·L^{-1}，4 mol·L^{-1}），氨水（1∶1），H_2O_2（30%），$Na_2S_2O_3$

标准溶液（0.1 mol·L^{-1}），淀粉溶液（0.5%），NH_4HF_2(s)，KI（20%，s），KSCN（10%），$KMnO_4$ 标准溶液（0.02 mol·L^{-1}），EDTA 标准溶液（0.1 mol·L^{-1}），缓冲溶液（pH=7），PAR 指示剂，丙酮，$CuSO_4 \cdot 5H_2O$（s），$H_2C_2O_4 \cdot 2H_2O$（s），K_2CO_3（s），Na_2CO_3（s），$K_2C_2O_4 \cdot H_2O$（s），甘氨酸（s），废铜屑（s），$Cu(Ac)_2 \cdot H_2O$（s），$Na_2C_2O_4$（s），金属铜（基准物）。

【实验步骤】

一、甲酸铜的制备与组成分析

1. 甲酸铜的制备

（1）碱式碳酸铜的制备

取 40 mL 0.5 mol·L^{-1} $CuSO_4$ 溶液，滴加 0.5 mol·L^{-1} Na_2CO_3 溶液至沉淀完全，小火煮沸 30 min，冷却至室温。抽滤，用蒸馏水洗涤至滤液中不含 SO_4^{2-}，得到蓝绿色 $Cu(OH)_2 \cdot CuCO_3$。

（2）甲酸铜的制备

将制得的 $Cu(OH)_2 \cdot CuCO_3$ 与滤纸一同放入烧杯内，加入 5 mL 蒸馏水，加热搅拌至 50 ℃左右，搅拌下逐滴加入甲酸至沉淀完全溶解，趁热抽滤。将滤液加热（在通风橱内进行），蒸发浓缩至约原体积的 1/3。冷却至室温，加 5 mL 95%乙醇，用冰水冷却，抽滤（不能水洗），称重，计算产率。

2. 甲酸铜组成分析

（1）结晶水的测定

准确称取约 3.0 g 甲酸铜，放入已在 110 ℃下干燥并称重的称量瓶中，置于烘箱内在 110 ℃下恒温 1.5 h，置于干燥器中冷却后称重。重复恒温干燥、冷却、称量等操作，直到恒重。

（2）铜含量测定

准确称取制备的甲酸铜约 0.6 g，置于小烧杯中加水溶解，将溶液转移至 250 mL 容量瓶中定容，摇匀。取 25.00 mL 定容的甲酸铜溶液于锥形瓶中，加入 8 mL 1∶1 HAc 溶液、1 g NH_4HF_2、10 mL 20%的 KI 溶液，用 0.02 mol·L^{-1} $Na_2S_2O_3$ 滴定至浅黄色，再加入 3 mL 0.5%淀粉溶液至浅蓝色，再加入 10 mL 10% KSCN 溶液，滴定至蓝色消失即为终点。计算铜的含量。

（3）甲酸根含量的测定

甲酸根在酸性介质中可被 $KMnO_4$ 定量氧化，由消耗的 $KMnO_4$ 的量便可求出甲酸根的量。

$$2MnO_4^- + 5HCOO^- + 11H^+ \xlongequal{} 2Mn^{2+} + 5CO_2\uparrow + 8H_2O$$

准确称取 0.6 g 在 110 ℃干燥过的甲酸铜产品置于 100 mL 烧杯中，加蒸馏水溶解，然后转入 250 mL 容量瓶中定容，摇匀。移取 25.00 mL 甲酸铜溶液于锥形瓶中，加入 0.2 g 无水 Na_2CO_3、30.00 mL 0.02 mol·L^{-1} 的 $KMnO_4$ 标准溶液，在 80 ℃水浴中加热 30 min，冷却。加入 10 mL 的 4 mol·L^{-1} H_2SO_4、2.0 g KI，加盖，暗处放置 5 min 后用 $Na_2S_2O_3$ 标准溶液滴定。计算 COO^- 准确含量。

二、二甘氨酸合铜的制备

1. 液相法制备

称取 5 g 左右的 $CuSO_4 \cdot 5H_2O$，加入 20 mL 水，适当加热至溶解完全。适当加热并在搅拌下滴加 1∶1 氨水至沉淀溶解。

$$2CuSO_4 + 2NH_3 \cdot H_2O = (NH_4)_2SO_4 + Cu_2(OH)_2SO_4 \downarrow$$

$$Cu_2(OH)_2SO_4 + 6NH_3 \cdot H_2O + (NH_4)_2SO_4 = 2[Cu(NH_3)_4]SO_4 + 8H_2O$$

$$CuSO_4 + 4NH_3 \cdot H_2O = [Cu(NH_3)_4]SO_4 + 4H_2O$$

再加入 15 mL 4 $mol \cdot L^{-1}$ 的氢氧化钠溶液，抽滤、洗涤得到 $Cu(OH)_2$ 沉淀。

$$[Cu(NH_3)_4]SO_4 + 2NaOH = Cu(OH)_2 \downarrow + 4NH_3 \uparrow + Na_2SO_4$$

在 80 mL 水中溶解 3 g 甘氨酸，加入新制氢氧化铜。在不断搅拌下水浴加热 15 min 左右，控制温度在 60～70 ℃（严格控制温度不超过 70 ℃），并不断搅拌至 $Cu(OH)_2$ 全部溶解，且注意反应时间不可过长，否则顺式的极易转变为反式的二甘氨酸合铜（Ⅱ）配合物。趁热抽滤，滤液冷却后析出顺式甘氨酸合铜。在滤液中加入 10 mL 乙醇，进一步析出顺式甘氨酸合铜，减压过滤，并用 1∶3 乙醇溶液洗涤产品，晾干，称量，计算产率。

取一半顺式甘氨酸合铜，置于烧杯中，加入少量水，直火加热至膏状，溶液升温 80 ℃左右开始，在不断搅拌下，会迅速生成鳞片状化合物，随着温度的上升，晶体析出速度加快。继续加热几分钟后停止加热，并在搅拌下加入 100 mL 水，立即减压过滤。此时在水中溶解度大的顺式配合物基本全部溶解，在滤纸上将得到蓝紫色鳞片状反式配合物，先用水洗，再用乙醇洗，自然干燥产品。反式-二甘氨酸合铜（Ⅱ）配合物结晶颗粒细小呈膏状，由于减压过滤较困难，因此过滤时一次不要过滤太多。

2. 固相法制备

准确称取 0.45 g 甘氨酸和 0.624 g 醋酸铜晶体（二者物质的量之比为 2∶1）。室温下将它们混置于玛瑙研钵中研磨。研磨 20 min 后，混研物颜色变浅，呈蓝绿色，并有刺激性醋酸气味放出。继续研磨至 40 min，混研物颜色逐渐变浅，刺激性气味变淡。继续研磨，待无醋酸气味溢出时，反应基本完全，记录相应的时间。此时体系中发生反应，生成蓝紫色粉末甘氨酸合铜（Ⅱ）。加入 10 mL 乙醇（1∶3）溶液洗涤固体并抽干，再用同样量的乙醇溶液洗涤抽干。最后用丙酮洗涤并抽干。于 50 ℃烘箱中烘 30 min，冷却后称重。

三、二草酸根合铜（Ⅱ）酸钾的制备与分析

1. 二草酸根合铜（Ⅱ）酸钾的制备（传统方法）

（1）制备氧化铜

称取 2.0 g $CuSO_4 \cdot 5H_2O$ 于 100 mL 烧杯中，加入 40 mL 水溶解，在搅拌下加入 10 mL 2 $mol \cdot L^{-1}$ NaOH 溶液，小火加热至沉淀变黑（生成 CuO），再煮沸约 20 min。稍冷后以双层滤纸吸滤，用少量去离子水洗涤沉淀二次。

（2）制备草酸氢钾

称取 3.0 g $H_2C_2O_4 \cdot 2H_2O$ 放入 250 mL 烧杯中，加入 40 mL 去离子水，微热溶解（温度不能超过 85 ℃，以避免 $H_2C_2O_4$ 分解）。稍冷后分数次加入 2.2 g 无水 K_2CO_3，溶解后生成 KHC_2O_4 和 $K_2C_2O_4$ 混合溶液。

(3) 制备二草酸根合铜(Ⅱ)酸钾

将含 KHC_2O_4 和 $K_2C_2O_4$ 的混合溶液水浴加热，再将 CuO 连同滤纸一起加入该溶液中。水浴加热，充分反应至沉淀大部分溶解(约 30 min)。趁热吸滤(若透滤应重新吸滤)，用少量沸水洗涤二次，将滤液转入蒸发皿中。水浴加热，将滤液浓缩到约原体积的二分之一。放置约 10 min 后用水彻底冷却。待大量晶体析出后吸滤，晶体用滤纸吸干，称重。计算产率。

2. 二草酸根合铜(Ⅱ)酸钾的制备(固相法)

称取 1.99 g (10 mmol) $Cu(Ac)_2 \cdot H_2O$ 和 3.68 g (20 mmol) $K_2C_2O_4 \cdot H_2O$ 固体，置于玛瑙研钵中，在室温下进行研磨，研磨过程中可加数滴无水乙醇以促进反应进行。研磨 30 min 左右，此时生成物呈淡蓝色粉末，无吸湿性。然后将其转入小烧杯中，加适量蒸馏水溶解、洗去其中的乙酸钾，抽滤，并先后用少量蒸馏水及无水乙醇洗涤，固相产品于 80 ℃烘箱中干燥，称量，计算产率，与方案一产率进行对比。

两种方案在做完后继实验后，剩余产品可进行重结晶，观察晶形。

3. 二草酸根合铜(Ⅱ)酸钾的组成分析

(1) 样品溶液的制备

准确称取合成的晶体样品一份(0.95～1.05 g，准确到 0.0001 g)，置于 100 mL 小烧杯中，加入 5 mL 1∶1 氨水使其溶解，再加入 10 mL 水，样品完全溶解后，转移至 250 mL 容量瓶中，加水至刻度。

(2) $KMnO_4$ 溶液的标定

准确称量 $Na_2C_2O_4$ 固体三份(每份 0.18～0.23 g，准确到 0.0001 g)，分别置于 250 mL 锥形瓶中。分别加入 25 mL 蒸馏水使其溶解，加入 10 mL 3 $mol \cdot L^{-1}$ H_2SO_4 溶液，在水浴上加热至 75～85 ℃，趁热用 $KMnO_4$ 溶液滴定至淡粉色，30 s 不褪色，即为终点。计算 $KMnO_4$ 溶液的浓度。

(3) EDTA 溶液的标定

称取基准铜 0.27～0.33g(准确到 0.0001 g)置于 100 mL 小烧杯中，加入 3 mL 6 $mol \cdot L^{-1}$ 的 HCl 溶液，滴加 2 mL 30% H_2O_2，待铜全部溶解后，煮沸赶尽气泡。冷却到室温后转移到 250 mL 容量瓶中，加水至刻度。

移取 10 mL 标准铜溶液至 250 mL 锥形瓶中，依次加入 15 mL 蒸馏水、2 mL 1∶1 氨水、1 mL 2$mol \cdot L^{-1}$ HCl 溶液、10 mL pH=7 的缓冲溶液，在煤气灯上加热至沸腾，加入 4 滴 PAR 指示剂，趁热用 EDTA 溶液滴定至黄绿色，30 s 不褪色为终点。计算 EDTA 溶液的浓度。

(4) $C_2O_4^{2-}$ 含量的测定

取样品溶液 25 mL，置于 250 mL 锥形瓶中，加入 10 mL 3 $mol \cdot L^{-1}$ H_2SO_4 溶液，水浴加热至 75～85 ℃，在水浴中放置 3～4 min。趁热用 0.01 $mol \cdot L^{-1}$ $KMnO_4$ 溶液滴定至淡粉色，半分钟不褪色为终点，记下消耗 $KMnO_4$ 溶液的体积。平行滴定 3 次。计算 $C_2O_4^{2-}$ 的含量。

(5) Cu^{2+} 含量的测定

另取样品溶液 25 mL，加入 1 mL 2 $mol \cdot L^{-1}$ HCl 溶液，加入 4 滴 PAR 指示剂，加入 pH=7 的缓冲溶液 10 mL，加热至近沸。趁热用 0.02 $mol \cdot L^{-1}$EDTA 标准溶液滴定至黄

绿色，半分钟不褪色为终点，记下消耗 EDTA 溶液的体积。平行滴定 3 次。计算 Cu^{2+} 的含量。

（6）热分析

在教师指导下对 $K_2[Cu(C_2O_4)_2]\cdot 2H_2O$ 进行热分析研究，根据其热分析谱图，讨论配合物中结晶水数、草酸根含量、热分解产物、分解温度等。

【思考题】

1. 制备氢氧化铜时要先加氨水生成沉淀，再溶解，然后加 NaOH，重新生成沉淀，此沉淀才是氢氧化铜。能否由 $CuSO_4$ 直接加 NaOH 让其生成 $Cu(OH)_2$，为什么？
2. 在顺式二甘氨酸合铜的制备过程中，为什么先用热水浴后又用冰水浴冷却滤液 20～30 min？
3. 为什么在制备顺式-甘氨酸合铜（Ⅱ）时，用 1∶3 的乙醇水溶液洗？是否可以直接用乙醇、丙酮洗？
4. 为什么顺式-二甘氨酸合铜（Ⅱ）比反式的在水中溶解度大？
5. 为什么制备 $Cu(OH)_2\cdot CuCO_3$ 的温度不能太高？
6. 实验中为什么不采用氢氧化钾与草酸反应生成草酸氢钾？
7. 由氢氧化铜制备氧化铜时，若直火加热容易发生什么现象？如何避免？
8. 氧化铜与草酸氢钾反应完毕后，为何要趁热吸滤？具体应如何操作？
9. 样品分析过程中若 pH 过大或过小，分别对分析有何影响？

实验三十六 锌的系列化合物

【实验目的】

1. 熟练掌握无机化合物制备、分离、纯化的操作。
2. 熟悉一些离子的检验方法。
3. 掌握以锌矿石为原料制备锌系列化合物的原理和方法。

【实验原理】

锌的许多化合物都是重要的化工原料。$ZnSO_4\cdot 7H_2O$ 俗称皓矾，无色晶体，易溶于水，可用作媒染剂、收敛剂和木材防腐剂等。许多锌盐都是由 $ZnSO_4\cdot 7H_2O$ 为原料制备的。ZnO 为白色或浅黄色粉末，难溶于水，易溶于稀酸、NaOH 等溶液，在空气中易吸收 CO_2 和 H_2O 而生成 $ZnCO_3\cdot ZnO$。ZnO 在化学工业中主要用作橡胶和颜料的添加剂，医药上用于制软膏、橡皮膏等。锌钡白俗称立德粉，是将 $ZnSO_4$ 和 BaS 以等物质的量作用而成的白色颜料，大量用于油漆工业，也是橡胶、油墨、造纸、搪瓷等工业的主要填料。

葡萄糖酸锌是一种补锌食品添加剂，比硫酸锌吸收率高、副作用小，应用日趋广泛。人体缺锌会造成生长停滞、味觉减退和创伤愈合不良等现象，从而发生各种疾病。

本实验以菱锌矿（主要成分为 $ZnCO_3$）为原料，采用湿法制备 $ZnSO_4\cdot 7H_2O$，进而制备 ZnO 和锌钡白等系列化合物。

1. 菱锌矿湿法制备硫酸锌

粉碎后的矿石粉经 H_2SO_4 浸取得粗制的 $ZnSO_4$ 溶液：

$$ZnCO_3+H_2SO_4 = ZnSO_4+CO_2\uparrow+H_2O$$

矿石中所含镍、镉、铁、锰等杂质也同时进入酸浸液，生成 $NiSO_4$、$CdSO_4$、$FeSO_4$ 和 $MnSO_4$。因此粗制的 $ZnSO_4$ 溶液必须经过处理以除去杂质。

$ZnSO_4$ 溶液中的杂质可借氧化和置换法除去。在弱酸性溶液中，用 $KMnO_4$ 将 Fe^{2+} 和 Mn^{2+} 氧化以生成难溶的 $Fe(OH)_3$、MnO_2，从而从溶液中除去：

$$MnO_4^-+3Fe^{2+}+7H_2O = 3Fe(OH)_3\downarrow+MnO_2\downarrow+5H^+$$

$$2MnO_4^-+3Mn^{2+}+2H_2O = 5MnO_2\downarrow+4H^+$$

向 $ZnSO_4$ 溶液中加入 Zn 粉，可与 Ni^{2+} 和 Cd^{2+} 等发生置换反应而从溶液中除去：

$$Ni^{2+}+Zn = Ni+Zn^{2+}$$

$$Cd^{2+}+Zn = Cd+Zn^{2+}$$

将除去杂质后精制的 $ZnSO_4$ 溶液蒸发浓缩、结晶即得 $ZnSO_4\cdot 7H_2O$ 晶体。

精制的 $ZnSO_4$ 溶液与 Na_2CO_3 溶液反应得碱式碳酸锌。

$$3ZnSO_4+3Na_2CO_3+4H_2O = ZnCO_3\cdot 2Zn(OH)_2\cdot 2H_2O\downarrow+3Na_2SO_4+2CO_2\uparrow$$

2. 氧化锌及纳米氧化锌的制备

碱式碳酸锌经高温灼烧转化为 ZnO。

$$ZnCO_3\cdot 2Zn(OH)_2\cdot 2H_2O = 3ZnO+CO_2\uparrow+4H_2O\uparrow$$

纳米氧化锌是近年来发现的一种新型纳米材料。纳米材料由极细的晶粒组成，粒子尺寸在 1～100 nm。由于晶粒极细，它具有明显的表面效应、体积效应、量子尺寸效应和宏观隧道效应，在催化、光学、磁性、力学等方面具有许多特异功能，在陶瓷、化工、电子、光学、生物、医药等许多方面有重要的应用价值，其应用前景非常广阔。

传统的化学合成往往在溶液或气相中进行，由于受到耗能高、时间长、环境污染严重以及工艺复杂等的限制而越来越多地受到排斥。面对传统的合成方法受到的严峻挑战，化学家们正致力于合成手段的革新，力求使合成工艺合乎节能、高效的绿色生产要求，于是越来越多的化学家将目光转向被人类最早利用的化学过程之一——固相反应。

固相反应不使用溶剂，具有高选择性、高产率、工艺过程简单等优点，已成为固体材料合成的主要手段之一。根据反应发生的温度，固相反应分为三类，即反应温度低于 100 ℃的低热固相反应、反应温度介于 100～600 ℃之间的中热固相反应以及反应温度高于 600 ℃的高热固相反应。本实验采用低热固相反应制备纳米氧化锌。

纳米氧化锌的制备方法已有大量研究报道。本实验采用碳酸锌作为前驱体分解得到纳米氧化锌。

3. 锌钡白的制备

锌钡白（俗称立德粉）是由近似等物质的量的 $BaSO_4$ 和 ZnS 共沉淀所形成的混合晶体，不溶于水，与硫化氢和碱液也不起作用，但遇酸分解放出硫化氢气体。锌钡白耐热性好，遮盖力比氧化锌强，但比钛白粉差，常用于制造涂料、油墨、水彩、油画颜料，还可用于造纸、皮革、搪瓷、塑料、橡胶制品等。

锌钡白可由 BaS 与 $ZnSO_4$ 反应而制得：

$$ZnSO_4+BaS = ZnS\cdot BaSO_4\downarrow$$

工业上，将煤粉与重晶石（$BaSO_4$）混合，在高温下熔烧得 BaS 熔块：

$$BaSO_4 + 4C \longequal BaS + 4CO$$

焙烧产物中主要含 BaS，另外还含有碳粒和少量未反应的 $BaSO_4$，打碎熔块后用热水浸泡、过滤得 BaS 溶液。

将工业硫酸与氧化锌矿或工业氧化锌反应制得 $ZnSO_4$ 溶液：

$$ZnO + H_2SO_4 = ZnSO_4 + H_2O$$

由于工业氧化锌中含有铁、镍、镁、镉和锰的氧化物等杂质，它们同时生成 $FeSO_4$、$NiSO_4$、$MgSO_4$、$CdSO_4$、$MnSO_4$ 等，在硫酸锌和硫化钡反应生成锌钡白时，这些杂质离子除镁外都将生成有色的硫化物而影响产品色泽，当反应体系 pH 较高时，Mg^{2+} 也将以 $Mg(OH)_2$ 形式沉淀出来进入产品中，降低产品锌钡白总量。同时，上述杂质中的阴离子是硫酸根，可导致体系中硫酸根比计量的多，锌离子比计量的少，故产品中锌含量减少，达不到国家标准规定的硫酸锌含量要求，因此，上述 $ZnSO_4$ 溶液必须经过除杂处理。Cd^{2+} 和 Ni^{2+} 等重金属离子可用较活泼金属 Zn 粉置换除去，Mn^{2+} 和 Fe^{2+} 在中性或弱酸性溶液中可被 $KMnO_4$ 氧化转变为氧化物或氢氧化物沉淀而除去：

$$2KMnO_4 + 3MnSO_4 + 2H_2O = 2H_2SO_4 + K_2SO_4 + 5MnO_2 \downarrow$$

$$2KMnO_4 + 6FeSO_4 + 14H_2O = 2MnO_2 \downarrow + 6Fe(OH)_3 \downarrow + 5H_2SO_4 + K_2SO_4$$

在溶液中加入少许 ZnO，控制溶液的 pH，可使杂质离子沉淀完全，过滤，得较纯的硫酸锌溶液备用。再用精制的 $ZnSO_4$ 与 BaS 溶液按一定比例混合，即得白色锌钡白沉淀。

4. 葡萄糖酸锌的制备及成分检测

葡萄糖酸锌为白色或接近白色的结晶性粉末，无臭略有不适味，溶于水，易溶于沸水，不溶于无水乙醇、氯仿和乙醚，是近年来开发的一种补锌食品添加剂。人体缺锌会造成生长停滞、自发性味觉减退和创伤愈合不良等现象，从而发生各种疾病。以往常用硫酸锌作锌添加剂，但它对人体肠胃道有一定刺激作用，而且吸收率也比较低。葡萄糖酸锌则有吸收率高、副作用少、使用方便等特点，是 20 世纪 80 年代中期发展起来的一种补锌添加剂，特别是用作儿童食品、糖果的添加剂，应用日趋广泛。

合成葡萄糖酸锌的方法很多，根据起始原料不同可分为三种：以葡萄糖酸钙为原料的合成法；以葡萄糖酸 δ 内酯为原料的合成法；以葡萄糖为原料的合成法。

本实验采用由 $CuSO_4$ 溶液在碱性条件下将葡萄糖氧化为葡萄糖酸钠，ZnO 溶于葡萄糖酸溶液生成葡萄糖酸锌。

$$CuSO_4 + 4NaOH = Na_2[Cu(OH)_4] + Na_2SO_4$$

$$C_6H_{12}O_6 + 2Na_2[Cu(OH)_4] = NaC_6H_{11}O_7 + Cu_2O + 3NaOH + 3H_2O$$

$$2C_6H_{11}O_7Na + ZnO + 2H^+ = Zn(C_6H_{11}O_7)_2 + 2Na^+ + H_2O$$

葡萄糖酸锌的纯度分析可采用配位滴定法：在 pH≈10 的溶液中，铬黑 T（EBT）与 Zn^{2+} 形成比较稳定的酒红色螯合物 Zn-EBT，而 EDTA 与 Zn^{2+} 能形成更为稳定的无色配合物。因此，滴定至终点时，铬黑 T 便被 EDTA 从 Zn-EBT 中置换出来，游离的铬黑 T 在 pH=8～11 的溶液中呈纯蓝色。

$$Zn\text{-}EBT + EDTA = Zn\text{-}EDTA + EBT$$

葡萄糖酸锌的纯度分析也可采用分光光度法：碱性条件下与锌试液生成蓝色化合物，在 620 nm 处有吸收峰，葡萄糖酸锌在 4.23～12.7 $mg \cdot L^{-1}$ 范围内，吸收度与浓度呈良好的线性关系，因此可用可见分光光度法测定其含量。

【实验用品】

台秤，电子天平，远红外干燥箱，高温炉，离子交换柱，煤气灯（或酒精喷灯），石棉网，三脚架，吸滤装置，电热板，瓷坩埚，玛瑙研钵，干燥器，烧杯，锥形瓶，量筒，温度计，表面皿，蒸发皿，试管，容量瓶，移液管，酸式滴定管，滤纸，精密 pH 试纸。

H_2SO_4（3 mol·L^{-1}，6 mol·L^{-1}，浓），HNO_3（浓），$NaBiO_3$（s），$NaCO_3$（20%，s），H_2O_2（3%），$K_3[Fe(CN)_6]$（0.1 mol·L^{-1}），NaOH（3 mol·L^{-1}），$CuSO_4$（1 mol·L^{-1}），葡萄糖溶液（10%），无水乙醇，$NH_3·H_2O$（2 mol·L^{-1}，1∶1），HCl（0.3 mol·L^{-1}，6 mol·L^{-1}），H_2S（饱和溶液），NH_3-NH_4Cl 缓冲溶液，丁二酮肟（10 g·L^{-1}），铬黑 T 指示剂，EDTA 标准溶液（0.05 mol·L^{-1}，0.02 mol·L^{-1}），锌矿粉（菱锌矿），Na_2S（0.1 mol·L^{-1}），ZnO，锌粉，$ZnSO_4·7H_2O$（s），BaS（s）。

【实验步骤】

一、制备 $ZnSO_4$ 溶液

1. 浸取

称取 30 g 锌矿粉（过 80 目以上筛）于 250 mL 烧杯中，加入 60 mL 水，小火加热至 80 ℃左右时，将 27 mL 6 mol·L^{-1} H_2SO_4 溶液分数次加入，并不断搅拌。控制反应速度不宜过快，反应温度应控制在 90 ℃左右。

2. 除铁

反应基本完成后，滴加 1 mL 3% H_2O_2 溶液（把 Fe^{2+} 氧化为 Fe^{3+}），煮沸 2 min（分解过量 H_2O_2）。加入少量 ZnO 调节溶液的酸度使 pH≈4，再加热片刻，静置使水解生成的 $Fe(OH)_3$ 沉降，取上清液检验 Fe^{3+} 除尽后，再加热溶液至沸数分钟。冷却、过滤，除去 $Fe(OH)_3$ 和不溶性杂质。得粗 $ZnSO_4$ 溶液。

二、制备 $ZnSO_4·7H_2O$

1. 精制 $ZnSO_4$ 溶液

将制得的粗 $ZnSO_4$ 溶液加热至 70～80 ℃左右，在不断搅拌下将 1 g 锌粉分数次加入并盖上表面皿，反应 10 min。检验溶液中 Cd^{2+}、Ni^{2+} 是否除尽。如未除尽，可再补加少量锌粉，并加热搅拌至 Cd^{2+}、Ni^{2+} 等杂质除尽为止，趁热减压过滤。滤液即为精制 $ZnSO_4$ 溶液。将滤液分为三份，供制备 $ZnSO_4·7H_2O$、ZnO 和锌钡白用。

2. 制备 $ZnSO_4·7H_2O$

在一份精制 $ZnSO_4$ 溶液中滴加 3 mol·L^{-1} H_2SO_4 溶液调节至溶液的 pH 至 1 左右。将溶液转移至洁净的蒸发皿中，水浴加热蒸发至液面出现晶膜为止，冷却结晶，吸滤，晶体用滤纸吸干后称重，计算产率。

三、制备 ZnO

1. 制备颗粒 ZnO

将第二份精制 $ZnSO_4$ 溶液置于 100 mL 烧杯中，小火加热至 50 ℃左右，慢慢加入 20%

的 Na_2CO_3 溶液并不断搅拌至 pH≈6.8 为止（注意控制反应速度不宜过快）。升温至 70～80 ℃，继续小火加热 10 min。然后冷却至室温，减压过滤，并用蒸馏水洗涤沉淀至无 SO_4^{2-} 为止（如何检验?）。将新制备的碱式碳酸锌置于瓷坩埚中，先用小火加热约 5 min 并不断搅拌，然后用大火灼烧约 30 min。稍冷后，移入干燥器内冷却至室温，称重，计算产率。

2. 固相反应制备纳米氧化锌

称取 14.5 g $ZnSO_4 \cdot 7H_2O$ 和 5.5 g 无水 Na_2CO_3，分别研磨 10 min，充分混合后再研磨 10 min，100 ℃远红外干燥 2 h，得到前驱体碳酸锌。将干燥后的前驱体在 200 ℃焙烧 1 h，经重量分析，确定碳酸锌已全部分解为氧化锌。将焙烧后的氧化锌用去离子水洗至无 SO_4^{2-}，再用无水乙醇洗涤 3 次，减压过滤，然后在 120 ℃干燥得到纯净的纳米氧化锌产品。

纳米氧化锌可用 X 射线粉末衍射（XRD）和透射电子显微镜表征。

四、制备锌钡白

1. 配制 BaS 溶液

称取 8 g BaS，加入 25 mL 热蒸馏水并不断搅拌，小火加热 15 min，趁热减压过滤，即得 BaS 溶液。

2. 锌钡白的制备

在 100 mL 烧杯中加入约 10 mL BaS 溶液，然后加入约等体积的精制 $ZnSO_4$ 溶液，检验溶液的 pH。再交替加入 BaS 和 $ZnSO_4$ 溶液并调节溶液的 pH 始终维持在 8～9 之间，若溶液 pH 偏低，可滴加少许 Na_2S 溶液。将所得锌钡白沉淀减压过滤，晾干，称重，计算产率。

五、制备葡萄糖酸锌

1. 葡萄糖酸钠溶液的制备

取 80 mL 3 mol·L^{-1} NaOH 溶液于烧杯中，搅拌下缓慢滴加 50 mL 1 mol·L^{-1} $CuSO_4$ 溶液，得到 $Na_2[Cu(OH)_4]$溶液。

将 80 mL 10%葡萄糖溶液加入 $Na_2[Cu(OH)_4]$溶液中，加热近沸，有红色 Cu_2O 沉淀析出，趁热减压过滤除去 Cu_2O 沉淀，得到淡棕黄色葡萄糖酸钠溶液。

2. 葡萄糖酸锌的制备

将所制备的葡萄糖酸钠溶液于 90 ℃水浴加热，搅拌下加入 3.5 g ZnO，用稀硫酸调节溶液的 pH≈5.8，搅拌反应 2 h。减压过滤，将滤液蒸发浓缩至原体积的 1/3，加入 25 mL 乙醇，冰水冷却，静置，析出 $Zn(C_6H_{11}O_7)_2$ 晶体。称重，计算产率。

3. 葡萄糖酸锌的表征

（1）用显微熔点仪或提勒管测定合成产物的熔点。

（2）用压片测定合成产物的红外吸收光谱。主要吸收峰有：

—OH 伸缩振动 3500～3200 cm^{-1}，—COO$^-$ 伸缩振动 1589 cm^{-1}、1447 cm^{-1}、1400 cm^{-1}。

六、产品质量定性检验

取 1.0 g 硫酸锌产品溶于 5 mL 蒸馏水中配成样品溶液，进行以下实验。

1. Fe^{2+} 或 Fe^{3+} 的检验

取几滴样品溶液于试管中，加几滴 3 mol·L^{-1} H_2SO_4 溶液酸化，加入几滴 H_2O_2，充分振荡反应后加热除去多余的 H_2O_2，冷却，加入 1 mL 0.1 mol·L^{-1} 的 $K_4[Fe(CN)_6]$溶液观察有无蓝色物质生成，判断样品溶液中有无 Fe^{2+} 存在。

2. Ni^{2+} 的检验

取几滴样品溶液于试管中，滴加几滴 2 mol·L^{-1} $NH_3 \cdot H_2O$，再加入 2～3 滴 10 g·L^{-1} 的丁二酮肟溶液，观察有无鲜红色沉淀生成，判断有无 Ni^{2+} 存在。

3. Cd^{2+} 的检验

取几滴样品溶液于试管中，加入 0.5 mL 0.3 mol·L^{-1}HCl 溶液，再滴加饱和 H_2S 溶液，观察有无黄色沉淀生成，判断有无 Cd^{2+} 存在。

4. Mn^{2+} 的检验

取几滴样品溶液于试管中，加 4～6 滴浓 HNO_3，再加少许固体 $NaBiO_3$，加热，溶液出现紫红色，表示有 Mn^{2+}。

七、锌含量的测定

1. ZnO 中 Zn 含量的测定

准确称取 ZnO 产品 0.3 g（准确至 0.0001 g）于 100 mL 烧杯中，加入少量蒸馏水润湿，加入 3 mL 6 mol·L^{-1} HCl，微热溶解后冷却至室温，转移至 250 mL 容量瓶中，稀释至刻度。

用 25 mL 移液管取 3 份含锌溶液于三个 250 mL 锥形瓶中，用 1∶1 氨水中和至 pH 为 7～8，即刚好有 $Zn(OH)_2$ 沉淀生成，再加入 10 mL NH_3-NH_4Cl 缓冲溶液和 5 滴铬黑 T 指示剂，用 0.05 mol·L^{-1}EDTA 标准溶液滴定至由紫色变为蓝色即为终点。计算 ZnO 的百分含量。

2. 葡萄糖酸锌中 Zn 含量的测定

准确称取 1.5 g 合成的葡萄糖酸锌样品，加水微热使其溶解，冷却后定容至 250 mL。移取 25.00 mL 至 250 mL 锥形瓶中，加入 5 mL NH_3-NH_4Cl 缓冲溶液（pH=10），2～3 滴铬黑 T 指示剂，加水稀释至 100 mL，用 0.02 mol·L^{-1} 的 EDTA 标准溶液滴定至溶液由紫红色转变为纯蓝色，平行滴定三次，计算锌的含量。

【思考题】

1. 除铁时为什么要控制溶液的 pH=4？pH 过高或过低对本实验有何影响？
2. 为什么除铁时用 ZnO 调节溶液的 pH 值，而不用 $NH_3 \cdot H_2O$ 或 NaOH 等溶液？
3. 制备锌钡白时为什么要保持溶液的 pH 值在 8～9 之间？BaS 溶液有没有必要精制？
4. 葡萄糖酸锌制备反应为什么要在 90 ℃恒温水浴中进行？

5. 试设计一方案制备葡萄糖酸亚铁。

6. 用铬黑 T 指示剂时，为什么要控制 pH≈10？

7. 试解释以铬黑 T 为指示剂的标定实验中的几个现象：

（1）滴加氨水至开始出现白色沉淀；

（2）加入缓冲溶液后沉淀又消失；

（3）用 EDTA 标准溶液滴定至溶液由酒红色变为纯蓝色。

实验三十七　铁的系列化合物

【实验目的】

1. 了解富血铁的性能和制备方法并制备富血铁。
2. 了解聚合硫酸铁的用途，并制备聚合硫酸铁。
3. 掌握三草酸根合铁（Ⅲ）酸钾的制备方法并合成产品。
4. 测定三草酸根合铁（Ⅲ）配离子电荷。
5. 试验三草酸根合铁（Ⅲ）酸钾的光化学性质。

【实验原理】

铁为活泼金属，溶于酸中可制备相关的盐，如 $FeSO_4$ 和 $FeCl_2$ 等。亚铁盐晶体在空气中易被化。但生成的溶解度较小的硫酸亚铁铵复盐晶体却较为稳定（详见前文废铁屑为原料制备硫酸亚铁部分实验）。以亚铁盐为原料，可以合成许多铁的化合物。

一、富血铁

反丁烯二酸亚铁称富马酸亚铁，含铁量较高（33%），可用于治疗贫血，又称富血铁，是一种较稳定的二价铁盐。富血铁能够提高人体抗应激能力和抗病能力，与各种营养物质、抗生素相容性好，能有效避免添加无机铁对维生素等活性物质的破坏。

本实验由顺丁烯二酸酐经水解制备反丁烯二酸，再与 $FeSO_4$ 溶液反应制备富马酸亚铁。

$$COOHCHCHCOOH + FeSO_4 = (COOCHCHCOO)Fe + H_2SO_4$$

二、聚合硫酸铁

聚合硫酸铁（PFS）又称碱式硫酸铁或羧基硫酸铁，是一种红棕色黏稠的液体，为一种无机高分子类净水剂，常用来处理工业用水，质量优、不含其他重金属离子的聚合硫酸铁亦可用作饮用水的净化剂。PFS 的化学式为 $[Fe_2(OH)_n(SO_4)_{(3-n)/2}]_m$（$n<2, m>10$），含有大量的配位阳离子，它们以羟基桥连形成多核离子，从而形成巨大的无机高分子化合物，分子量可高达 1×10^5。这些多核离子能够强烈地吸附胶体微粒，使胶体微粒凝聚；聚合水合离子能中和胶体微粒及悬浮物表面的电荷，降低胶体的 Zeta 电位，使胶体粒子由原来的相互排斥变为相互吸引，从而破坏了胶团的热稳定性，促使胶团微粒相互碰撞，形成絮状沉淀。同传统的无机盐类混凝剂相比，聚合硫酸铁混凝性能优良，沉降快，除油、脱色、除重金属离子等效果好，且无毒无害、成本低廉，在自来水、工业用水、电镀水、城市污水的净化处理方面有广泛应用。目前开发生产的 PFS 有液体和固体两种，液体 PFS 为红褐色黏稠透明液体，固体 PFS 为黄色无定型固体。固体一般由液体转化而来，运输、储存方便。

聚合硫酸铁的制备主有直接氧化法、生物氧化法和催化氧化法三种途径。直接氧化法一般在一定浓度的硫酸溶液中用氧化剂如 H_2O_2、$NaClO_3$、$NaNO_2$、$KClO_3$、MnO_2、O_2 和空气等氧化硫酸亚铁成硫酸铁来制备。本实验采用直接氧化法，由氯酸盐氧化 $FeSO_4$ 后经水解、聚合得到聚合硫酸铁：

$$6FeSO_4+KClO_3+3H_2SO_4 = 3Fe_2(SO_4)_3+3H_2O+KCl$$

$$Fe_2(SO_4)_3+nH_2O = Fe(OH)_n(SO_4)_{(3-n)/2}+n/2H_2SO_4$$

$$mFe(OH)_n(SO_4)_{(3-n)/2} = [Fe(OH)_n(SO_4)_{(3-n)/2}]_m$$

三个反应同时进行，且相互影响，最后生成红褐色黏稠液体，即为聚合硫酸铁。

三、三草酸根合铁（Ⅲ）酸钾

三草酸根合铁（Ⅲ）酸钾是制备负载型活性铁催化剂的主要原料，也是一种很好的有机反应催化剂，因而具有工业生产价值。有多种合成三草酸根合铁（Ⅲ）酸钾路线，本实验用氢氧化铁和草酸氢钾反应制备，产物结晶为 $K_3[Fe(C_2O_4)_3]\cdot 3H_2O$ 绿色单斜晶体，易溶于水（溶解度 0 ℃，4.7 g/100 g H_2O；100 ℃，117.7 g/100 g H_2O），难溶于乙醇。110 ℃失去结晶水，230 ℃分解。该配合物对光敏感，在日光直照或强光下分解生成草酸亚铁，遇铁氰化钾生成滕氏蓝，因其具有光敏性，常用来作为化学光量计。有关反应为：

$$Fe(OH)_3+3KHC_2O_4 = K_3[Fe(C_2O_4)_3]+3H_2O \quad (1)$$

$$2K_3[Fe(C_2O_4)_3] \xlongequal{\text{阳光直照}} 2FeC_2O_4+3K_2C_2O_4+2CO_2 \quad (2)$$

$$FeC_2O_4+K_3[Fe(CN)_6] = K[FeFe(CN)_6]+K_2C_2O_4 \quad (3)$$

因此，在实验室中可用三草酸根合铁（Ⅲ）酸钾作成感光纸，进行感光实验。

利用电导法测定配合物的离子个数，可以确定配离子的电荷数。

含有 1 mol 电解质的溶液全部置于相距为 1cm 的两极之间，两极之间的电导率称为摩尔电导。用“Λ_M”表示。

$$\Lambda_M = L\times\frac{1000}{c}\times10^{-6}\times Q$$

式中，L 为所测溶液电导率；c 为所测溶液的浓度，$mol\cdot L^{-1}$；Q 为电极常数。

试样用稀 H_2SO_4 溶解，铁以 Fe^{3+} 形式存在于溶液中。用高锰酸钾标准溶液滴定试样中的 $C_2O_4^{2-}$，此时 Fe^{3+} 不干扰测定。再向溶液中加入锌粉，还原 Fe^{3+} 为 Fe^{2+}。过滤除去过量的锌粉，使用高锰酸钾标准溶液滴定 Fe^{2+}。通过消耗高锰酸钾标准溶液的体积及浓度计算 $C_2O_4^{2-}$ 和 Fe^{3+} 的含量。

通过样品中 $C_2O_4^{2-}$ 和 Fe^{3+} 的含量确定化合物中 $C_2O_4^{2-}$ 和 Fe^{3+} 之比，得到合成产物的组成。

【实验用品】

台秤，电子天平，热分析天平，电热板，数显搅拌恒温电热套，红外灯，电导率仪，恒温水浴箱，分光光度计，光电式浑浊仪，球形冷凝管，三口瓶，容量瓶，移液管，滴定管，布氏漏斗，吸滤瓶，锥形瓶，烧杯，量筒，蒸发皿，铂坩埚，差热-热重仪，烘箱，pH 试纸（1～14，6.2～8.4）。

Na_2CO_3，$BaCl_2$（0.1 mol·L^{-1}），HCl（6 mol·L^{-1}），硫酸铈（Ⅳ）铵标准溶液，硫酸亚铁铵标准溶液，高锰酸钾标准溶液，NaOH（2 mol·L^{-1}），$FeSO_4$（30%），H_2O_2（6%），H_2SO_4（0.2 mol·L^{-1}，1 mol·L^{-1} 3 mol·L^{-1}），邻二氮菲-亚铁指示剂（3 mol·L^{-1}），乙醇，顺丁烯二酸酐（s），硫脲（s），$FeSO_4·7H_2O$（s），$KClO_3$（s），$(NH_4)_2Fe(SO_4)_2·6H_2O$（s），$H_2C_2O_4·2H_2O$（s），K_2CO_3（s），$K_3[Fe(CN)_6]$（s），$K_3[Fe(C_2O_4)_3]·3H_2O$（s），锌粉（分析纯）。

【实验步骤】

一、富马酸亚铁的制备及纯度测定

1. 由顺丁烯二酸酐制备反丁烯二酸

称取 2.5 g 顺丁烯二酸酐，放入 100 mL 烧杯中，加入 20 mL 水，加热溶解，加入 0.1 g 硫脲作催化剂。加热，搅拌，煮沸约 4 min。当有较多结晶析出时，立即吸滤，洗涤，水浴干燥，得反丁烯二酸。

2. 富马酸亚铁的制备

按反丁烯二酸与 $FeSO_4·7H_2O$ 质量比为 1∶2.6，称取 $FeSO_4·7H_2O$ 固体，溶于 30 mL 新煮沸过的冷水中。

将新制备的全部反丁烯二酸置于 100 mL 烧杯中，加 20 mL 水，加热至沸，搅拌，用 Na_2CO_3 溶液调溶液 pH 为 6.5～6.7。将溶液转移至 100 mL 三口瓶中（溶液总体积不要超过 40 mL）。安装好回流装置。用电热套加热搅拌至沸。然后缓慢加入已制备的 $FeSO_4$ 溶液（约 8～10 min），维持反应温度约 100 ℃，充分搅拌 1.5 h。冷却，减压过滤，用水洗涤沉淀 5～6 次到基本无 SO_4^{2-}（SO_4^{2-} 检验方法：将布氏漏斗从吸滤瓶上取下，加少量水于沉淀上，用试管收集 1 mL 滤液，加 2 滴 6 mol·L^{-1} HCl 溶液，1 滴 0.1 mol·L^{-1} $BaCl_2$ 溶液，无浑浊现象为合格）。水浴干燥，得棕红（或棕）色粉末。称量，计算产率。

3. 产品纯度的测定

（1）硫酸铈（Ⅳ）铵标准溶液的标定

用 25.00 mL 移液管分别取 3 份已酸化的硫酸亚铁铵标准溶液于 250 mL 锥形瓶中，加新煮沸过的冷水 40 mL，再加 4 滴邻二氮菲-亚铁指示剂，溶液呈红色。立即用硫酸铈（Ⅳ）铵标准溶液滴定。临近终点时滴定速度要放慢，直至溶液刚好变为浅蓝色即为终点。平行测定 3 份，记录滴定体积，计算每次标定的硫酸铈（Ⅳ）铵标准溶液的浓度并选取合适的数据计算其平均值。

（2）产品纯度测定

用减量法准确称取富血铁 0.30～0.32 g。加新煮沸过的 3 mol·L^{-1} H_2SO_4 溶液 15 mL，边加热边摇动。待样品溶解完全后，立即用冷水冷却（可能会出现晶体）。加新煮沸过的冷水 50 mL 和 6 滴邻二氮菲-亚铁指示剂，随后操作步骤同标定。平行测定 2 份，计算每次样品中富血铁的含量和测定平均值。

二、聚合硫酸铁的制备与混凝效果试验

1. 聚合硫酸铁的制备

取 30% $FeSO_4$ 溶液 100 mL，按 $FeSO_4$ 与 $H_2SO_4$❶ 物质的量之比为 10∶3 加入 1 $mol \cdot L^{-1}$ H_2SO_4（约 6 mL），混合均匀。称取 4.5 g $KClO_3$ 加入混合溶液中，开启磁力搅拌器（转速 200 $r \cdot min^{-1}$），室温反应 2.5 h，得红褐色黏稠液体。

将溶液倾入蒸发皿中（弃去沉淀），加热蒸发浓缩并不断搅拌，当溶液变稠时，改用小火加热，直至溶液非常黏稠搅拌困难为止，将半干的产品转移至已知质量的表面皿中，于 100 ℃下烘 45 min，即得灰黄色固体产品。将干燥的产品冷却后称重，计算产率。

2. 聚合硫酸铁的主要性能的测定

（1）密度测定

将聚合硫酸铁试样加入清洁、干燥的量筒内，不得有气泡。将量筒量于（20±0.1）℃的恒温槽中，待温度恒定后，将比重计缓缓地放入试样中，待比重计在试样中稳定后，读出比重计的刻度，即为 20 ℃时试样的相对密度。

（2）pH 测定

称取 1.0 g 试样，量于烧杯中，用水稀释，全部转移到 100 mL 容量版中，用水稀释至刻度，摇匀。用酸度计测定其 pH。

（3）混凝效果试验

方法一：取 200 mL 水样，测其吸光度。加入 1∶100 稀释后的聚合硫酸铁 5 mL，搅拌 15 min，静置一段时间后取上层清液测定吸光度。比较处理前后水样的吸光度，则分别得到去浊率和脱色率。

方法二：在 1000 mL 水样中加入聚合硫酸铁（为 20 $mg \cdot mL^{-1}$，以铁计算），用变速电动同步搅拌机以 150 $r \cdot min^{-1}$ 的速度搅拌 3 min 后，再 60 $r \cdot min^{-1}$ 的速度搅拌 3 min，静置 30 min 后，吸取上层清液，用光电式浑浊仪测定浊度。注意用水的浊度要求在 5 度以下。

三、三草酸根合铁（Ⅲ）酸钾的制备与性质试验

1. 制备

（1）制取氢氧化铁

称取 2 g 莫尔盐 $(NH_4)_2Fe(SO_4)_2 \cdot 6H_2O$，加约 50 mL 水配成溶液，在水浴加热和搅拌下，滴加约 10 mL 2 $mol \cdot L^{-1}$ NaOH 溶液生成沉淀。为加速反应，滴加 6% H_2O_2，当

---

❶ 氧化、水解和聚合三个反应同时存在于一个体系当中，且相互影响。硫酸在合成过程中有两个作用：一是作为反应的原料参与反应；二是决定体系的酸度，其用量直接影响产品性能。若硫酸用量太大，亚铁离子氧化不完全，样品颜色由红褐色变成黄绿色，且大部分铁离子没有参与聚合；硫酸量不足，会导致更倾向于生成 $Fe(OH)_3$。氧化剂加入量对产品质量也有很大影响。当氧化剂加入量不足时，亚铁离子氧化不完全；加入量过多时，虽然可以保证氧化完全，但会造成氧化剂浪费，提高生产成本。为了保证氧化反应的顺利进行，必须控制氧化剂加入的速度，在搅拌作用下使反应物充分接触。若加入速度过快，氧化剂有可能来不及与反应物充分接触造成不足量的错觉，也可能导致稳定性差的会被分解；若加入速度过慢，反应所需时间过长，对工业生产是不利的。因此，反应条件的控制非常重要。

结合以上介绍，请查阅相关资料，展开分组实验，以双氧水为氧化剂，研究硫酸、双氧水用量以及双氧水加入速度对最终产品产率和质量的影响。

变成棕色后，再煮沸十几分钟，稍冷后用双层滤纸减压过滤，用少量水多次洗涤除净杂质，得 $Fe(OH)_3$。

(2) 制备三草酸根合铁（Ⅲ）酸钾

在约 20 mL 水中溶解 2 g $H_2C_2O_2 \cdot 2H_2O$ 后，分两次加入 1.2 g K_2CO_3，生成 KHC_2O_4 溶液。将 KHC_2O_4 溶液水浴加热，加入 $Fe(OH)_3$，水浴加热 20 min，注意补充蒸发掉的水，观察溶液的颜色，若颜色不是黄绿色，可能是由于反应物比例不合适或 $Fe(OH)_3$ 未洗净，也可能是由于上步的铁氧化不充分。待大部分 $Fe(OH)_3$ 溶解后，稍冷，吸滤。用蒸发皿将滤液浓缩到原体积的 1/2 左右，用水彻底冷却。待大量晶体析出后吸滤，并用少量乙醇洗晶体一次，用滤纸吸干，称重，计算产率。

2. 光化学性质试验

称取 1 g $K_3[Fe(C_2O_4)_3] \cdot 3H_2O$、1.3 g $K_3[Fe(CN)_6]$，加 10 mL 水配成溶液，涂在纸上即成感光纸，附上图案或照相底板在日光直照下（数秒）或红外灯下，曝光部分呈蓝色，即得到蓝底白线的图案。

3. 配离子电荷的确定

称取产品 0.1 g，在 100 mL 容量瓶内配成溶液。在电导率仪上测其电导率，然后求出摩尔电导 Λ_M（$S \cdot m^2 \cdot mol^{-1}$）值与下列数据比较。

含不同离子数配合物的 Λ_m 如下：

离子数	2	3	4	5
Λ_m	118～131	235～273	408～435	～560

根据电导值，确定配离子的电荷数、内界和外界，写出配合物结构式。

4. 产物的热重分析

准确称取 5 mg 左右磨细的产品，转入铂坩埚中，利用热分析天平进行热分解实验。升温速度 10 ℃/min，最高升温温度 550 ℃。记录不同温度时样品的质量。根据不同温度时的样品质量，可用作图法或由计算机作出温度-质量的热重曲线。由热重曲线计算样品的失重率，并与各种可能的热分解反应的理论失重率相比较，初步确定该配合物的组成，并写出热分解反应方程式，计算产物中的结晶水含量。

方法一，利用差热-热重分析仪进行测试分析。

方法二，简易法予以测试：取两个洁净的称量瓶，做好标记后在 110 ℃烘箱中干燥半小时，置于干燥器中冷却至室温，之后用分析天平准确称量。在已恒重的两个称量瓶中，各准确称取 0.5～0.6 g 产品，在 110 ℃烘箱中烘 1 h，置于干燥器中冷却至室温，准确称量。取出再在 110 ℃烘箱中干燥半小时，置于干燥器中冷却至室温，准确称量。如此循环，直至质量恒重，两次称量结果相差在±1 mg 之间。根据称量结果，计算结晶水的质量分数。

5. 产物中各组分的含量测定

(1) $C_2O_4^{2-}$ 与 Fe^{3+} 的含量

准确称取约 1.0 g 样品于烧杯中，加入 25 mL 3 mol·L^{-1} H_2SO_4 使之溶解，再转移至 250 mL 容量瓶中，稀释至刻度，摇匀，静置。

移取 25 mL 试液于锥形瓶中，加入 20 mL 3 mol·L^{-1} H_2SO_4，放在水浴箱中加热 5 min（75～85 ℃），用高锰酸钾标准溶液滴定到溶液呈浅粉色，30 s 不褪色即为终点，记下读数，滴定完成后保留滴定液，用来测定铁含量。

向滴定完 $C_2O_4^{2-}$ 的锥形瓶中加 1 g 锌粉、5 mL 3 mol·L^{-1} 硫酸溶液，摇动 8～10 min 后，过滤除去过量的锌粉，滤液用另一个锥形瓶承接。用约 40 mL 0.2 mol·L^{-1} 的硫酸溶液洗涤原锥形瓶和沉淀，洗涤液与锥形瓶中的滤液合并。然后用高锰酸钾标准溶液滴定到溶液呈浅粉色，30 s 不褪色即为终点，记下读数。平行滴定 3 次。

（2）结晶水含量的测定

可由温度-质量的热重曲线进行计算。或者在瓷坩埚中准确称取约 1 g 磨细的产品，在 110 ℃下烘 1 h，冷却后称重，计算产物中结晶水的含量。

（3）钾含量确定

由测得 H_2O、$C_2O_4^{2-}$、Fe^{3+} 的含量可计算出 K^+ 的含量，并由此确定配合物的化学式。

6. 结果处理

（1）计算合成产物的产率

根据产品质量和理论产量计算产率。

（2）通过计算确定三草酸根合铁（Ⅲ）酸钾的组成

计算合成产物中 $C_2O_4^{2-}$ 和 Fe^{3+} 的质量分数

$$w(C_2O_4^{2-})=\frac{c(KMnO_4)\times V(KMnO_4)\times M(C_2O_4^{2-})\times 250\times 5}{m_{样}\times 25\times 1000\times 2}\times 100\%$$

$$w(Fe)=\frac{5\times c(KMnO_4)\times V(KMnO_4)\times M(Fe)\times 250}{m_{样}\times 25\times 1000}\times 100\%$$

确定 $C_2O_4^{2-}$ 和 Fe^{3+} 的物质的量之比，确定合成的配合物的组成。

$$物质的量比=\frac{w(C_2O_4^{2-})}{88.02}\Big/\frac{w(Fe)}{55.85}$$

【思考题】

1. 写出制备富马酸亚铁反应中的有关化学方程式。

2. 制备富马酸亚铁时，先要调节溶液 pH 为 6.5～6.7。若反丁烯二酸取用量为 2.0g，应加入 Na_2CO_3 约多少克？溶液酸度偏高、偏低各有何影响？请说明理由。

3. 制备聚合硫酸铁为什么需控制 H_2SO_4 的用量比理论值要低？

4. 制备聚合硫酸铁时，氧化剂 $KClO_3$ 是一次性加入，若分次加入对产品的质量有没有影响？

5. 由莫尔盐制取氢氧化铁时加 6% 的 H_2O_2，变棕色后为什么还要煮沸溶液？抽滤时，若不洗净沉淀，会有什么影响？

6. 本实验测定 Fe^{3+} 和 $C_2O_4^{2-}$ 的原理是什么？加入的还原剂锌粉需过量，为什么？滴定前过量的锌粉应过滤除去。过滤时要做到使 Fe^{2+} 定量地转移到滤液中，因此过滤后要对漏斗中的 Zn 粉进行洗涤。洗涤液与滤液合并用来滴定。另外，洗涤时不能用水而要用稀硫酸，为什么？

7. 用高锰酸钾滴定 $C_2O_4^{2-}$ 时，为了加速反应速率需水浴加热至 75～85 ℃，但不能超过 85 ℃，为什么？

实验三十八 铬的系列化合物

【实验目的】

1. 掌握碱熔融法分解矿物的原理和操作，制备重铬酸钾。
2. 了解无水氯化物的制备方法，合成无水三氯化铬。
3. 了解利用高温气固反应制备无机化合物的方法和有关仪器的使用。
4. 掌握铬化合物的性质和互相转化的方法。
5. 掌握二草酸二水合铬（Ⅲ）酸钾异构体的制备方法。

【实验原理】

一、熔融法制备重铬酸钾

铬铁矿是生产铬化合物的主要原料，它的主要成分为 $FeO \cdot Cr_2O_3$，或写成 $[Fe(CrO_2)_2]$，含 Cr_2O_3 约 40%，除铁外还含有硅、铝等杂质。

铬铁矿在碱性介质中易被氧化，生成可溶性铬酸盐：

$$4FeO \cdot Cr_2O_3 + 8Na_2CO_3 + 7O_2 = 8Na_2CrO_4 + 2Fe_2O_3 + 8CO_2$$

为了降低熔点，使反应在较低温度下进行，可采用加助熔剂 NaOH，并加入少量的氧化剂 $NaNO_3$ 以加速反应：

$$2FeO \cdot Cr_2O_3 + 4Na_2CO_3 + 7NaNO_3 = 4Na_2CrO_4 + Fe_2O_3 + 7NaNO_2 + 4CO_2 \uparrow$$

同时，Al_2O_3 和 Fe_2O_3 转变为盐：

$$Al_2O_3 + Na_2CO_3 = 2NaAlO_2 + CO_2 \uparrow$$

$$Fe_2O_3 + Na_2CO_3 = 2NaFeO_2 + CO_2 \uparrow$$

在以水浸取熔物时，大部分铁以 $Fe(OH)_3$ 形式留在残渣中。过滤后将滤液调至 pH=7～8，氢氧化铝和硅酸等析出，可过滤除去。

以弱酸醋酸酸化，维持 pH≈5，CrO_4^{2-} 转变为 $Cr_2O_7^{2-}$。新的杂质（醋酸钠）可利用除铝和控制溶液体积方法除去。重铬酸钠与氯化钾进行复分解反应得重铬酸钾。

$$2CrO_4^{2-} + 2H^+ \rightleftharpoons Cr_2O_7^{2-} + H_2O$$

$$Na_2Cr_2O_7 + 2KCl = K_2Cr_2O_7 + 2NaCl$$

由于 $K_2Cr_2O_7$ 溶解度随温度变化大（在 100 g H_2O 中 0 ℃时为 4.6 g，100 ℃时为 94.1 g），而 NaCl 溶解度受温度影响很小，因此溶液浓缩冷却后析出 $K_2Cr_2O_7$，NaCl 留在母液中。

二、无水 $CrCl_3$ 的合成

无水 $CrCl_3$ 易水解，不能在溶液中制备。可直接由氯气氧化金属铬制备 $CrCl_3$，也可以间接制备无水 $CrCl_3$，如用 $(NH_4)_2Cr_2O_7$ 受热分解生成 Cr_2O_3 后，在高温和惰性气氛 N_2 中，使用 CCl_4 为氯化剂与 Cr_2O_3 反应来制取无水 $CrCl_3$。

$$(NH_4)_2Cr_2O_7 = Cr_2O_3 + N_2 \uparrow + 4H_2O \uparrow$$

$$Cr_2O_3 + 3CCl_4 = 2CrCl_3 + 3COCl_2$$

在 H_2SO_4 溶液中（$AgNO_3$ 催化），用过硫酸铵将三价铬氧化为六价，加入少量的二价锰氧化成高锰酸，溶液中出现紫红色，表示铬已被氧化完全。加入少量 NaCl 煮沸分解高锰酸后，用硫酸亚铁铵标准溶液滴定，可间接测定铬的含量。

$$2Cr^{3+} + 3S_2O_8^{2-} + 7H_2O \xrightarrow{AgNO_3} Cr_2O_7^{2-} + 6SO_4^{2-} + 14H^+$$

$$Cr_2O_7^{2-} + 6Fe^{2+} + 14H^+ = 2Cr^{3+} + 6Fe^{3+} + 7H_2O$$

三、无水无氧条件下制备醋酸亚铬

多数二价铬化合物（亚铬化合物）不稳定，能迅速被空气中的氧氧化为三价铬的化合物。二价铬只有卤化物、磷酸盐、碳酸盐和醋酸盐可存在于干燥状态下。醋酸亚铬晶体有 2 个结晶水，以二聚体分子存在，化学式为 $Cr_2(Ac)_4 \cdot 2H_2O$，不溶于冷水和醚，微溶于醇、易溶于盐酸。它是亚铬化合物中相对较稳定的一个，常作为其它铬（Ⅱ）化合物的制备原料，也可以用作氧气吸收剂。

醋酸亚铬容易被氧化，所以制备时在封闭体系中进行。利用金属锌作还原剂将三价铬还原为二价或将正六价铬还原为二价铬，再与醋酸钠溶液作用制得醋酸亚铬。反应过程中产生的氢气（盐酸与锌粒反应的产物）除了增大体系压力使 Cr(Ⅱ) 溶液进入 NaAc 溶液中以外，还起到隔绝空气使体系保持还原性气氛的作用。

$$2Cr^{3+} + Zn = 2Cr^{2+} + Zn^{2+}$$

$$2Cr^{2+} + 4Ac^- + 2H_2O = [Cr(Ac)_2]_2 \cdot 2H_2O$$

$$Zn + 2H^+ = Zn^{2+} + H_2\uparrow$$

为确保醋酸亚铬制备成功，必须注意以下事项：

(1) 锌粒和无水醋酸钠要过量，浓盐酸适量。NaAc 不仅是反应物，还起到了中和过量 HCl 的作用，一般为理论值的三倍才能保证产率。溶液呈亮蓝色时要马上停止滴加盐酸，以免 HCl 过量影响产率。

(2) 控制反应速度和时间。滴加浓盐酸的速度不能太快，以水封的烧杯中 2～3 s 排出一个气泡为宜。三价铬的还原反应时间较长，大约 1 h 完成。

(3) 原料的溶解及产品的前期洗涤都要使用去氧水。洗涤产品时还要注意控制吸滤速度和加入洗涤液的速度，始终保持产品上面有一层液体，直至洗涤液加完后，再吸干产品。尽量不用乙醇洗涤产品，产品经乙醇洗涤后部分溶解并变色。

(4) 产品应在惰性气氛中密封保存。严格密封保存的样品可始终保持砖红色。若空气与样品接触，会被氧化逐渐变成灰绿色。因为在二聚分子中 2 个铬之间有相互成键作用，所以纯的醋酸亚铬是反磁性的。

四、铬黄颜料 $PbCrO_4$ 的制备

铬黄颜料的主要成分是 $PbCrO_4$，随制备条件和原料配比的不同，颜色可由浅黄到深黄，是彩色涂料中广泛采用的着色剂，用来调和清油粉刷家具、地板和绘画等。

三价铬盐在碱性溶液中，容易被强氧化剂氧化为黄色的铬酸盐，即

$$2CrO_2^- + 3H_2O_2 + 2OH^- = 2CrO_4^{2-} + 4H_2O$$

铬酸盐和重铬酸盐在水溶液中存在下面的平衡：

$$2CrO_4^{2-} + 2H^+ \rightleftharpoons Cr_2O_7^{2-} + H_2O$$

铬酸铅的溶度积很小，而重铬酸铅的溶解度却较大，因此在弱酸性条件下，在上述平衡体系中加入硝酸铅溶液，可以生成难溶的黄色 $PbCrO_4$ 沉淀。黄色铬酸铅常用作颜料，称为铬黄。

五、二草酸二水合铬（Ⅲ）酸钾异构体的制备

异构现象是配合物的重要性质之一，其中几何异构现象主要发生在配位数为 4 的平面正方形结构和配位数为 6 的八面体结构的配合物中。在这类配合物中配体围绕中心体占据不同形式的位置，通常分顺式和反式两种异构体。

二草酸二水合铬（Ⅲ）酸钾，可能以顺式或反式两种异构体形式存在。顺式和反式二草酸二水合铬酸钾是有色物质，并且反式异构体不稳定，容易转化为顺式异构体，温度越高，转化速率越快。

顺、反式异构体的合成目前没有通用的方法。本实验先合成异构体混合物，由于反式异构体在溶液中的溶解度较小，先从溶液中结晶出来，这样可以分别得到反式和顺式异构体。反式二草酸二水合铬（Ⅲ）酸钾不稳定，在水溶液中将发生反-顺异构化作用，且顺、反式异构体有不同的吸收光谱，因此，有可能利用分光光度法对其异构化速率常数进行测定。顺、反式二草酸二水合铬（Ⅲ）酸钾与稀氨水的反应生成不同的产物。如图 5-38-1 所示，在适当的反应条件下，羟基可以取代二草酸二水合铬（Ⅲ）酸钾中的一个水分子，两者都生成二草酸羟基水合铬（Ⅲ）离子，顺式异构体的反应产物是可溶性的深绿色物质，而反式异构体则得到不溶性的浅棕色固体。

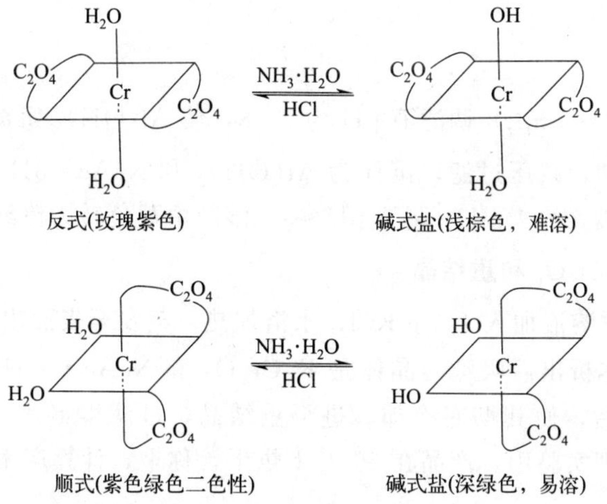

图 5-38-1　二草酸二水合铬（Ⅲ）酸钾顺反异构体及其碱式盐的结构示意图

【实验用品】

台秤，电子天平，煤气灯（或酒精灯），瓷舟，管式炉，高温控制器，氮气钢瓶，恒温水浴，气囊，热电偶，电热板，烘箱，干燥器，研钵，烧杯，铁坩埚，坩埚钳，铁搅拌棒，泥三角，布氏漏斗，吸滤瓶，蒸发皿，量筒，三口瓶，橡皮塞，瓷管，温度计，胶管，吸收瓶，锥形瓶，滴液漏斗，玻璃管，螺旋夹，三通玻璃管，滤纸，pH 试纸。

NaOH（2 $mol \cdot L^{-1}$，6 $mol \cdot L^{-1}$，s），冰醋酸（原瓶、6 $mol \cdot L^{-1}$），CCl_4，H_3PO_4

（浓），H_2SO_4（浓），$AgNO_3$（0.1 mol·L^{-1}），$MnSO_4$（0.1 mol·L^{-1}），NaCl（饱和），$(NH_4)_2SO_4 \cdot FeSO_4 \cdot 6H_2O$（标准溶液），HCl（浓），$H_2O_2$（3%），乙醇（无水，60%），$Pb(NO_3)_2$（0.5 mol·$L^{-1}$），乙醚，$Na_2S_2O_3$ 溶液（0.1 mol·L^{-1}），淀粉指示剂，铬铁矿粉，Na_2CO_3（s），$NaNO_3$（s），KCl（s），KI（s），$(NH_4)_2Cr_2O_7$（s），$(NH_4)_2S_2O_8$（s），苯代邻氨基苯甲酸指示剂（s），锌粉（分析纯），NaAc(s)，$CrCl_3 \cdot 6H_2O$(s)，$Cr(NO_3)_3 \cdot 9H_2O$，$H_2C_2O_4 \cdot 2H_2O$（s），$K_2Cr_2O_7$（s），氮气。

【实验步骤】

一、$K_2Cr_2O_7$ 晶体的制备

1. 氧化

将 4 g 铬铁矿粉与 4 g $NaNO_3$ 混匀，另取 4 g NaOH 与 4 g Na_2CO_3 于铁坩埚中混匀。小火加热至熔融，然后把矿粉分几次加入并不断搅拌，以防熔物喷溅。矿粉全部加完后，逐渐加大火焰，灼烧 0.5 h，然后自然冷却。

2. 浸取

在熔物快要干涸时，用力搅拌成颗粒，倒入烧杯中。若附在坩埚内的熔物较多，加热熔融后，自然冷却，重复上述操作，直至附在坩埚内的熔物较少时为止。向坩埚中加少量水，小火加热至沸，将剩余的熔物转入烧杯中。如此反复 2～3 次，熔物全部取出后，将烧杯加热煮沸约 20 min，要不断搅拌使熔块中的可溶物溶解。然后吸滤，滤渣用水洗一次。滤液体积控制在 40 mL 左右。

3. 除铝和醋酸钠

滴加冰醋酸（约 4～5 mL）调滤液 pH 为 7～8，使 $Al(OH)_3$ 沉淀，加热蒸发到溶液约为原体积 2/3 时，冷却，减压过滤，沉淀为 $Al(OH)_3$ 和 $NaAc \cdot 3H_2O$（回收），滤液转入蒸发皿中。再用冰醋酸（约 4 mL）调至 pH≈5，溶液由黄色转为橙红色。

4. 复分解制备 $K_2Cr_2O_7$ 和重结晶

向制得的重铬酸钠溶液加入 1.5 g KCl，水浴加热，蒸发至表面出现晶膜，再调 pH≈5，用水冷却，有大量晶体析出后吸滤。晶体是 $K_2Cr_2O_7$ 和 $NaAc \cdot 3H_2O$ 的混合物，转入蒸发皿滴加沸水至全溶后，使其彻底冷却，进行重结晶，过滤得 $K_2Cr_2O_7$ 晶体。滤液回收，留作以后含铬废液处理实验用。产品在 50 ℃下烘干，称重，计算产率。

二、无水 $CrCl_3$ 的合成与铬含量测定

1. 无水 $CrCl_3$ 的合成

称取干燥研细的 $(NH_4)_2Cr_2O_7$ 约 1.0 g 于瓷舟中，将瓷舟放在管式炉瓷管的中部。在 250 mL 三口瓶中加约 50 mL CCl_4，系统按图 5-38-2 连好，插上热电偶开始加热。

水浴温度维持在 60～65 ℃，当管式炉温度升至 500 ℃左右时开始通入 N_2 气，流速控制在以碱液吸收瓶连续放出气泡为宜（如 N_2 气流太快，Cr_2O_3 会被吹离瓷舟）。管式炉温度控制在 720 ℃左右恒温 2 h，然后停止加热，撤去水浴，在 N_2 气氛中冷却约 20 min 后，取出瓷舟和瓷舟上的紫色鳞片状 $CrCl_3$。称重，计算产率。

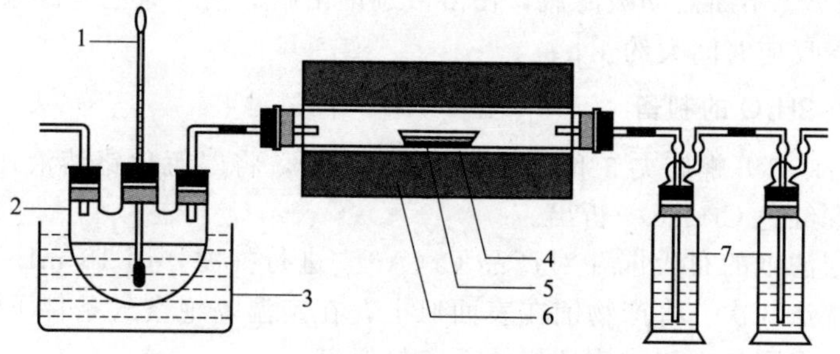

图 5-38-2　合成无水 $CrCl_3$ 装置

1—温度计；2—三口瓶；3—恒温水浴；4—瓷管；5—瓷舟；6—管式炉；7—吸收瓶

2. 铬含量的测定

准确称取 0.05 g 研细的产品于锥形瓶中，加入 5 mL 浓 H_3PO_4 和 8 mL 浓 H_2SO_4，加热全溶后，慢慢加入 25 mL $2mol \cdot L^{-1}$ NaOH 和 70 mL 水、2.5 g $(NH_4)_2S_2O_8$ 和几滴 $0.1\ mol \cdot L^{-1}$ $AgNO_3$ 溶液。加热煮沸几分钟，加入几滴 $0.1\ mol \cdot L^{-1}$ $MnSO_4$ 溶液，出现紫色后再煮沸几分钟。然后滴加饱和的 NaCl 溶液，当紫色退去后，继续加热几分钟。取下用水彻底冷却，用硫酸亚铁铵标准溶液滴定至浅黄色，加入 2 滴苯代邻氨基苯甲酸指示剂，继续滴定由红色变为浅绿色即为终点。

根据下式计算 Cr 的质量分数：

$$w(\mathrm{Cr})=\frac{c\times V\times 51.996}{m_{样}\times 3}\times 100\%$$

式中，c 为硫酸亚铁铵标准溶液的浓度，$mol \cdot L^{-1}$；V 为消耗硫酸亚铁铵标准溶液的体积，L。将计算值与 $CrCl_3$ 中 Cr 的理论值比较，确定产物的组成。

三、无氧条件下 $Cr_2(Ac)_4 \cdot 2H_2O$ 的制备

1. 装置安装与气密性检查

醋酸亚铬的制备装置如图 5-38-3 所示。检验装置的气密性，保证其气密性良好（如何检验?)。

2. 三价的铬离子还原为二价铬离子

(1) 在吸滤瓶中放入 8 g 锌粒和 5 g $CrCl_3 \cdot 6H_2O$，加入 10 mL 去氧水（蒸馏水煮沸 30 min 后冷却至室温），摇动吸滤瓶，得到深绿色混合物。将 5 g 无水 NaAc 置于 150 mL 三口烧瓶中，用 12 mL 去氧水溶解。安装好仪器，向滴液漏斗中添加 10 mL 浓盐酸。

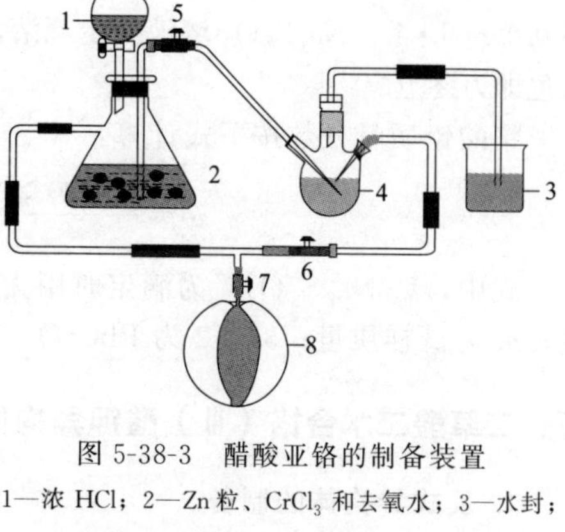

图 5-38-3　醋酸亚铬的制备装置

1—浓 HCl；2—Zn 粒、$CrCl_3$ 和去氧水；3—水封；4—NaAc 溶液；5～7—螺旋夹；8—气囊

(2) 关闭螺旋夹 5，打开螺旋夹 6，排净气囊中空气后关闭螺旋夹 7。通过滴液漏斗缓慢向吸滤瓶中滴加浓盐酸。待装置内空气排尽后，关闭螺旋夹 6，打开螺旋夹 7 将反应产生的氢气收集到气囊中。待气囊中收集到较多的气体时，关闭螺旋

夹 7，打开螺旋夹 6。不断摇动吸滤瓶，使溶液逐渐由暗绿色→绿色→蓝绿色→亮蓝色为止，停止滴加浓盐酸，反应时间大约 1 h。

3. $Cr_2(Ac)_4 \cdot 2H_2O$ 的制备

关闭螺旋夹 6，打开螺旋夹 5 和 7，轻轻挤压气囊，将二氯化铬溶液压入装有醋酸钠的三口烧瓶中，有深红色 $Cr(Ac)_2$ 析出。

用垫铺有双层滤纸的布氏漏斗对产品 $Cr(Ac)_2$ 进行抽滤，用 15 mL 去氧水洗涤数次，然后用少量乙醚洗涤 3 次。将产物铺在表面皿上，在室温隔绝空气条件下使其干燥。称重，计算产率。产品应在隔绝空气或惰性气体下密封保存。

纯的 $Cr_2(Ac)_4 \cdot 2H_2O$ 为二聚分子，因此为反磁性，可用磁天平进行测试，根据数据判断其纯度。查阅相关文献，设计方案，进行测试。

四、$PbCrO_4$ 的制备

1. 制备

称取 2.5 g $Cr(NO_3)_3 \cdot 9H_2O$ 于 500 mL 烧杯中，加入 200 mL 去离子水溶解，逐滴加入 6 $mol \cdot L^{-1}$ NaOH，使溶液刚产生混浊，再加入过量 6 $mol \cdot L^{-1}$ NaOH，直至溶液变为澄清绿色溶液（记录现象，并写出反应方程式）。在上述溶液中，逐滴加入约 25 mL 的 3% H_2O_2，盖上表面皿，小心加热（以防溶液爆沸溅出），当溶液变为亮黄色时，再继续煮沸 15～20 min，以赶尽剩余 H_2O_2。

待上述溶液中 H_2O_2 分解完全后，逐滴加入 6 $mol \cdot L^{-1}$ HAc，使溶液从亮黄色转变为橙色。再多加 7～8 滴。在沸腾情况下，逐滴加入约 18 mL 0.5 $mol \cdot L^{-1}$ $Pb(NO_3)_2$。注意 $Pb(NO_3)_2$ 加入的速度，开始要慢一些，而且始终保持溶液微沸状态，否则会使 $PbCrO_4$ 沉淀颗粒太小而穿过滤纸，造成实验失败。加完 $Pb(NO_3)_2$ 溶液之后，继续煮沸 5 min，检查沉淀是否完全。

抽滤，沉淀用热水洗涤数次，抽干后转移到表面皿内，放入 120 ℃烘箱干燥 1 h，放入干燥器中冷却后称其质量。

根据实验结果，将所得 $PbCrO_4$ 的质量与理论值比较，计算产率并加以分析。

2. 含量测定

准确称取 0.3～0.5 g（准确至 0.0001 g）试样于碘量瓶中，加 1∶1 HCl-NaCl 溶液 50 mL，加热溶解，然后稀释至 150～200 mL，冷却后加 2 g KI、10 mL 浓 HCl。放置暗处 5～10 min，用 0.1 $mol \cdot L^{-1}$ $Na_2S_2O_3$ 溶液滴定至溶液变为黄绿色，再加淀粉指示剂 3 mL，继续滴定至亮绿色即为终点。

铬酸铅质量分数按下式计算：

$$w=\frac{V(Na_2S_2O_3)\times c(Na_2S_2O_3)\times 323.2}{3\times 1000\times m}$$

式中，$V(Na_2S_2O_3)$ 为滴定时用去的 $Na_2S_2O_3$ 溶液体积；$c(Na_2S_2O_3)$ 为 $Na_2S_2O_3$ 浓度；m 为试样质量；323.2 为 $PbCrO_4$ 摩尔质量。

五、二草酸二水合铬（Ⅲ）酸钾异构体的制备

1. 反式异构体的制备

在 50 mL 烧杯中加入 9 g $H_2C_2O_4 \cdot 2H_2O$，慢慢加入沸水至固体正好溶解。分数次小

份地加入 3 g 研细的 $K_2Cr_2O_7$。由于反应产生大量 CO_2 气体，必须控制 $K_2Cr_2O_7$ 加入的速度以防止溶液溢出，同时烧杯要盖上表面皿。反应比较剧烈，必须严格控制反应，避免发生意外。待反应完毕，蒸发溶液至原体积的 1/2，再自然蒸发至原体积的 1/3。切莫过少，否则溶解度较大的顺式异构体会同时析出。过滤，用冷水和 60% 乙醇各洗涤 2 次，得红紫色晶体，干燥后称重，计算产率。

2. 顺式异构物的制备

将研细的 3 g $H_2C_2O_4 \cdot 2H_2O$ 和 1 g $K_2Cr_2O_7$ 的混合物均匀混合后转入微潮的 250 mL 烧杯中，盖上表面皿。用小火在烧杯的底部微热，立即发生激烈的反应，并有二氧化碳气体放出，反应产物呈深紫色的黏状液体。反应结束立即加入 15 mL 无水乙醇，在水浴上微微加热烧杯的底部。用玻璃棒不断搅动使它成为晶体。若一次不行，可倾出液体。再加入相同数量的乙醇来重复以上操作。直到全部成为松散的暗紫色粉末。倾出乙醇，将暗紫色粉末在 60 ℃烘干，称重，计算产率。

3. 顺式和反式异构体的鉴别

分别在两表面皿上放上一片滤纸，将两种异构体的固体置于中央。用稀氨水润湿。顺式异构体转为易溶解的深绿色的碱式盐，可见深绿色向滤纸的周围扩散；反式异构体转为浅棕色的碱式盐，溶解度很小，仍停留在滤纸上。

【思考题】

1. 在铬的含量测定中，加 H_3PO_4、$MnSO_4$、$AgNO_3$、$(NH_4)_2S_2O_8$、NaCl 作用是什么？写出有关反应方程式。
2. 为何要用封闭的装置来制备醋酸亚铬？产物为什么用乙醇和乙醚洗涤？
3. 为什么说粗品中主要杂质是醋酸钠？通过计算加以说明。
4. 在碱熔过程中还可用何物质做氧化剂？写出相关的反应方程式。
5. 试设计方案分析重铬酸钾的纯度。
6. Cr^{3+} 在什么条件下能使它氧化成铬酸盐？
7. 为什么必须将剩余氧化剂 H_2O_2 全部赶尽？
8. 如何选择 $PbCrO_4$ 沉淀的条件，使生成 $PbCrO_4$ 沉淀的颗粒比较大？
9. 异构体合成中，草酸在起什么作用？判别此两种异构体还有什么其他方法？

实验三十九　羟基磷灰石的制备及其对铅离子的吸附

【实验目的】

1. 学习沉淀法制备羟基磷灰石的原理与方法。
2. 了解羟基磷灰石对水溶液中铅离子的吸附作用。
3. 学习分光光度法测定铅离子的含量。

【实验原理】

羟基磷灰石化学式 $Ca_{10}(PO_4)_6(OH)_2$，简称 HA 或 HAP，是典型的磷酸盐系无机非金属材料，是脊椎动物骨骼和牙齿的主要成分。在人体硬组织中，牙釉质中的 HA 含量可达 96%以上。

骨骼中的 HA 则以“骨磷灰石”形式存在，属于晶体结构欠完善的羟基磷灰石变体，其六方晶系结构中存在沿 c 轴的管状空腔结构。这种特殊的晶体构型赋予其优异的离子吸附和置换特性：空腔内的 Ca^{2+}、PO_4^{3-} 和 OH^- 可被 Mg^{2+}、F^-、Cl^- 及 CO_3^{2-} 等离子部分取代，形成氟磷灰石（FAp）、氯磷灰石（ClAp）等衍生物。这种结构可调性使其生物相容性显著优于其他无机材料，同时因其与人体骨组织的化学组成和晶体结构高度相似，无毒副作用且耐生理腐蚀，具有生物活性表面，因而具有良好的骨传导性能，可促进细胞附着和增殖，诱导骨组织再生，已成为最具应用潜力的硬组织替代材料。临床应用时通常与高分子材料复合，改善其力学性能；与胶原蛋白复合，增强生物活性；构建多孔结构，促进组织生长。目前 HA 材料已成功应用于骨缺损修复、牙科种植体涂层、药物缓释载体等领域，其作为骨替代物的临床转化率位居生物陶瓷材料首位。

HA 粉体制备技术主要包括以下几种类型。

（1）湿化学法：沉淀法、水解法、溶胶-凝胶法；

（2）物理法：固相反应法、机械化学法；

（3）特殊合成法：水热法、微波法、微生物法。

其中沉淀法是指水溶性的化合物原料经混合、反应生成不溶性的沉淀，然后将沉淀物过滤、洗涤、煅烧处理，得到符合要求的粉体。沉淀法因工艺简单、成本低等优点被广泛应用。

常用的制备羟基磷灰石粉体的钙源有 $Ca(NO_3)_2$、$Ca(OH)_2$、$CaCl_2$、CaO、$Ca(OC_2H_5)_2$ 等，常用的磷源有 $(NH_4)_2HPO_4$、H_3PO_4、K_2HPO_4、Na_2HPO_4 和 $(CH_3O)_3PO_4$ 等。

以硝酸钙和磷酸氢二铵为例，反应方程式为：

$$10Ca(NO_3)_2+6(NH_4)_2HPO_4+8NH_3\cdot H_2O=\!=\!=Ca_{10}(PO_4)_6(OH)_2+20NH_4NO_3+3H_2O$$

以氢氧化钙和磷酸为例，反应方程式为：

$$10Ca(OH)_2+6H_3PO_4=\!=\!=Ca_{10}(PO_4)_6(OH)_2+18H_2O$$

不同反应物合成 HA 的方法有一定差异，但总体而言，沉淀法的实质是羟基磷灰石的溶解平衡的逆反应，即

$$10Ca^{2+}+6PO_4^{3-}+2OH^-=\!=\!=Ca_{10}(PO_4)_6(OH)_2 \qquad K_{sp}=2.34\times10^{-59}$$

影响化学沉淀法的工艺参数主要有：Ca/P 物质的量之比、pH、磷酸的加入速度、反应温度、分散剂的种类、沉淀的干燥方式、干燥温度和烧结温度等。

本实验采用水溶液沉淀法：以硝酸钙和磷酸氢二铵为原料，以 $n(Ca):n(P)=1.67$ 的比例，将磷酸氢二铵溶液缓慢加入硝酸钙溶液中，用氨水调节溶液的 pH 为 10.5 左右，制得沉淀。结构中存在沿 c 轴的管状空腔结构，使产品兼具高比表面积和离子交换能力，可吸附重金属离子。

【实验用品】

天平，分光光度计，磁力加热搅拌器，烧杯，分液漏斗，布氏漏斗，吸滤瓶，真空泵，显色管（50 mL，11 支），锥形瓶（125 mL，6 个）。

$Ca(NO_3)_2$，$(NH_4)_2HPO_4$，氨水，$Pb(NO_3)_2$ 标准溶液（$50\ mg\cdot L^{-1}$，按 Pb^{2+} 计），NaAc（$2\ mol\cdot L^{-1}$），聚合度为 400 的聚乙二醇（PEG-400），氯醋酸溶液（$2\ mol\cdot L^{-1}$），偶氮氯磷Ⅲ（以下简称 CPA-Ⅲ）溶液（0.1%）。

【实验步骤】

一、羟基磷灰石的制备

1. 称取 10.0 g 硝酸钙粉末和 11.7 g 磷酸氢二铵，分别配成 100 mL 的溶液。将两种溶液放在 60 ℃的恒温水浴锅中，开始用 pH 计或精密 pH 试纸测定硝酸钙溶液的 pH，用氨水调节硝酸钙溶液的 pH 至 10.5 左右。

在温度稳定后，将盛有 $Ca(NO_3)_2$ 溶液的烧杯置于磁力加热搅拌器上，水浴加热，温度保持在 60 ℃，放入磁子，调节转速在 300～500 $r \cdot min^{-1}$。将 $(NH_4)_2HPO_4$ 溶液用滴管或者滴液漏斗匀速滴加到 $Ca(NO_3)_2$ 溶液中。同时用 pH 计或者试纸监控体系的 pH，并用氨水调节反应系统 pH 稳定在 10.5 左右。滴加完毕后，继续强力搅拌反应 1 h 使沉淀完全。之后室温陈化 24 h。

陈化完毕后抽滤，用纯水洗涤沉淀，直至洗涤液为中性。将滤饼放入 100 ℃烘箱中干燥 2 h，取出样品称重，计算产率，备用。

二、羟基磷灰石对 Pb^{2+} 的吸附实验

1. 绘制标准曲线

分别取 0 mL、0.5 mL、1 mL、1.5 mL、2 mL 50 $mg \cdot L^{-1}$ $Pb(NO_3)_2$ 标准溶液于 5 支 50 mL 显色管中，加 5 mL 缓冲溶液（用 2 $mol \cdot L^{-1}$ 醋酸钠溶液调节 2 $mol \cdot L^{-1}$ 氯醋酸溶液至 pH 为 2.0），3 mL 0.1% CPA-Ⅲ溶液，定容至 50 mL，摇匀后显色 15 min，在 615 nm 波长下测其吸光度。以吸光度为纵坐标，铅离子浓度为横坐标绘制标准曲线。

2. 样品铅含量测定

取一定体积样品（每 50 mL 中含铅 0～100 μg）于 50 mL 显色管中加 5 mL 缓冲溶液，3 mL 0.1% CPA-Ⅲ溶液，定容至 50 mL，摇匀后显色 15 min，于 615 nm 波长处测其吸光度。每次测定需做空白实验。即，在 50 mL 显色管中加 5 mL 缓冲液，3 mL 0.1% CPA-Ⅲ溶液，定容至 50 mL，摇匀后显色 15 min，于 615 nm 波长处测其吸光度。

3. 铅离子吸附实验

（1）在 6 个 125 mL 锥形瓶中，分别加入 50 mL pH 分别为 2、2.5、3、4、5、6 的初始铅离子浓度为 25 $mg \cdot L^{-1}$ 的溶液，各加入 0.2 g 样品，在室温下磁力搅拌 2 h，测定吸附前后溶液中的铅离子浓度（即每个不同 pH 的试液都分为两个样品测定）。

（2）铅离子吸附量的计算方法

利用铅离子标准曲线将吸光度换算成浓度，求其平均值。再按下列公式计算吸附量：

$$Q=\frac{(\rho_0-\rho_i)\times 0.5\ L}{0.2\ g}$$

式中，Q 为吸附量，$mg \cdot g^{-1}$；ρ_0 为铅离子初始浓度，$mg \cdot L^{-1}$；ρ_i 为吸附后铅离子浓度，$mg \cdot L^{-1}$。

（3）结果分析

以 pH 为横坐标，吸附量为纵坐标作图，分析 pH 的影响趋势，并说明理由。

【思考题】

1. 是否可以利用 XRD 分析所制备的羟基磷酸钙的晶体结构？

2. 重金属随着食物链进入人体内，为什么会在骨骼上沉积？

3. 参考“碱式碳酸铜的制备实验”，试设计实验验证以下各因素在羟基磷灰石对 Pb^{2+} 的吸附中的影响。

(1) 溶液 pH 对吸附作用的影响；

(2) 温度对吸附作用的影响；

(3) HAP 用量对吸附作用的影响。

【附注】

1. 在硝酸钙溶液中可添加适量表面活性剂 PEG400，以增加体系中沉淀的分散性和均匀度。

2. 产品干燥完毕后可将产品于 550～650 ℃的马弗炉中煅烧 2 h 以提高其晶化率。

实验四十 锂电池正极材料磷酸铁锂的合成与表征

【实验目的】

1. 了解锂离子电池的工作原理。

2. 掌握水热法、溶胶-凝胶法及共沉淀法的基本操作。

3. 熟练掌握磷酸铁锂的合成方法与操作。

【实验原理】

锂离子电池用两个能够可逆地嵌入和脱出 Li^+ 的化合物作为正负极，实质是一种 Li^+ 浓差电池。其正、负极材料均为插层化合物，具有 Li^+ 嵌入与脱出的通道，其骨架结构在 Li^+ 嵌入和脱出过程中保持不变。

正极材料一般选择电势（相对锂电极）较高，能够在空气中稳定嵌 Li^+ 的过渡金属化合物。如层状结构的 $LiMO_2$ 和尖晶石结构的 LiM_2O_4 等。1997 年发现 $LiFePO_4$（磷酸铁锂）能可逆地迁入、脱出锂，使其作为锂电池正极材料的研究及应用得到广泛关注。

$LiFePO_4$ 具有橄榄石型结构，因其无毒、对环境友好、安全性高、资源丰富、价格低廉、比容量高、可快速充电且循环寿命长，是锂离子动力电池理想的正极材料。

室温下，$LiFePO_4$ 的脱嵌 Li^+ 行为实际是形成 $FePO_4$ 和 $LiFePO_4$ 的两相界面的两相反应过程。

充电 $$LiFePO_4 - xLi^+ + xe^- \longrightarrow xFePO_4 + (1-x)LiFePO_4$$

放电 $$FePO_4 + xLi^+ + xe^- \longrightarrow xLiFePO_4 + (1-x)FePO_4$$

由于两相结构相似，具有相同的空间群，这种特殊的晶体结构使得 $LiFePO_4$ 具有优良的循环稳定性。

纳米 $LiFePO_4$ 颗粒的制备方法主要有固相法、液相合成法等。

一、固相法

固相法分为高温固相反应法、碳热还原法、微波合成法等。

高温固相反应法是指通过在高温条件下各固体反应物之间发生反应，进而得到所需产物的一种材料制备方法。该法制备工艺简单，易于产业化进行大规模生产，是目前应用最成熟、最广泛的一种方法。但该法存在所得颗粒尺寸分布范围广、颗粒形貌不规则等缺点。常以铁盐、磷酸盐和锂盐为原料，按照化学计量比充分混合均匀后，在惰性气氛内先经过较低温预分解，再经高温焙烧，再研磨粉碎制成产品。

碳热还原法多数以 LiH_2PO_4、Fe_2O_3 或 Fe_3O_4、蔗糖为原料，均匀混合后在高温和惰性气氛保护下焙烧，碳将三价铁还原为二价铁，即通过碳热还原法合成 $LiFePO_4$。

微波合成法是在微波的作用下，物质吸收微波导致温度升高而发生反应得到产物。该法具有加热时间短、加热速度快、热能利用率高等优点，缺点是反应过程难控制，工业化生产难以实现。

二、液相合成法

液相合成法分为液相共沉淀法、溶胶-凝胶法、水热合成法、喷雾干燥法和乳液干燥法等。

液相共沉淀法是以 Fe^{2+} 和 Li^{+} 的可溶性盐为原料，通过控制溶液的 pH 使 $LiFePO_4$ 从溶液中沉淀出来，将沉淀物过滤、洗涤、干燥后通过高温处理即可得到 $LiFePO_4$ 产物。一般这种高温处理时间比高温固相法需要的时间短，合成温度低，易于实现大规模生产。但是各组分的沉淀速度不同，会导致材料组成的偏离和不均匀。

溶胶-凝胶法是以无机盐或金属醇盐为前驱物，经水解缩聚、逐渐凝胶化及后处理得到所需原料。将铁盐、锂盐与磷酸或磷酸盐溶于水中，经过水解，调节一定的 pH 得到均匀溶胶，通过蒸发浓缩将溶质聚合成具有一定结构的凝胶，再将凝胶干燥、焙烧得到所需材料。该法所得材料颗粒粒径均匀、分布窄、设备简单，但生产周期过长，不利于工业化生产。

模板法是溶胶-凝胶法的进一步发展，模板法具有良好的可控性，可以对所得材料的结构进行有效的控制，是制备纳米材料的关键技术之一。由模板法合成的纳米锂离子电池材料缩短了离子的扩散路径，材料具有较大的比表面积，有利于采用较大的电流对电池进行充放电；纳米材料具有较大的嵌锂空间，有利于增加电极的嵌锂容量。

水热合成法是指在高温、高压条件下，以水溶液为反应介质，在密封的压力容器中进行化学反应，该法的主要过程就是溶解-再结晶的过程。水热体系中 O_2 的溶解度较小，因此水热条件下无需惰性气氛，常以可溶性亚铁盐、锂盐和磷酸为原料直接合成 $LiFePO_4$。该方法具有物相均一、过程简单等优点，但对生产设备的要求高，工业化生产的困难较大。

喷雾干燥法是将金属盐溶解于溶剂中形成均匀的溶液，呈流变相，使起始原料达到分子级混合，通过物理手段使其雾化，再经过物理、化学途径将其转变为超微粒子。

乳液干燥法是将原料溶于水中，得到的混合液与一种油相混合得到均匀的水油型乳液，将乳液滴在热油中得到粉体的前驱体，干燥后的前驱体在无空气箱中燃烧一定时间，得到的粉末在 Ar 气氛下的管式炉中继续热处理。这种合成方法的优点是反应物混合均匀，能有效抑制生成颗粒的团聚现象。

【实验用品】

烧杯，电磁搅拌器，搅拌子，氩气，电烘箱，真空干燥箱，管式炉，离心机，X 射线衍射仪，扫描电子显微镜。

H_3PO_4（浓），乙二醇，$FeSO_4 \cdot 7H_2O$（s），$LiOH \cdot H_2O$（s），$Na_2SO_3 \cdot 7H_2O$（s），$Fe(Ac)_3$（s），$NH_4H_2PO_4$（s），抗坏血酸（s）。

【实验步骤】

一、水热法合成

在 100 mL 烧杯中加入 60 mL 去离子水、6 mmol 浓 H_3PO_4、6 mmol $FeSO_4 \cdot 7H_2O$，在电磁搅拌器上搅拌溶解后，缓慢加入 18 mmol $LiOH \cdot H_2O$，最后，向反应液中加入 1.2 mmol $Na_2SO_3 \cdot 7H_2O$，继续搅拌 5 min。快速将反应液装入 100 mL 反应釜中，170 ℃恒温 5 h。冷却至室温，离心分离，用去离子水洗涤样品 3 次，将样品于 60 ℃真空干燥 8 h。称重，计算产率。

二、溶胶-凝胶法

取 15 mL 乙二醇于小烧杯中，40 ℃水浴，搅拌，加入 10 mmol $LiOH \cdot H_2O$，继续搅拌 1 h 后，加入 10 mmol $Fe(Ac)_3$ 和 $NH_4H_2PO_4$，搅拌至溶液呈凝胶状，在电烘箱中 110 ℃恒温 12 h 后。将反应物转入管式炉中，通入 N_2 30 min 后以 5 ℃/min 的速度升温至 700 ℃后保持 12 h，降至室温，即得到产品，称重，计算产率。

三、共沉淀法

将 0.04 mol $FeSO_4 \cdot 7H_2O$、0.04 mol H_3PO_4 和少量抗坏血酸（做还原剂，防止二价铁被氧化）溶于 200 mL 去离子水中，配成溶液 A；将 0.12 mol $LiOH \cdot H_2O$ 溶解于 200 mL 去离子水中配成溶液 B。将 A 溶液迅速倒入 B 溶液中，于 60 ℃下以 400r · min^{-1} 的速度搅拌 30 min，得到乳白色沉淀，吸滤，洗涤数次。将其置于真空干燥箱中 110 ℃恒温 6 h 后得到前驱体。将此前驱体置于管式炉中，于氩气（99.99%）气氛保护下以 5 ℃/min 的速率升温至 700 ℃并保持 5 h，随管式炉冷却至室温，得到产物 $LiFePO_4$。

四、性能与表征

1. 用粉末 X 射线衍射（XRD）法、扫描电子显微镜（SEM）等表征 $LiFePO_4$ 的物相、纯度和形貌。
2. 设计方案分析样品中铁和磷酸根的含量。
3. 测试样品的电化学性能及电池的容量。

【思考题】

1. 亚硫酸钠在制备反应中的作用是什么？
2. 写出水热反应制备 $LiFePO_4$ 的反应方程式。

实验四十一 4A 分子筛和 NaX 分子筛的合成及其性能测试

【实验目的】

1. 了解分子筛的一般知识和水热法合成分子筛的方法。

2. 合成 4A 分子筛和 NaX 分子筛并试验其性能。

【实验原理】

1756 年，Crostedt 发现将一种硅铝酸盐矿物加热时出现类似沸腾的不寻常现象，因此将这类硅铝酸盐矿称为沸石。沸石是具有空旷骨架的硅铝酸盐，其骨架由 SiO_4 和 AlO_4 四面体共用顶点氧连接而成，具有规则的笼和孔道结构。其孔径与一般分子大小相当且具有筛分分子的功能。沸石的人工合成工作从 19 世纪末就开始了，到目前已合成出百余种。20 世纪 50 年代，人工合成的 A 型沸石和 X 型沸石已开始试生产，而且人工合成出一些天然沸石中没有发现的品种。人们一般将人工合成的沸石称为分子筛，后来将天然沸石也称分子筛，或统称为分子筛或沸石分子筛。

分子筛具有特殊的吸附性、离子交换性和催化性能，被广泛应用于工农业生产中，特别是在石油化工领域起着重要作用。

将硅酸盐、铝酸盐、无机碱和水按一定比例混合，在高于室温的温度下晶化得到某种分子筛，一般称为水热法。

A 型分子筛是用量较多的分子筛之一。当可交换离子为 Na^+ 时，称为 4A 分子筛，其晶胞的组成表示式为：$Na_{12}[(AlO_2)_{12}(SiO_2)_{12}] \cdot nH_2O$。

实验室合成 4A 分子筛常以水玻璃（Na_2SiO_3）、偏铝酸钠（$NaAlO_2$）和氢氧化钠为原料，按一定比例混合，加入一定量的水，搅拌成胶后，在 90～100 ℃温度进行晶化。晶化程度可用显微镜观察，若晶体外观为正方形，说明晶化完全。经过滤、洗涤、干燥即得 4A 分子筛。

X 型分子筛是人工合成的一种八面沸石，若人工合成的 X 型分子筛中可交换离子为钠离子，则称该 X 型分子筛为 NaX 型分子筛，其化学组成为 $Na_n(AlO_2)_n(SiO_2)_{192-n}$，其中，$n=77$～$96$。

为使实验简化，本实验采取直接配料的方法，免去了合成前对原料的分析过程。将固体硅酸钠、偏铝酸钠、氢氧化钠和水按一定比例混合，搅拌成胶后晶化即可。

【实验用品】

台秤，电子天平，电磁搅拌器，显微镜，电热烘箱，马弗炉，真空干燥器，不锈钢反应釜（或聚四氟乙烯反应釜），吸滤装置，烧杯，量筒，广泛 pH 试纸，瓷坩埚，坩埚钳，玻璃搅拌棒。

无水乙醇，NaOH（s），$CoCl_2 \cdot 6H_2O$（s），$NaAlO_2$（s），$Na_2SiO_3 \cdot 9H_2O$（s），变色硅胶。

【实验步骤】

一、4A 分子筛的合成

1. 溶液的配制

A 溶液：用台秤称取 7.5 g NaOH、6.0 g $NaAlO_2$ 放入 250 mL 烧杯中，加 90 mL 水，加热搅拌溶解。

B 溶液：用台秤称取 6.0 g 硅酸钠（$Na_2SiO_3 \cdot 9H_2O$），放入 250 mL 烧杯中，加 90 mL

水，加热搅拌溶解。

2. 成胶

将B溶液在电磁搅拌器上搅拌并加热，再将A溶液分几次加入B溶液中（注意调整合适的搅拌速度），但不要加得太快，以防突然凝聚。继续搅拌混合物至胶状且无块状物为止。

3. 晶化

将胶状混合物装入不锈钢反应釜（或聚四氟乙烯反应釜）中，拧紧釜盖，置于电热烘箱中，在100 ℃下晶化约5 h。将反应釜用水冷却后，打开反应釜，反应物明显分为两层，上层为透明溶液，下层为白色结晶。在显微镜下观察可见正方形晶体，说明晶化已经完全。

4. 洗涤干燥

倾去上层清液，吸滤，水洗至滤液的pH为8～9，在110 ℃下干燥得4A分子筛粉末。

二、NaX分子筛的合成

1. 溶液配制

A溶液：称取1.8 g NaOH和1.3 g $NaAlO_2$，置于100 mL烧杯中，加入13 mL去离子水，搅拌至全部溶解。

B溶液：称取12 g $Na_2SiO_3 \cdot 9H_2O$置于100 mL烧杯中，加入30 mL去离子水，以电磁搅拌器搅拌至全部溶解。

2. 成胶

将A溶液分几次转入正在搅拌的B溶液中，注意不要加得太快，以免骤凝。搅拌约30 min至均匀为止。

3. 晶化与产物处理

把成胶的混合物装入不锈钢反应釜或聚四氟乙烯反应釜中，拧紧釜盖，放于电热烘箱中100 ℃晶化5 h后，取出反应釜，以水冷至室温后，将反应产物吸滤，水洗至pH=8～9，105 ℃干燥得NaX沸石原粉。

三、分子筛部分性能的测定

1. 晶形观察

用玻璃棒蘸取少许合成的分子筛均匀地放在玻璃载片上，在显微镜下观察晶体的形状和大小。A型分子筛外形为正方形，NaX沸石为多面体小晶体。

2. 吸水性

取少量已活化的4A分子筛（在马弗炉内于600 ℃恒温2 h，然后在真空干燥器中冷却0.5 h即可），放在小试管中，加入2粒已吸水变红的硅胶，将试管塞好放置，根据硅胶颜色的变化比较其吸水性强弱。

3. 对有机分子的吸附

准确称取约1 g已活化的4A分子筛，放入已干燥并准确称重的瓷坩埚内，然后将其置于干燥器中。干燥器下层放入一装有少量无水乙醇的小烧杯。静置 20 h 以后称重，根据增重求出吸附乙醇的百分数。

4. 离子交换性质

将 0.1 g $CoCl_2 \cdot 6H_2O$ 溶于 100 mL 去离子水中，加入 1.0 g NaX 分子筛，搅拌，溶液由粉红色逐渐变浅，最后变成无色。说明 Co^{2+} 与沸石中 Na^+ 交换位置，使溶液褪色。若溶液褪色较慢，可将溶液适当加热。

【思考题】

1. 晶化用的不锈钢反应釜为什么要用氢氧化钠溶液煮？
2. 为什么沸石分子筛吸附选择性远好于活性炭和硅胶？

【附注】

如果实验室没有备用的反应釜，可将装有反应混合物的烧杯盖上表面皿后放在瓷盘中，连同瓷盘一起放入电热烘箱内。在 90 ℃温度下晶化 10 h 以上也可得到 4A 分子筛。

4A 分子筛很容易转晶，在晶化时温度不要高于 100 ℃。

实验四十二 含铬废液的处理（设计实验）

【实验目的】

1. 了解含铬废液的处理方法。
2. 进一步熟悉分光光度计的使用方法。

【实验原理】

生产重铬酸钾的废液中含有六价铬和亚硝酸根。处理方法一般是利用六价铬的氧化性，使它转变成三价铬，将三价铬以氢氧化铬沉淀形式除去；可以利用铁氧体法，即加入硫酸亚铁溶液，使六价铬被还原为三价铬，生成铁氧体 $Fe^{3+}[Fe^{2+}Fe^{3+}_{1-x}Cr_x]O_4$；也可以用离子交换法、分子筛吸附法等来处理。

本实验是利用消除反应，除去亚硝酸根，加入还原剂使重铬酸根还原为三价铬，再生成氢氧化铬而除去。然后，用分光光度法测定六价铬的含量。

目前含铬废水的处理大体上分为两类：一类是化学法，即采用还原剂把 Cr(Ⅵ) 还原为 Cr(Ⅲ)，然后以 $Cr(OH)_3$ 的形式沉淀除去；另一类是离子交换法。

水中 Cr(Ⅵ) 的分析可采用分光光度法。利用 Cr(Ⅵ) 与二苯偕肼［又称二苯碳酰二肼、二苯胺基脲，是 Cr(Ⅵ) 的高灵敏和选择性显色试剂］在酸性条件下作用生成紫色配合物，其最大吸收波长在 540 nm，可进行光度测定，确定溶液中 Cr(Ⅵ) 的含量。

【实验用品】

电子天平，分光光度计，吸滤装置，容量瓶，移液管，烘箱，干燥器，pH 计。

NaOH（6 $mol \cdot L^{-1}$），H_2SO_4（2 $mol \cdot L^{-1}$），二苯偕肼溶液，Na_2SO_3(s)，NH_4Cl(s)。

【实验内容】

一、除去亚硝酸根

根据溶液中 NO_2^- 的含量，加入 NH_4Cl 固体进行处理。

二、重铬酸根还原并生成氢氧化铬

根据溶液中 $Cr_2O_7^{2-}$ 的含量，加入 Na_2SO_3 固体。调 pH 值，生成 $Cr(OH)_3$ 沉淀，分离后沉淀回收。滤液准备测定铬含量。

三、六价铬的测定

取 25 mL 滤液于 50 mL 容量瓶中，加 3 mL 二苯偕肼溶液，用水稀释至刻度，配制成 50 mL 溶液。10 min 后，在波长 540 nm 下测定吸光度 A。用 A 在标准曲线上查出相对应 Cr(Ⅵ) 的量 m(mg)，则溶液中 Cr(Ⅵ) 含量为 ($mg \cdot L^{-1}$)：

$$c(Cr)=\frac{m\times 1000}{25}$$

【思考题】

1. 为什么水样采集以后，要在当天进行测定？
2. 为使 $Cr(OH)_3$ 沉淀完全，用碱调 pH 应在什么范围内？
3. 如果要分析处理后废水中铬的含量，残留的 Cr(Ⅲ) 也应转化为 Cr(Ⅵ) 才能分析。在除去 $Cr(OH)_3$ 沉淀的滤液中，用哪种氧化剂把残留的 Cr(Ⅲ) 氧化为 Cr(Ⅵ)？写出反应的离子方程式。
4. 如果选用 H_2O_2 作氧化剂，在分析液相中残留 Cr(Ⅵ) 时，H_2O_2 是否应当除去？为什么？

【附注】

1. 处理含铬废水注意事项

(1) 由于铬离子有被吸附在容器表面的倾向，且能被各种试剂还原，必须注意水样的采集和保存。在采集水样时，可用聚乙烯瓶，水样应在采集的当天进行六价铬测定，不宜将水样保存 2～3 天以后再行测定。

(2) 若 Cr(Ⅵ) 在酸性介质中用 Fe^{2+} 还原，则处理后的废液中 Cr(Ⅲ) 和 Fe(Ⅲ) 应用碱沉淀完全。沉淀完全时要求残留在液相中的离子浓度小于 $10^{-5}\ mol \cdot L^{-1}$。计算 $Fe(OH)_3$ 和 $Cr(OH)_3$ 沉淀完全时溶液的 pH 值。

(3) Cr(Ⅵ) 在酸性介质中主要以 $Cr_2O_7^{2-}$ 的形式存在，为橙红色。Cr^{3+} 的水合离子为紫色，$Cr(OH)_3$ 为灰蓝色沉淀。$Cr(OH)_3$ 有较明显的两性，可溶于过量碱：

$$Cr(OH)_3+OH^- \xlongequal{} [Cr(OH)_4]^-$$

2. 处理后检验废水水质时注意事项

(1) 处理后废水中残留的 Cr(Ⅵ) 的分析，显色方法与标准溶液的显色方法相同。

（2）为了防止 Fe^{3+}、Fe^{2+} 及 Hg^{2+}、Hg_2^{2+} 的干扰，可加入适量的 H_3PO_4 消除。

3. 标准曲线的绘制

将分析纯 $K_2Cr_2O_7$ 在 100 ℃左右烘干 2 h，在干燥器中冷却后，称取 0.0707 g，溶解后转移到 250 mL 容量瓶中，加水稀释至刻度。该溶液含 Cr(Ⅵ) 为 0.1 mg·mL^{-1}。取此溶液 5 mL 于 50 mL 容量瓶中配成溶液，此溶液作为标准溶液，含 Cr(Ⅵ) 0.01 mg·mL^{-1}。

取标准溶液 1 mL、2 mL、3 mL、4 mL、5 mL，分别置于 50 mL 容量瓶中，加入 2.5 mL 二苯偕肼溶液，以水配成 50 mL 溶液。10 min 后，利用分光光度计于 540 nm 波长处测定其吸光度 A。

以吸光度 A 为纵坐标，Cr(Ⅵ) 含量为横坐标绘制标准曲线。

4. 二苯偕肼溶液的配制及使用注意事项

称取 0.1 g 二苯偕肼，用 50 mL 95% 的乙醇溶解后，再加入 200 mL 2 mol·L^{-1} H_2SO_4。此溶液应为无色溶液。该溶液易变质，应于冰箱中保存，变色后不应使用。

5. 铁氧体法

此法处理含铬废水的基本原理就是使废水中的 $Cr_2O_7^{2-}$ 或 CrO_4^{2-} 在酸性条件下与过量还原剂 $FeSO_4$ 作用，生成 Cr^{3+} 和 Fe^{3+}，再通过加入适量碱液，调节溶液 pH 值，并适当控制温度，加入少量 H_2O_2 后，可将溶液中过量的 Fe^{2+} 部分氧化为 Fe^{3+}，得到比例适度的 Cr^{3+}、Fe^{2+} 和 Fe^{3+} 沉淀物。由于当 $Fe(OH)_2$ 和 $Fe(OH)_3$ 沉淀量比例在 1∶2 左右时，可生成 $Fe_3O_4 \cdot xH_2O$ 磁性氧化物（铁氧体），其组成可写成 $FeFe_2O_4 \cdot xH_2O$，其中部分 Fe^{3+} 可被 Cr^{3+} 取代，使 Cr^{3+} 成为铁氧体的组成部分而沉淀下来，沉淀物经脱水等处理后，即可得到组成符合铁氧体组成的复合物。因此，铁氧体法处理含铬废水效果好，简单易行，沉渣量少且稳定。而且含铬铁氧体是一种磁性材料，可用于电子工业，这样既可以保护环境又进行了废物利用。

根据原理尝试设计实验步骤，予以验证。

实验四十三　溶胶凝胶法合成 TiO_2 纳米材料（设计实验）

【实验目的】

1. 了解 TiO_2 纳米材料制备的方法。
2. 掌握用溶胶-凝胶法制备 TiO_2 纳米材料的原理和过程。

【实验原理】

纳米材料是 21 世纪材料科学的一个极其重要的发展方向，材料技术的进步必将对未来世界产生巨大而深远的影响。纳米材料是指晶体尺度、晶界尺度均处在 100 nm 以下的晶体，纳米材料有四个基本特性：小尺寸效应、表面与界面效应、量子尺寸效应、宏观量子隧道效应。

纳米 TiO_2 是一种应用前景广阔的材料，它良好的光敏、气敏和压敏等特性，特别是光催化特性，使它在太阳能电池、光电转换器、光催化消除和降解污染物以及各种传感器等方面有着诱人的应用前景。纳米 TiO_2 为白色或透明状的颗粒，有 3 种晶型，即金红石、锐钛矿和板钛矿结构，其中金红石和锐钛矿属四方晶系，板钛矿属斜方晶系。纳米 TiO_2 化学性能稳定，常温下几乎不与其它化合物反应，不溶于水、稀酸，微溶于碱和热硝酸，且具有生物惰性，是一种典型半导体料。

纳米 TiO_2 的制备常用溶胶-凝胶法、水解沉淀法和水热法。

溶胶-凝胶法（sol-gel）是 20 世纪 60 年代中期发展起来的制备玻璃、陶瓷和许多固体材料的一种工艺。即将金属醇盐或无机盐经水解直接形成溶胶或经解凝形成溶胶，然后使溶质聚合凝胶化，再将凝胶干燥、焙烧去除有机成分，最后得到无机材料，主要用来制备薄膜和粉体材料。溶胶（Sol）是具有液体特征的胶体体系，分散的粒子是固体或者大分子，分散的粒子大小在 1～100 nm 之间。凝胶（Gel）是具有固体特征的胶体体系，被分散的物质形成连续的网状骨架，骨架空隙中充有液体或气体，凝胶中分散相的含量很低。很多胶体是一种分散相粒径很小的分散体系，分散相粒子的重力可以忽略，粒子之间的相互作用主要是短程作用力。

溶胶-凝胶法制备 TiO_2 通常以钛醇盐 $Ti(OR)_4$ 为原料，钛醇盐溶于溶剂中形成均相溶液，水解反应生成 1 nm 左右粒子并形成溶胶，经陈化，溶胶形成三维网络而成凝胶，凝胶在恒温箱中加热以去除残余水分和有机溶剂，得到干凝胶，经研磨后煅烧，除去吸附的羟基和烷基以及物理吸附的有机溶剂和水，得到纳米 TiO_2 粉体。

【实验用品】

电子天平，吸量管，电磁搅拌器，烘箱，马弗炉，粒度分布测定仪，比表面仪，差热-热重分析仪，红外光谱仪，pH 计。

钛酸正丁酯 $Ti(OC_4H_9)_4$，无水乙醇，乙酰丙酮，硝酸。

【实验步骤】

一、溶胶-凝胶法合成纳米 TiO_2 粉体

设计用钛酸正丁酯作为原料制备纳米 TiO_2 的方案并进行实验（参考文献：肖循，唐超群．TiO_2 薄膜的溶胶-凝胶法制备及其光学特性．功能材料，34，4，2003）。

二、TiO_2 纳米粉体的表征

1. 二氧化钛溶胶化过程的红外光谱。
2. 前驱体二氧化钛凝胶的差热与热重分析，升温速率为 10 ℃ · min^{-1}，气氛为空气。

【思考题】

1. 合成 TiO_2 纳米粉体的方法有哪些？
2. 分析二氧化钛溶胶化过程的红外光谱。

参考文献

[1] 安保礼，刘洪江，段智明，等．无机化学实验．北京：化学工业出版社，2024.
[2] 北京大学化学与分子工程学院普通化学实验教学组．普通化学实验．3 版．北京：北京大学出版社，2012.
[3] 崔爱莉．基础无机化学实验．北京：清华大学出版社，2018.
[4] 范勇，屈学俭，徐家宁．基础化学实验．2 版．无机化学实验分册．北京：高等教育出版社，2015.
[5] 冯建成，尹学琼，朱莉．无机化学实验．2 版．北京：化学工业出版社，2021.
[6] 孟长功．基础化学实验．3 版．北京：高等教育出版社，2019.
[7] 南京大学大学化学实验教学组．大学化学实验．北京：高等教育出版社，2018.
[8] 石建新，巢辉．无机化学实验．4 版．北京：高等教育出版社，2019.
[9] 唐向阳，余莉萍，朱莉娜，等．基础化学实验课程．4 版．北京：科学出版社，2015.
[10] 武汉大学化学与分子科学学院实验中心．无机化学实验．2 版．武汉：武汉大学出版社，2012.
[11] 王丽丽．无机化学实验．北京：化学工业出版社，2022.
[12] 王莉，徐家宁，程功臻，等．无机化学．5 版．下册．北京：高等教育出版社，2024.
[13] 王英华，魏士刚，徐家宁．基础化学实验．2 版．化学分析实验分册．北京：高等教育出版社，2015.
[14] 殷学锋．新编大学化学实验．北京：高等教育出版社，2013.
[15] 浙江大学普通化学教研组．普通化学实验．4 版．北京：高等教育出版社，2019.
[16] 张丽丹，李顺来，张春婷．新编大学化学实验．北京：化学工业出版社，2020.
[17] 赵新华，孙豪岭．无机化学实验．5 版．北京：高等教育出版社，2023.
[18] 周祖新，程利平，沈绍典．无机化学实验．北京：化学工业出版社，2014.